油气管道风险评价技术
与实施案例

王维斌　杨玉锋　主编

中国石油大学出版社

山东·青岛

图书在版编目（CIP）数据

油气管道风险评价技术与实施案例 / 王维斌，杨玉锋主编. --青岛 ：中国石油大学出版社，2022.2

ISBN 978-7-5636-7427-5

Ⅰ．①油… Ⅱ．①王… ②杨… Ⅲ．①石油管道－风险评价－案例 Ⅳ．①TE973

中国版本图书馆 CIP 数据核字（2022）第 028808 号

书　　名：油气管道风险评价技术与实施案例
　　　　　YOUQI GUANDAO FENGXIAN PINGJIA JISHU YU SHISHI ANLI
主　　编：王维斌　　杨玉锋

责任编辑：方　娜（电话 0532-86983559）
封面设计：赵志勇

出 版 者：中国石油大学出版社
　　　　　（地址：山东省青岛市黄岛区长江西路 66 号　邮编：266580）
网　　址：http://cbs.upc.edu.cn
电子邮箱：zyepeixun@126.com
排 版 者：青岛天舒常青文化传媒有限公司
印 刷 者：北京虎彩文化传播有限公司
发 行 者：中国石油大学出版社（电话 0532-86983560，86983437）
开　　本：787 mm×1 092 mm　1/16
印　　张：15.75
字　　数：401 千字
版 印 次：2022 年 2 月第 1 版　2022 年 2 月第 1 次印刷
书　　号：ISBN 978-7-5636-7427-5
定　　价：86.00 元

内 容 提 要

本书全面阐述了油气管道风险评价的技术要点与实施过程。从管道失效数据统计分析、高后果区识别、管道半定量风险评价、管道定量风险评价、管道专项风险评价五个方面介绍了油气管道风险评价技术的主要内容和技术要点，并配以实际工程实施案例进行详细说明，最后提出了油气管道风险评价的发展展望与趋势建议。

本书可供管道设计、施工、运营人员使用，也可供油气管道科研及管理人员参考。

《油气管道风险评价技术与实施案例》
编 写 人 员

主　编：王维斌　　杨玉锋

成　员：张　强　　张华兵　　张希祥　　刘　硕　　韩小明　　冯文兴

　　　　薛吉明　　高海康　　戴联双　　张正雄　　孙　晁

FOREWORD 前 言

经过十余年的研究与发展,完整性管理以其"风险可控、预防失效、动态管理"的管理思路及方法,逐步深入我国油气管线实际运营过程中。管道风险评价作为管道完整性管理的核心环节之一,是管道运营企业全面掌握管道风险水平的重要手段。开展管道风险评价不仅是国家法律法规、标准规范的合规性要求,更是企业辨识、评估潜在危害,制定经济合理的风险减缓措施的内在需要。

自 GB 32167—2015《油气输送管道完整性管理规范》全面实施以来,管道风险评价技术已经在管道企业得到比较广泛的应用,国内管道风险评价无论从标准规范、评价方法还是管理措施都趋于成熟,对管道风险管控的指导作用也越来越强,在法规标准、方法模型、实际应用等方面也逐步完善,但这些方法基本上以科学研究为主,推广应用的较少,实际应用中基础数据如何收集考虑较少,大多用假设的数据来验证方法,可操作性受到一定限制。

管道风险评价的对象是管道系统,包括管道线路和站场中对管道线路安全运行有影响的设备设施,主要工作内容有管道危险有害因素识别、数据(如管道本体属性、环境影响因素、管理信息等数据)的收集与整合、选择合适的风险计算模型、风险结果的分析和确认、通过成本效益分析建立有效的预控措施、风险评价报告的编写和数据资料的整理、结果汇报与跟踪完善等。

本书的核心内容是编写组自 2009 年以来的课题研究成果与实际工作经验总结。编者先后承担了中国石油天然气集团有限公司课题"管道风险评价技术深化与管道判废处置技术研究"、国家重点研发计划专题内容"环境敏感区和特殊敷设方式下的油气管道定量风险评价技术研究"等相关课题,并完成了 10 余万千米的管道风险评价工作。

本书涵盖了管道风险评价相关的理论、原理、原则、模式、方法、手段、技术等内容。主要特点有以下几个方面:

(1)知识性。较为综合、全面、系统地介绍了风险评价的理论、方法,并且从多角度介绍了管道风险评价的案例和模式。

（2）科学性。以实际生产需求为基础,站在现代安全生产管理科学的角度阐述管道风险评价的基本内容,建立了管道风险评价的系统架构,不但深入风险及其控制体系,还具体涉及管道风险评价的实施。

（3）通俗性。本书的主要对象既可以是基层站队安全管理工作人员,也可以是公司领导层、实施风险评价的专业人员。

本书编写过程中参考了同领域专家、学者的著作和研究结果,在此表示衷心的感谢。由于编者水平有限,书中难免存在疏漏之处,敬请读者批评、指正。

编　者

2021 年 10 月

CONTENTS 目 录

第一章 绪 论

第一节 风险的基本概念

"风险"一词的由来,最为普遍的说法是:在远古时期,渔民每次出海前都要祈求神灵保佑大海能够风平浪静,自己能够满载而归;在长期的捕捞实践中,他们深深地体会到"风"带来的无法预测、无法确定的危险,并认识到"风"即意味着"险",因而有了"风险"。另一种说法称风险(RISK)一词是舶来品,可能来自阿拉伯语、西班牙语或拉丁语,但比较权威的说法是来源于意大利语的"RISQUE"。在早期的运用中,也是被理解为客观的危险,体现为自然现象或者航海遇到礁石、风暴等事件。大约到了19世纪,在英文的使用中,风险一词常常用法文拼写,主要是用于与保险有关的事情上。现代意义上的风险一词已经大大超越了"遇到危险"的狭义含义,经过两百多年的演义,风险一词越来越被概念化,随着人类活动的复杂性和综合性而逐步深化,赋予了从哲学、经济学、社会学、统计学甚至文化艺术领域的更广泛更深层次的含义,与人类的决策和行为后果的联系越来越紧密,风险一词也成为人们生活中出现概率很高的用语。

"什么是风险""识别风险对日常管理有什么作用""风险的说法起源于哪里""如何利用风险来支持决策"等问题,不仅是管道运营行业关心的,而且在生产和生活中,无论是个人、家庭、团体还是企业,都可能因遭受灾害或意外事故而蒙受损失,都需要从不同角度关注相应的风险。从整个时间和空间角度来看,灾害和意外事故发生并造成损失是必然的;而在具体的时间和地点,灾害和意外事故发生并造成损失又是偶然的。这种必然性与偶然性的对立与统一正是风险概念的基础。例如腐蚀或机械损伤造成的刮痕等使管壁减薄,降低管道强度,如果不适时进行维护维修,最终会导致管道事故的发生,但具体何时会发生事故却是无法预知的,因为存在很多不确定因素。管道运营企业可以根据风险的特性,发现其规律,提前预防,保障管道的安全运营。因此,如何识别风险、评价风险、规避风险,继而在风险中寻求创造收益的意义愈加深远而重大。

一、风险的分类与应对策略

(一) 风险的分类

所谓风险,是指从事某种活动或决策过程中,预期结果的随机不确定性。这种未来结果的随机不确定性,从经济学的角度讲,正面效应就是收益,负面效应就是损失。

根据这种未来结果的随机不确定性,风险可划分为如下三类:

第一类称之为收益风险,它是指只会产生收益而不会导致损失的可能性,但具体的收益规模无法确定。比如受教育的风险问题,受教育无疑是一种非常必要而且明智的举动,教育会让人终身受益,但教育到底能够为受教育者带来多大的收益又是无法计量的,它不仅与受教育者个人因素有关,而且与受教育者的机遇等外部因素有关。这可以看作是收益风险。管道运营行业适时有针对性地对职工开展教育培训也具有类似效用,不仅可以提高职工的个人从业能力,还可以提高企业整体的形象和素质,为企业创造更大的价值。

第二类称之为纯粹风险,它是指只会产生损失而不会导致收益的可能性。这类风险无法确定具体的损失有多少。在现实生活中,纯粹风险是普遍存在的,如地震、洪水、火灾等都会造成巨大损失,但它们何时发生、损害后果多大等又无法事先确定。如管道由于地质灾害带来的风险,我们无法确定发生地质灾害是否会造成管道事故,但当我们识别出可能发生地质灾害点时就会对其进行治理,而很少考虑发生地质灾害却未对管道造成损坏,引起破裂或者泄漏等情况。

第三类称之为投机风险,它是指既可能产生收益也可能造成损失的风险。这类风险最好的例子就是股票投资了。一旦购买某种股票,就有可能随该种股票的贬值而亏损,也有可能随该种股票的升值而获益。对管道缺陷的维护维修也存在投机风险,维护维修不及时可能会造成事故的发生,维护维修太频繁会给企业的经营带来负担,有计划地、合理地开展维护维修不但能够控制风险,而且能为企业生产带来更大的效益。

(二) 风险的应对策略

风险讨论的目的在于进行风险评价,改善管理风险。现阶段风险评价主要针对的是第二类和第三类风险。对于第一类风险,由于其不会造成损失,关注度不如后两者高。风险收益的研究还处在初始阶段且具有很大的不确定性,目前人们着重加以关注并对其进行管理的是那些有可能造成损失的风险。为了规避风险损失,创立了各种方法予以评价和管理。例如,在股票投资中,一种较好的避险方法就是组合投资,组合投资可以最大限度地减少非系统性风险;管道运营企业通过实施完整性管理,计划性地开展维护维修活动,可以更加有效地控制风险,提高企业的安全经济效益。

通常,使用四种策略应对可能对目标存在消极影响的风险或威胁。这些策略分别是风险规避、风险转移、风险减缓以及风险自留。

1.风险规避

风险规避是指改变项目计划,以排除风险,或者保护目标,使其不受影响,或对受到威胁的一些目标放松要求,例如,减小范围或者减小危害物质储存容量等。完全规避风险即通过放弃或停止业务活动来回避风险源,虽然潜在的或不确定的损失能就此避免,但获得利益的机会也会丧失。

2.风险转移

风险转移是指设法将风险的后果连同应对的责任转移到第三方身上。转移风险实际上只是把风险管理责任给另一方,而并没有消除风险。采取风险转移策略一般需要向风险承担者支付风险费用,因此在进行风险转移时要做权衡,并不是把风险转移出去就一定对目标有利。转移工具种类很多,经常采用的有保险、履约保证书、担保书等。对于油气管道系统的危害部位或重要设备设施,也可以利用合同的方式将风险责任转移给另一方,例如在多数情况下,可以将要害部位、重要设备设施责任通过付费合同将风险转移给保险公司等。

3.风险减缓

通常把风险控制的行为称为风险减缓,包括减小风险发生的概率和控制风险的损失。在制定风险减缓措施前,应首先明确风险降低后的可接受水平,即风险要降低到什么目标,或者说什么样的风险控制措施才能满足降低风险的需求,这主要取决于可能遭到外部破坏的目标的具体情况、管理的要求和对风险的认识态度。

4.风险自留

风险自留是指有关公司自己承担风险带来的损失,并做好相应的准备工作。在油气管道系统的运营实践中,外部破坏风险发生的概率很小,且许多外部破坏造成的损失也很小,没有必要采用风险规避、风险转移或者风险减缓等措施,则可采取风险自留,或者风险难以采取措施来应对或无法转移(比如战争风险等),以至于公司不得不自己承担这样的风险。此外,当风险转移得不偿失时,也可采用风险自留。

二、风险的基本属性和特征

(一) 风险的基本属性

1.自然属性

风险事故包括灾害和意外事故。灾害主要是指自然灾害,如地震、火山喷发、海啸、滑坡、崩塌、泥石流等地质灾害;暴雨洪涝、热带气旋、干旱、冰雹、雷电等气象灾害。这种由纯粹的自然现象演变而成的灾害,人类无法从根本上改变它们的自然属性,其产生和发展遵循自然规律。即使是人为灾害和意外事故,也同样具有自然属性,其发生可能是人类活动的结果,但在发生及造成危害和损失的过程中也同样具有自然因素的作用。例如环境污染灾害或其引起的意外事故(2015 年深圳光明新区渣土受纳场"12·20"特别重大滑坡事故等),其发生发展过程也是一种物理、化学或生物运动过程;又如故意放火发生火灾,这是一种人为灾害,但它也是以自然能量和物质(易燃物)的积累为前提的。

2.社会经济属性

风险的社会经济属性首先体现在社会经济活动会导致一些风险因素和风险事故的出现。如利用自然资源进行社会生产会产生环境污染事故(2010 年大连新港"7·16"原油泄漏事故等),原子能的利用产生了核污染风险(1986 年苏联切尔诺贝利核电站爆炸事故等),以及由于经济利益的驱使造成的人为风险(2003 年广元"12·19"打孔盗油事故等)。

风险的社会经济属性还体现在:风险本身是相对于人类社会而存在的。如前所述,在人类产生以前,地震、火山喷发、干旱、洪涝等现象即已存在,但它们不是灾害,而是一种自然运动。人类的出现并不能从根本上改变它们的自然属性,但却同时赋予它们社会经济属性——这些原本自然的、正常的现象由于对人类社会产生某些不利性后果而被称为灾害。

(二) 风险的特征

1.客观性

无论是自然界中的地震、火山喷发、台风、洪涝等灾害,还是社会领域中的战争、瘟疫、冲突、意外事故等,都是独立于人的意识之外的客观存在。这是因为,无论是自然界的物质运动,还是社会发展的规律,都由事物的内在因素决定,由超越人们主观意识而存在的客观规律决定。因此,人们只能在有限的空间和时间内改变风险存在和发生的条件,降低其发生的概率,减小损失程度,而不能完全消灭风险。

2. 永恒性

自人类出现在地球上以后,就面临着各种各样的风险,如自然灾害、疾病、战争等。人类为了生存和发展,必须与各种各样的风险做斗争。在与风险斗争的过程中,科学技术也得到了发展,生产力得到提高,某些风险得到控制。然而,随着科学技术的发展,新的风险也不断产生。从总体上来看,风险不是减小了,而是增大了(如新型冠状病毒、中东呼吸综合征冠状病毒、埃博拉病毒等),风险事故造成的损失也是越来越大。可以说,风险是永恒存在的。

3. 偶然性

风险虽然客观存在,但针对每一种具体风险(事故),它的发生是偶然的,是一种随机现象。在发生之前,人们无法准确预测风险何时会发生,其后果将会如何。风险发生的偶然性意味着在时间上具有突发性,在后果上往往具有灾难性,从而使人们在精神上和心理上产生巨大的忧虑和恐惧,而忧虑和恐惧的影响还常常大于风险事故本身所造成后果的严重性。

4. 规律性

个别风险事故的发生是偶然的、无序的、杂乱无章的,然而对大量风险事故进行数学处理(这个过程也就是风险评价)后,可以发现风险呈现某种规律性。运用统计方法处理大量相互独立的风险事故资料,就可以抵消那些由偶然因素作用引起的数量差异,从而发现其固有的运动规律。因此,在一定条件下,对大量独立的风险事故进行统计处理,其结果可以比较准确地反映风险的规律性。大量风险发生的必然性和规律性,使人们利用概率理论和数理统计方法计算其发生概率和损失幅度成为可能。

三、风险要素及事故致因理论模型

(一)风险的构成要素

1. 风险因素

风险因素是指引起风险事故发生的因素,增加风险事故发生可能性或风险事故严重程度的因素,以及在事故发生后造成损失扩大和加重的因素。例如,粗心大意、木结构的房屋、冰冻的街面和不卫生的环境分别是失窃、火灾、车祸和疾病等风险事故的风险因素。

风险因素很多,主要可概括为三类:

(1)自然风险因素(如 2021 年郑州"7·20"特大暴雨、2019 年澳大利亚丛林大火),即由自然力量或物质条件所构成的风险因素,例如闪电、暴雨、干燥的树林、木结构的房屋等。

(2)道德与心理风险因素,即由道德品行及心理素质等潜在的主观条件产生的风险因素,如蓄意破坏(纵火、投毒、打孔盗油等)、误操作、第三方损坏等。

(3)社会风险因素,即由社会经济状况产生的风险因素,如动乱、战争、通货膨胀等。

2. 风险事故

风险事故是造成损失的直接或外在的原因,是损失的媒介物,即风险只有通过风险事故的发生才能导致损失。就某一事件来说,如果它是造成损失的直接原因,那么它就是风险事故;而在其他条件下,如果它是造成损失的间接原因,它便成为风险因素。

3. 损失

损失指人身伤害和伤亡或价值的非故意的、非预期的减少或消失,有时也指精神上的危害。在这一定义中,非故意和非预期是构成损失的必要因素,如物品的馈赠和固定资产折旧就不能认为是损失。显然,风险理论中的损失的范围比一般意义上的损失要小得多。

损失既可产生于风险事故的发生,也可产生于风险因素的存在。

风险事故造成的损失是指风险事故实际发生后,对个人、家庭、团体、经济单位和社会造成的损失,包括直接损失和间接损失,主要包括:

(1)财产本身损毁的损失。

(2)因财产损毁所致收益的损失(如爆炸导致工厂停产,不仅毁损成品,还导致产量的减少)。

(3)因财产损失所致额外费用的损失、人身方面的损失。

(4)责任方面的损失(即由于过失或故意,造成他人身体伤害或财产损毁而产生赔偿责任等)。

风险因素造成的损失主要包括:

(1)由于风险的存在,引起人们担心、忧虑而导致生理及心理上的紧张、痛苦和福利的减少。

(2)资源运用的扭曲,如由于风险的存在,使土地、劳动力、资本、技术、知识等资源过多地流向风险相对较小的部门或行业,而风险相对较高的部门或行业则缺少资源,从而影响了资源的最佳组合,或者使人们不愿意投资于长期的计划,降低了资源的使用效率。

(3)处理风险的费用,即由于风险的存在,必须进行风险处理,支出各种防灾减损费用,还要建立后备基金以备补偿,使这笔资金不能用于生产经营,资本收益率降低。

风险是由风险因素、风险事故和损失三者构成的统一体,三者的关系为:

(1)风险因素是指引起或增加风险事故发生的机会或扩大损失幅度的条件,是风险事故发生的潜在原因。

(2)风险事故是造成生命财产损失的偶发事件,是造成损失的直接或外在的原因,是损失的媒介。

(3)损失是指非故意、非预期和非计划的经济价值的减少。

风险因素可能引起风险事故,风险事故则可能导致损失,风险因素的存在本身也可能引起损失。

必须指出,风险因素、风险事故与损失之间的上述关系并不具有必然性,即风险因素并不一定引起风险事故和损失,风险事故也不一定导致损失。因此,尽管风险因素客观存在,还是有可能通过运用适当的方法减少或避免事故的发生以及在事故发生后减少或避免损失。

(二)事故致因理论模型

事故致因理论是人们在不同生产阶段总结的关于事故产生的理论方法,主要有单因素理论、双因素理论和多因素理论。

1.单因素理论

(1)事故频发倾向理论。

事故频发倾向是指个别容易发生事故的稳定的个人内在倾向。这种理论指出由于工厂中存在少数具有事故频发倾向的工人而导致事故频发。如果企业里减少了事故频发倾向员工,就可以直接减小工业事故发生的概率。因此,企业为了减少事故频发倾向者,采取了一些基本措施:一方面通过严格的生理、心理素质检验等,从众多的求职人员中选择身体、智力、性格及动作特征等方面优秀的人才就业;另一方面雇主一旦发现事故频发倾向者则将其解雇或者开除。19 世纪末 20 世纪初,在差别心理学盛行的背景下,事故频发倾向理论慢慢形成体系,曾在安全管理界产生长达半个世纪之久的重大影响。由于此项理论只涉及工人方面,没有危害到工厂主的利益,受到西方工业界的积极迎合,其被作为招聘人员、安排岗位、进行安全管理的理论依据。

(2)事故遭遇倾向理论。

第二次世界大战后,人们开始意识到大多数工业事故完全由事故频发倾向者引起的观念是片面的,不能简单地把事故的责任和原因归结为工人的不注意、心理素质差等自身原因,还应该强调机械的、物质的危险性质在事故致因中的重要地位。事故遭遇倾向是指某些人员在某些生产作业条件下容易发生事故的倾向。许多研究结果表明,不同时期事故发生次数的相关系数与作业条件有关。工厂规模不同,生产作业条件也不同,工厂相关系数各不相同,或高或低,表现出劳动条件的影响。另外,当从事规则的、重复性作业时,事故遭遇倾向较为明显。

(3)事故因果连锁理论。

1936 年,海因里希(H. W. Heinrich)首次提出因果连锁理论并出版了《工业事故预防》,书中对当时美国工业安全做了总结和概括,详细阐述了工业事故发生的因果连锁理论。海因里希认为事故是由成串的因素组成,以因果关系依次发生,就如链式反应的结果,事故连锁过程受五个因素的影响,即遗传及社会环境、人的缺点、人的不安全行为或物的不安全状态、事故、伤害,其用五块骨牌形象地描述这种因果关系,因此,该理论又被称为多米诺骨牌理论,如图 1-1-1 所示。当第一块骨牌倒下时,由于连锁反应,其余的几块骨牌相继倒下。如果移去中间的任何一块骨牌,则连锁被破坏,事故过程被中止。

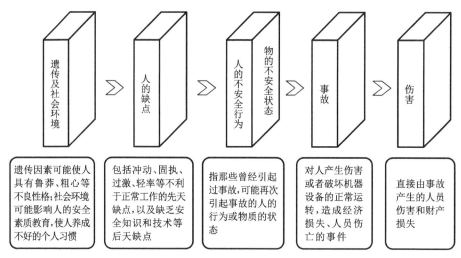

图 1-1-1　多米诺骨牌理论模型

2.双因素理论(人物合一致因理论)

双因素理论是人们对事故在时间(连锁过程)和空间(人、机、环境)上的较为全面的、完整的认识。

(1)轨迹交叉理论。

该理论认为,在事故发展进程中,人的因素和物的因素在事故致因中占有同样重要的地位。人的因素运动轨迹与物的因素运动轨迹的交点就是事故可能发生的时空，即人的不安全行为和物的不安全状态发生交集时或者说人的不安全行为与物的不安全状态相遇时，发生事故的可能性就出现了。按照该理论，可以通过避免人与物两种运动轨迹交叉，即避免人的不安全行为和物的不完全状态同时出现，来预防事故的发生。

（2）能量意外释放理论。

1961 年，吉布森（Gibson）提出了解释事故发生物理本质的能量意外释放理论。他认为，事故是一种不正常的或不希望的能量释放，超出了人本身的控制范围，各种形式的能量是造成伤害的直接原因。1966 年，美国运输部安全局局长哈登（Haddon）在吉布森的研究基础上进行了完善，提出"人受伤害的原因只能是某种能量的转移"，并将伤害分为两类：一类伤害是由于施加了局部或全身性损伤阈值的能量引起的；另一类伤害是由于影响了局部或全身性能量交换引起的。同时，在一定条件下某种形式的能量能否产生伤害，造成人员伤亡事故取决于能量大小、接触能量时间长短和频率以及力的集中程度。根据能量意外释放理论，可以利用各种防护措施来防止意外的能量转移，从而防止事故的发生。

（3）基于能量释放的 OSHA 模型。

OSHA（美国职业安全健康管理局）模型认为，事故是复杂的，一个事故可能有 10 个或更多的前导事件。细致的事故分析应当结合 3 个原因层次。

最低一级事故的直接原因是人或物接收了一定量的不能被接收的能量或危害性物质，而由于一种或多种不安全行为或不安全状态或两者的组合而造成的，这就是间接原因或征兆，间接原因是基本原因——不良的管理方针和决策以及人或环境的因素导致的，如图 1-1-2 所示。

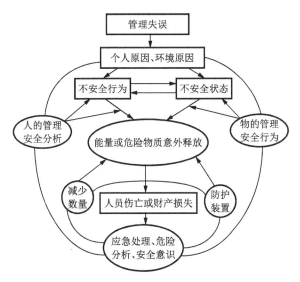

图 1-1-2　OSHA 事故致因模型

（4）现代因果连锁理论（管理失误理论）。

与早期的事故频发倾向理论、海因里希事故因果连锁理论强调人的性格、遗传特征等不同，人们逐渐认识到管理因素作为背后原因在事故致因中的重要作用。人的不安全行为或物的不安全状态是工业事故的直接原因，但是它们不过是其背后的深层原因的征兆和管理缺陷的反映。只有找出深层的、背后的原因,改进企业管理,才能有效地防止事故的发生。

美国前国际损失控制研究所所长小弗兰克·博德(Frank Bird)在海因里希事故因果连锁理论的基础上,提出了现代事故因果连锁理论。他认为,虽然人的不安全行为和物的不安全状态是造成事故发生的主要原因,但是并不是根本原因,管理工作的失误才是罪魁祸首。博德的事故因果模型又成了DNV损失因果模型,是挪威船级社(DNV)进行安全评价管理的理论基础和指导思想。该模型的连锁过程同样为五个因素,但每个因素的含义不同于海因里希事故因果连锁理论,如图1-1-3所示。

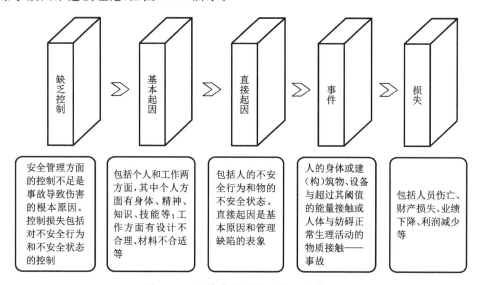

图 1-1-3 现代事故因果连锁理论模型

英国伦敦大学约翰·亚当斯(John Adams)教授提出了与博德现代事故因果连锁理论相类似的因果连锁模型。在该理论中,事故和损失因素与博德理论相似。亚当斯将人的不安全行为和物的不安全状态称作现场失误,确定了不安全行为和不安全状态的性质。亚当斯理论的核心在于对造成现场失误的管理原因进行了深入研究,认为操作者的现场失误是由于企业领导者及安全工作人员的管理失误造成的。管理人员在管理工作中的差错或疏忽、企业领导人决策错误或没有做出决策等失误对企业经营管理及安全工作具有决定性的影响。管理失误反映企业管理系统中的问题;另外,管理失误涉及管理体制方面的问题。

3.多因素理论(系统致因理论)

(1)危险源系统理论(两类危险源理论)。

随着各种大规模复杂系统相继问世,人们在研制、开发、使用及维护这些大规模复杂系统的过程中,逐渐萌发了系统安全的基本思想。在系统安全的研究中,研究者认为危险源的存在是事故发生的根本原因,防止事故就是消除、控制系统中的危险源。根据危险源在事故发生、发展中的作用,把危险源划分为两大类,即第一类危险源和第二类危险源。

① 第一类危险源。

系统中存在、可能发生意外释放的能量或危险物质称作第一类危险源。实际工作中往往把产生能量的能量源或拥有能量的能量载体作为第一类危险源来处理。例如,带电的导体、行驶中的车辆等。

② 第二类危险源。

第二类危险源是指导致限制屏蔽能量的措施失效或破坏的各种不安全因素,包括人、物、环境三个方面的问题。涉及人的因素问题时,一般考虑人的失误,失误可能直接破坏对第一类危险源的控制,造成能量或危险物质的意外释放。例如,合错了开关使检修中的线路带电。物的因素问题可以概括为物的故障,物的故障可能直接使约束、限制能量或危险物质的措施失效而发生事故,如管路破裂使其中的有毒有害介质泄漏等。环境因素主要指系统运行的环境,包括温度、湿度、照明、噪声和振动等物理环境,以及企业和社会的软环境。不良的物理环境会引起物的故障或人为失误。例如,潮湿的环境会加速金属腐蚀而降低结构或容器的强度。企业的管理制度、人际关系或社会环境影响人的心理,有可能引起人为失误。

第二类危险源往往是一些围绕第一类危险源随机发生的现象,它们出现的情况决定事故发生的可能性。第二类危险源出现得越频繁,发生事故的可能性越大。

(2) 事故致因辩证理论。

① 事故致因系统观(系统安全理论)。

所谓系统安全理论,是在系统寿命周期内应用系统安全管理及系统安全工程原理,识别危险源并使其危险性降至最低,从而使系统在规定的性能、时间和成本范围内达到最佳的安全程度。系统安全的基本原则是在一个新系统的构思阶段就必须考虑其安全性的问题,制定并开始执行安全工作规划——系统安全活动,并且把系统安全活动贯穿于系统寿命周期直到系统报废。

② 事故致因变化发展观。

世界是不断运动、变化着的,工业生产过程的各因素也在不停地变化着。针对客观世界的变化,我们的事故预防工作也要随之改进,以适应变化的情况。如果管理者不能或没有及时地适应变化,则将发生管理失误;操作者不能或没有及时地适应变化,则将发生操作失误;外界条件的变化也会导致机械、设备等故障,进而导致事故。

③ 事故致因混沌观。

复杂系统的演化由各种因素共同决定,各影响因素之间有着非常复杂的非线性关系。事故的发生过程是一个非线性的混沌系统,其未来行为具有对系统初始条件的敏感依赖性,初始条件的细微变化将会导致截然不同的未来行为,因而系统本质上是不可长期精确预测的。从安全管理角度来看,当处在系统演化的临界状态附近时,系统条件的任何微小变化都可能引起大量的能量意外释放,导致灾难性的事故。"蝼蚁之穴"可毁千里长堤。一起事故的发生是许多人为失误和物的故障相互复杂关联、非线性相互作用的结果。因此,预防事故时必须在弄清事故因素相互关系的基础上采取恰当的措施,而不是相互孤立地控制各个因素。

第二节 管道风险评价的发展

风险评价是以实现工程、系统安全为目的,应用安全系统工程的原理和方法,对工程、系统中存在的危险、有害因素进行识别与分析,判断工程、系统发生事故和急性职业危害的可能性及其严重程度,提出安全对策,从而为工程、系统制定防范措施和管理决策提供科学依据。管道风险评价则是指识别对管道安全运行有不利影响的危害因素,评价事故发生的可能性和后果大小,综合得到管道风险大小,并提出相应风险控制措施的分析过程。管道风险评价是管道完整性管理的核心环节之一,是管道运营企业全面掌握管道风险水平的重要手段。开展管道风险评价不仅是国家法律法规、标准规范的合规性要求,更是企业辨识、评估潜在危害,制定经济合理的风险减缓措施的内在需要。

目前管道风险评价使用的技术手段按结果的量化程度,通常划分为定性评价、半定量评价和定量评价 3 类,涉及的方法有安全检查表法(SCL)、预先危险性分析法(PHA)、故障类型和影响分析法(FMEA)、危险与可操作性研究法(HAZOP)、故障假设分析法(What-If)、事故树法、肯特评分法、量化风险评价法(QRA)等。无论哪类方法,风险评价的基本思想均是考查管道的失效可能性与失效后果,最终确定管道的相对风险等级或绝对风险大小。

一、国外风险评价技术发展

国外在管道管理方面有较为完善的系列标准,如 API,NACE,ASME 等,各系列标准自成体系、内容覆盖全面且不互相重复;还有类似加拿大标准 CSA Z662,标准正文和附录包含了完整性管理的各项内容和流程,要求全面且清晰明确。各管道运营公司都编制了更为详细的体系文件,用以规范和固化完整性管理工作。这些完整性管理标准都对管道风险评价提出了要求。美国交通运输部联邦法规 49CFR192《天然气及其他气体输送管道:联邦最低安全标准》及 49CFR195《危险液体输送管道》明确要求管道运营企业要对其所辖管道开展风险评价。加拿大阿尔伯塔省能源局(AER)、卑诗省油气委员会(BCOGC)、能源管道协会(CEPA)等部门或机构同样要求管道运营企业在确定管道失效后果为严重时,应开展管道风险评估及风险削减。英国《管道安全条例》规定重大危险管道在完成设计前应确保识别到可能造成重大事故的所有风险并进行风险评估,且英国健康安全执行局(HSE)作为专业机构提供风险技术咨询。澳大利亚维多利亚州《管道规程 2017》(S. R. No. 9/2017)规定,管道在立项及规划时,应根据沿线周围土地现有用途及未来合理可预见的发展,确定拟建管道建设和运营后产生的环境、社会和安全影响,使用管道输送许可以外的物质需开展安全和环境风险评价,管道在投产运行前应向维多利亚州能源安全局提交安全管理计划(计划应包含管道概述、安全评价、应急响应方案等)进行审查,并且每 5 年进行 1 次复审。大型管道公司如美国威廉姆斯公司、加拿大恩桥天然气公司、加拿大横加管道公司每年开展一次管道风险评价,从而确定管道风险水平,同时安排检测评价及维护维修计划。国外将风险分析应用到管道维修和管理过程中已经取得了巨大的经济效益和社会效益。

1985 年美国 Battelle Columbus 研究院发表了《风险调查指南》,在管道风险评价方面运用了评分法。美国阿莫科(Amoco)管道公司(APL)从 1987 年开始采用专家评分法风险评价技术管理所属的油气管道和储罐,到 1994 年,已使年泄漏量由原来的工业平均数的 2.5 倍降到 1.5 倍,同时使公司每次发生泄漏的支出降低 50%。阿莫科管道公司多年的实践应用表明,完善的风险管理手段可降低泄漏修理和环境保护的费用,对腐蚀管道采用合理使用原则可明显降低维修费用成本。1992 年,美国的肯特(W. Kent. Muhlbauer)撰写了《管道风险管理手册》,该书详细叙述了管道风险评价模型和各种评价方法,它是对美国前 20 年开展油气管道风险评价技术研究工作的成果总结,并为世界各国管道风险评价研究人员所接受,作为开发风险评价软件的重要参考依据。1996 年该书再版时作者增加了约 1/3 篇幅内容介绍不同条件下的管道风险评价修正模型,并在风险管理部分补充了成本与风险关系的内容,使该书更具有实际指导意义。2006 年该书修订到第四版,风险评价方法从定性、半定量的打分法发展到更加精确的定量风险评价方法——肯特加强指数量化风险评价模型。

继美国研究出风险评价技术之后,世界其他工业发达国家从 20 世纪 80 年代中后期也开始了管道风险评价和风险管理技术的研究开发工作。加拿大从 20 世纪 90 年代初期开始了油气管道风险评价和风险管理技术方面的研究工作,在 1993 年召开的管道寿命专题研讨会上,就"开发管道风险评价准则""开发管道数据库""建立可接受的风险水平""开发评价工具包"和"开展风险评价教育"等课题展开了讨论,并达成共识,并在 1994 年召开的管道完整性专题研讨会上,成立了以加拿大能源管道协会(CEPA)、国家能源委员会(NEB)等 7 个团体组成的管道风险评价指导委员会,明确该委员会的工作目标是促进风险评价和风险管理技术在加拿大管道运输工业中更好地应用,负责本国管道风险管理技术开发的实施方案。加拿大努发(NOVA)管道公司开发出了第一代管道风险评价软件。加拿大诺瓦天然气输送有限公司(NGTL)采用故障树分析法来评估管道的故障风险和优化应采取的预防性维护措施,同时利用故障类型和影响分析法来识别引起管道破坏的各种原因,并开发出相应软件。加拿大 C-FER 公司研制的 Piramid 是一个管道风险完整性评价和维护计划软件工具。Piramid 采用定量研究的方法来评估财务、环境和安全风险,通过采用先进的验证模型计算主要威胁对管道完整性造成的失效概率、失效后果和风险等级来实现完整性管理的实效性。加拿大 NeoCorr 工程有限公司自 1994 年起开展油气管道的腐蚀和风险咨询业务,成功地开发了 CMI 腐蚀管理软件,为全球十几家油气公司实施了详细的风险评价,受到了大家的一致好评。

英国健康与安全委员会在管道风险管理项目研究中,研制出 Mishap 软件包,用于计算管道的失效风险,并取得了实际应用。另外,英国煤气公司为其管道系统风险评价开发了 Transpipe 软件包,在输入数据后,评价出该地区的个人风险和社会风险等,并以 F-N 曲线输出。1984 年,该公司将运用此软件包做出的评价报告提交给国家健康与安全部,有效地解决了英国工程学会制定的 TD/1 标准与健康与安全部所定标准之间的条款冲突。该软件包代表了风险评价当时的水平,目前已在更新数据模式和扩大计算范围方面得到完善。

二、国内风险评价发展概况

我国有关油气输送管道风险评价的研究工作起步较晚。1995 年,管道风险评价技术经著名油气储运专家潘家华教授在《油气储运》杂志上介绍后,引起科研人员和管道管理者的注意。四川石油管理局在同年 12 月出版了《管道风险管理》一书,并对其公司油气管道进行了实例应用,得到了风险评价结果。由于我国油气管道现状和条件与国外有较大差异,国外油气管道风险管理的成果不完全适用于我国管道,因此应该根据我国管道的实际情况,有针对性地进行相关修正。众多专家学者展开了对管道风险评价等内容的探讨并取得了建设性的研究成果。

张华兵阐述了国内管道的实际情况,他对肯特评分法加以改进,对腐蚀指标、制造和施工缺陷、土体移动、误操作、泄漏影响系数等指标进行调整,调整后的半定量管道风险评价方法在管道分公司进行了应用,提高了其对国内管道的适用性。

张锦伟、姚安林、范小霞等人针对肯特评分法中评价指标评分存在的缺陷,采用的改进方法是将指标评分转化为计算失效概率,充分发挥每一个指标的作用,通过实例运算验证得出,采用指标概率转化方法能够更加真实地反映出管道的风险情况。

许谨、邵必林、吴琼等人通过分析肯特评分法中四个指标在管道事故中的影响程度,利用熵权法对四个指标重新确定权重,对指数和的计算进行优化,实现了对肯特评分法的改进。

周剑锋、陈国华采用灰色绝对关联度分析方法,分析不同的事故原因与事故后果的关联度,依据关联度确定各种事故因素的权重,再对评分结果做出合理的修正,改进的肯特评分法更加客观地确定了管道事故因素权重,使管道风险管理更加科学。

西安建筑科技大学马维平提出了长输管道失效概率的模糊指标法,建立了长输管道风险评价的半定量计算模型。李建华运用模糊数学和灰色理论对长输管道进行了定量分析。

业成基于模糊数学理论的多级模糊综合评价方法(Multilevel Fuzzy Comprehensive Evaluation,MFCE),对嵌入式石油管道进行半定量风险评估以及风险分类和分级。在MFCE 模型中,将肯特评分法中的四类风险因素重新分配权重,且把管道风险等级分成五级,以此来提高管道失效风险的科学准确性。MFCE 模型可以弥补肯特评分法中不能反映各种风险因素重要度的缺陷,这样可以反映一个更加实际的管道风险状态;为了提高管道风险评估的准确性,针对肯特评分法中的泄漏影响因素进行了补偿校正研究,提出 5 个补偿系数——失效模式、紧急响应、敏感环境、高后果区、支持或反对附近的居民,并建立管道风险评估泄漏影响因素补偿修正模型。

俞树荣、李淑欣、刘展等人应用层次分析法(AHP)建立了油气管道风险评价体系,在肯特评分法的基础上,提出基于风险因素框架的管道风险评价方法,运用层次分析法对风险因素进行分级处理,通过风险因素概率计算系统的整体风险概率。

西南石油大学陈利琼基于风险分析、判断和决策三个方面开展了长输管道定量评价技术研究,针对管道的基本事件发生概率提出了改进的专家判断法,建立了事件独立性和相关性的两种不同的失效概率模型,同时完善了基本事件概率重要度系数的模型。

全恺、梁伟、张来斌等提出了基于故障树与贝叶斯网络相结合的管道事故风险分析方法,运用于川气东送管道事故分析上,得到腐蚀因素为其事故第一风险因素的结论。

2005 年,中国石油与天然气集团有限公司(简称中石油)与挪威船级社合作,对秦京线的 5 段管段进行了定量风险评价,通过分析,找出了高风险管段,合理优化资源分配,降低了管道运行风险。

国家石油天然气管网集团有限公司科学技术研究总院分公司(原中石油管道科技研究中心,现简称国家管网研究总院)于 2009 年建立了管道风险评价的指标体系,研发了一套半定量风险评价方法及软件 RiskScore,在国家石油天然气管网集团有限公司进行了推广应用。

我国在管道的风险评价研究方面也制定了一系列的标准规范,如 SY/T 6891.1—2012《油气管道风险评价方法 第 1 部分:半定量评价法》、GB/T 27512—2011《埋地钢质管道风险评估方法》。2016 年 3 月,GB 32167—2015《油气输送管道完整性管理规范》正式发布实施,标准中第 7 章对管道风险评价的评价目标、评价方法、评价流程、风险可接受性、风险再评价、报告等内容进行了详细介绍,规定管道投产后 1 年内应进行风险评价,且再评价周期不宜超过 3 年,并强制性规定对管道高后果区开展风险评价。这些规范标准的制定为我国管道管理企业开展风险评价提供指导。

现今国家正推广和实施管道完整性管理,随着管道事故的推动、技术发展、法律的持续完善和政府部门对管道企业安全输送能力要求的不断提高,风险评价作为管道完整性管理的核心环节之一,正逐渐受到各管道企业的重视。

第三节 管道风险评价的实施与应用情况

经过近 40 年的发展,管道风险评价技术已经在管道企业得到比较广泛的应用,国外管道风险评价在标准规范、评价方法及管理措施等方面都趋于成熟,国内通过引进消化再创新也取得了较大成果,对管道风险管控的指导作用也越来越强,在法规标准、方法模型、实际应用等方面也逐步完善。

一、法规标准

当前,与管道风险评价业务密切相关的法律法规共计 15 项,不同法律对管道风险评价工作进行了要求,包括评价依据、评价周期、报告备案等方面,相关的法律法规主要条文及分析见表 1-3-1。

表 1-3-1 法律法规条文情况

序号	法律法规名称	涉及规定内容	关键性要求
1	《中华人民共和国石油天然气管道保护法》	第二十三条 管道企业应当定期对管道进行检测、维修,确保其处于良好状态;对管道安全风险较大的区段和场所应当进行重点监测,采取有效措施防止管道事故的发生	管道企业应对风险较大区段进行重点监测
2	《危险化学品安全管理条例》	第二十二条 生产、储存危险化学品的企业,应当委托具备国家规定的资质条件的机构,对本企业的安全生产条件每 3 年进行一次安全评价,提出安全评价报告。安全评价报告的内容应当包括对安全生产条件存在的问题进行整改的方案	管道企业应对本企业的安全生产条件每 3 年进行一次安全评价
3	《压力管道使用登记管理规则(试行)》	第十三条 安全状况等级达不到 3 级的在用压力管道,可由有资格的单位进行安全评定或者风险评估,并将其评级结论作为压力管道能否安全使用的依据。 第十八条 在用压力管道应当进行定期检验,并且安全状况等级达到 1 级、2 级或者 3 级。对安全状况等级未达到 3 级的在用压力管道,可以进行安全评定或者风险评估,其结论应当符合压力管道安全使用要求。 第三十七条 在本规则实施前已经使用的压力管道,使用单位应当在本规则施行后 1 年内,按照国家有关规定进行在线检验,提交第二十二条(一)项要求的资料和在线检验报告,安全监察机构按照本规则程序办理登记注册。在 6 年内完成全面检验或者安全评定,核定安全状况等级,换发使用登记证	明确了将安全评定或者风险评估结论作为压力管道安全使用的依据

序号	法律法规名称	涉及规定内容	关键性要求
4	关于贯彻落实国务院安委会工作要求全面推行油气输送管道完整性管理的通知(发改能源〔2016〕2197号)	(二)各管道企业要将完整性管理工作和生产活动紧密结合,建立相应技术框架和管理构架。按《油气输送管道完整性管理规范》要求,开展高后果区识别、风险评价和完整性评价,制定风险管理方案,采取安全保护措施和风险削减措施,开展针对性维修维护工作,加强管道日常管理与巡护,依法开展管道检验检测工作,有效落实管道全生命周期完整性管理,确保管道本体安全	要求开展高后果区识别、风险评价和完整性评价
		(三)各管道企业要加强应急管理,充分发挥完整性管理的应急支持作用,将高后果区识别、风险评价和完整性评价结论提出的高风险段、高风险因素和缺陷情况作为应急预案编制过程中的重点预控对象,加强应急数据准备,健全应急措施,做好应急资源准备,最大限度地预防和减少突发事件对周边人民群众生命财产和管道造成的危害	要求管道企业要将完整性管理工作和生产活动紧密结合,发挥完整性管理的应急支持作用
5	国务院办公厅关于《全面加强危险化学品安全生产工作》的意见(厅字〔2020〕3号)	加强全国油气管道发展规划与国土空间、交通运输等其他专项规划衔接。督促企业大力推进油气输送管道完整性管理,加快完善油气输送管道地理信息系统,强化油气输送管道高后果区管控。严格落实油气管道法定检验制度,提升油气管道法定检验覆盖率	管道企业应大力推进油气输送管道完整性管理
6	应急管理部办公厅关于印发《2019年危险化学品油气管道烟花爆竹安全监管和非药品类易制毒化学品监管重点工作安排》的通知(应急厅〔2019〕20号)	油气管道完整性管理各要素深入有机融合; 会同有关部门深化危险化学品领域打非治违行动和油气管道环焊缝质量排查整治	管道企业应大力推进油气输送管道完整性管理
7	国务院安全生产委员会关于印发《油气输送管道保护和安全监管职责分工》和《2015年油气输送管道隐患整治攻坚战工作要点》的通知(安委〔2015〕4号)	17.全面推进油气输送管道检验检测和风险评估,完成使用20年以上(含20年)油气输送管道检测周期内的检测评估工作,力争2015年实现油气输送管道检测周期内的检测评估覆盖率达60%以上	重点推动管道检测与风险评价工作

序号	法律法规名称	涉及规定内容	关键性要求
8	质检总局关于印发《质检系统开展油气输送管道隐患整治攻坚战工作方案》的通知(国质检特〔2015〕130号)	对于在役油气输送管道,使用单位应制订并落实定期检验计划,约请具有相应资质的检验机构开展油气输送管道的定期检验和风险评估。油气输送管道的定期检验,应执行 GB/T 27512—2011《埋地钢质管道风险评估方法》、TSG D7003—2010《压力管道定期检验规则——长输(油气)管道》、GB/T 27699—2011《钢质管道内检测技术规范》、GB/T 19285—2014《埋地钢质管道腐蚀防护工程检验》和 GB/T 30582—2014《埋地钢质管道外损伤检验评价》等有关安全技术规范和标准。 对无法完全按照特种设备安全技术规范、标准实施定期检验的管道,检验机构可与使用单位协商,根据合于使用原则,开展管道风险评估和安全评定工作,按照风险评估和安全评定结果做出报废、更换、监控使用、实施完整性管理等分类处理	定期开展法定检验和风险评估
9	《贵州省石油天然气管道建设和保护办法》(贵州省人民政府令第173号)	第十九条　管道企业应当按照国家有关技术规范的要求,开展管道检验和评价,根据检验结果制定修复方案并及时整改。对不符合安全使用条件的管道,应当及时更新、改造或者停止使用	管道企业开展管道检验和评价并根据评价结论整改
10	《甘肃省石油天然气管道设施保护办法(试行)》(甘肃省人民政府令第20号)	第八条　石油天然气管道设施运营企业应依法委托有资质的安全评价机构定期对石油天然气管道设施进行安全评价,并将评价报告报所在地市、州安全生产监督管理部门备案	评价报告需在地方政府备案
11	《全国安全生产专项整治三年行动计划》(安委〔2020〕3号)	(二)落实企业安全生产主体责任专题 二是推动企业定期开展安全风险评估和危害辨识,针对高危工艺、设备、物品、场所和岗位等,加强动态分级管理,落实风险防控措施,实现可控可防,2021年底前各类企业建立完善的安全风险防控体系	定期开展安全风险评估和危害辨识
12	《危险化学品生产、储存装置个人可接受风险标准和社会可接受风险标准(试行)》(国家安全生产监督管理总局公告2014年第13号)	《危险化学品生产、储存装置个人可接受风险标准和社会可接受风险标准(试行)》用于确定陆上危险化学企业新建、改建、扩建和在役生产、存储装置的外部安全防范距离	根据风险可接受标准确定安全防范距离
13	关于加强油气管道途经人员密集场所高后果区安全管理工作的通知(安监总管三〔2017〕138号)	一、及时准确掌握人口密集型高后果区状况 全面开展人口密集型高后果区识别和风险评价工作,编制人口密集型高后果区风险评价报告,并按照各省级人民政府相关要求做好报送工作	要求编制高后果区风险评价报告,并报送地方人民政府

与管道风险评价业务有关的现行国家标准 5 项、行业标准 6 项,详见表 1-3-2。标准规范大致分为技术要求类标准和方法导则类标准两类。技术要求类标准一般涵盖了对管道风险评价工作的典型流程及需要考虑的风险因素等方面的要求,但并未给出具体的评价方法,如 GB 32167—2015。方法导则类标准则针对具体的方法进行了规范,诸如半定量评价法的指标体系、定量评价方法失效概率和失效后果的具体计算方法等,如 SY/T 6891.1—2012 与 SY/T 6891.2—2020。

表 1-3-2 标准情况

序号	关键技术点	相关标准规定
1	高后果区识别准则	GB 32167—2015《油气输送管道完整性管理规范》第六章给出了输油管道和输气管道高后果区识别准则。 TSG D7003—2010《压力管道定期检验规则——长输(油气)管道》附录 A 给出了输油管道和输气管道事故后果严重区确定原则
2	高后果区识别周期	GB 32167—2015 规定"在建设期开展高后果区识别,优化路由选择""管道运营期周期性开展高后果区识别,识别时间间隔最长不超过 18 个月,当管道及周边环境发生变化,及时进行高后果区更新";关于加强油气输送管道途经人员密集场所高后果区安全管理工作的通知(安监总管三〔2017〕138 号)规定"人口密集型高后果区识别最长时间间隔不超过 18 个月"
3	高后果区风险评价	GB 32167—2015 第 4.6 条规定"对高后果区进行风险评价"(强制条款)。 安监总管三〔2017〕138 号规定"全面开展人口密集型高后果区识别和风险评价工作,编制人口密集型高后果区风险评价报告,并按照各省级人民政府相关要求做好报送工作"
4	风险评价方法选用	GB 32167—2015 规定可采用一种或多种管道风险评价方法来实现评价目标,列举了常见的风险矩阵法和指标体系法。GB/T 27512—2011《埋地钢质管道风险评估方法》和 SY/T 6891.1—2012《油气管道风险评价方法 第 1 部分:半定量评价法》规定了半定量风险评价方法。管道定量风险评价方法目前无
5	管道威胁因素	SY/T 6621—2016《输气管道系统完整性管理规范》中列出了输气管道威胁因素的种类;SY/T 6648—2016《输油管道完整性管理规范》列出了输油管道威胁因素的种类;SY/T 6891.1—2012 罗列了不同的失效因素及其影响因子和评价采用的分值
6	管段划分方法	GB/T 27512—2011,6.1—6.11 按管道压力、管道规格、使用年数、输送介质腐蚀性、人口密度、土壤腐蚀性、杂散电流、外覆盖层、阴极保护、土壤工程地质条件、沿线建筑物密集程度和重要程度 11 个属性划分。 SY/T 6891.1—2012,5.3.1 管道风险计算以管段为单元进行。可采用关键属性分段或全部属性分段两种方式。管段划分方式应优先选用全部属性分段。全部属性分段指收集所有管道属性数据后,当任何一个管道属性沿管道里程发生变化时,插入一个分段点,将管道划分为多个管段,针对每个管段进行风险计算
7	半定量评价指标体系	GB/T 27512—2011,附录 D 埋地钢质管道在用阶段失效可能性评分基本模型。 SY/T 6891.1—2012,附录 A 半定量评价法指标体系

序号	关键技术点	相关标准规定
8	评价周期	GB 32167—2015 规定管道投产后 1 年内开展风险评价,评估间隔根据上一次评估结论确定,且最长不超过 3 年;SY/T 6891.1—2012 规定当管道运行工况、周边环境发生较大变化时,应再次进行风险评价
9	定量风险评价	SY/T 6891.2—2020《油气管道风险评价方法　第 2 部分:定量评价法》规定了管道定量风险评价的工作流程与技术要求;GB/T 34346—2017《基于风险的油气管道安全隐患分级导则》附录 C 规定了隐患二级评估方法
10	风险接受准则	定性和半定量风险评价,采用风险矩阵的形式规定了风险的水平,如 SY/T 6891.1—2012、GB 32167—2015 附录 E。 定量风险评价,GB 36894—2018《危险化学品生产装置和储存设施风险基准》和安监总局 2014 年第 13 号规定了危险化学品生产装置和储存设施的风险接受准则,二者内容一致。SY/T 6859—2020《油气输送管道风险评价导则》推荐了油气输送管道风险评价人员风险可接受准则,GB/T 34346—2017 附录 C 规定了油气管道的风险可接受准则
11	风险后果类型和统计方法	定性/半定量类标准依据介质和经过区域类型属性定义风险后果,着重对人员生命损失、环境和财产损失进行定性评价,如 SY/T 6891.1—2012。 定量类标准着重对人员生命损失进行定量评价,如 SY/T 6891.2—2020。从现在国内标准来看,定量风险评价中后果部分主要是考虑人身安全,还没有具体涉及环境、财产损失和企业形象等后果的评价。 GB/T 38076—2019《输油管道环境风险评估与防控技术指南》适用于陆上在役原油、成品油长输管道环境风险评估与防控

在实际应用过程中,管道高后果区识别准则、识别周期一般按照 GB 32167—2015 执行,高后果区风险评价和评价报告报送按照 GB 32167—2015 和安监总管三〔2017〕138 号执行。管道风险评价方面,定性风险评价一般采用 GB 32167—2015 附录 E 的规定,半定量风险评价采用 SY/T 6891.1—2012、GB/T 27512—2011,风险评价周期采用 GB 32167—2015 的规定。定量风险评价可参照 SY/T 6891.2—2020、GB/T 34346—2017 附录 C,当前定量风险评价工作中,风险可接受准则在一定条件下参考 GB 36894—2018。

二、方法模型

管道风险评价方法按结果的量化程度,可划分为定性评价方法、半定量评价方法和定量评价方法。表 1-3-3 列举了各类方法的名称、类别、主要用途及可参考的标准或文件。

表 1-3-3　管道风险评价方法

方法名称	方法类别	主要用途	可参考的标准或文件
专家经验判断	定性评价方法	具体风险点的风险判断	—
风险矩阵图	定性评价方法或半定量评价方法	风险分级、风险结果展示	GB 32167—2015 附录 E

方法名称	方法类别	主要用途	可参考的标准或文件
安全检查表	定性评价方法或半定量评价方法	合规性审查	国务院安委会关于开展油气输送管线等安全专项排查整治的紧急通知(安委〔2013〕9 号)
肯特评分法	半定量评价方法	系统的风险评价	《管道风险管理手册》、SY/T 6891.1—2012、GB/T 27512—2011
概率风险评价	定量评价方法	系统的风险评价	—
故障树分析	定性评价方法或定量评价方法	风险因素识别、失效可能性分析	—
事件树分析	定性评价方法或定量评价方法	失效后果分析	—
数值模拟	定量评价方法	失效后果分析	CPR 黄皮书《物理效应计算方法》
量化风险评价	定量评价方法	侧重失效后果分析,优化平面布局,确定安全距离	CPR 紫皮书《定量风险评估指南》、SY/T 6891.2—2020、GB/T 34346—2017 附录 C、AQ/T 3046—2013

由于管道风险评价过程涉及大量的数据处理和计算工作,通常需要软件来辅助完成。国内外已经开发了不少风险评价软件工具。

风险评价软件可以帮助用户轻松实现以下功能:

(1)管道数据管理。管道基础属性、运行数据和周围环境数据等都可以按照一定规则在软件中进行有序的存储和维护。

(2)风险计算。将风险公式写入软件后,软件可自动实现风险计算。

(3)结果展示。风险计算结果可以采用大量形象的图形和表格来展示,软件可以轻松实现图形的绘制和表格的生成。

国外比较知名的管道风险评价软件有加拿大 C-FER 公司的 Piramid 软件、美国 Dynamic Risk Assessment Systems 公司 IRAS 软件中的 RiskAnalyst 模块、美国 Innovation 公司 Bass-Trigon 分部开发的风险评价模块、美国 GE-PII 公司开发的 PVI 软件、挪威 DNV 开发的 Orbit+Pipeline 软件等。

国家管网研究总院自 2009 年起,基于国内油气管道的实际运行情况,对肯特评分法第三版评价指标进行了修改和完善,增加了土体移动指标(即地质灾害指标)的权重,删除或整合了部分误操作指标,增加了制造与施工缺陷指标,删除了腐蚀指标中的大气腐蚀项等,开发了相应评价软件 RiskScore,在国家石油天然气管网集团有限公司所辖管道进行了大量实际应用,并形成标准 SY/T 6891.1—2012《油气管道风险评价方法 第 1 部分:半定量评价法》。2014 年前后提出了升级后的方法和软件 RiskScoreTP,建立了基于威胁与防护逻辑的管道风险评价模型,新方法理清了风险因素之间的逻辑关系,引入了布尔运算。第三方损坏和地质灾害风险因素评价指标从发生威胁可能性、导致管道泄漏可能性、防护措施有效性三个层次建立指标之间的计算关系;外腐蚀和内腐蚀从腐蚀速率、检测结果、剩余寿命与失效概率函数关系方面设置评价指标之间的计算关系;制造与施工缺陷指标从威胁因素发生可能性、诱发因素、防护措施三个层次建立指标之间的计算关系;后果以受体为主导,通过运行压力、人口密度、失效模式等参数进行修正;以 20 000 km 管道风险评价数据为基础,制定了风险分级门槛值,实现了风险评价结果的自动分级,建立的管道风险评价模型如图 1-3-1 所示。

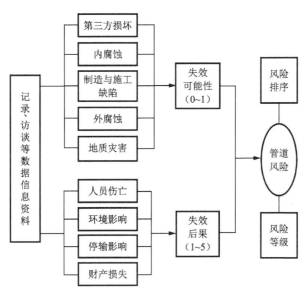

图 1-3-1　管道风险评价模型架构

管道风险计算公式如下:

$$R = \sum_{k=1}^{5}(L_k C) \tag{1-3-1}$$

式中　R——风险值;

　　　L——失效可能性值;

　　　C——失效后果值;

　　　k——失效原因编号(从 1~5 分别代表第三方损坏、外腐蚀、内腐蚀、制造与施工缺陷、地质灾害)。

失效可能性分值在 0~1 之间,分值越大表示越可能发生。失效后果分为 5 级,等级越高表示后果越严重。风险值为两者的乘积,值越大表示风险越大,最后将风险分为四级:高风险、较高风险、中风险和低风险。

三、实际应用

为实现基于风险的管理和科学立项,夯实完整性管理基础,某管道运营企业从 2010 年全面开展管道风险评价工作。按照体系文件要求组织各油气分公司每年开展管道高后果区识别和风险评价,并组织召开风险评价报告评审会,对分公司管道风险评价报告的结果,特别是高风险因素的识别和高风险管段的治理建议进行分析讨论,提出修改建议。

评价采用 RiskScoreTP 管道风险评价系统,年度风险评价工作过程如下:

4—5 月,进行管道风险评价培训,对新投产管道、重点管道进行风险评价数据收集和现场踏勘。

6—7 月,各分公司进行所辖管道的风险评价工作,提交风险评价报告初稿。

8—9月,进行风险评价报告的初审和修改。

10—11月,召开管道风险评价报告评审会,各公司根据评审意见修改并提交终版评价报告。

12月,编制公司风险评价总报告,并拟定下年度再评价计划。

2017年公司评价结果显示各管道风险值在0.098~2.49之间,风险值分布情况见图1-3-2。通过风险评价工作,得出以下结论:

(1)管道主要风险因素由老管道性能老化转变为新管道设计、原材料和施工过程中的缺陷造成的早期失效,大量新投产管道处于失效浴盆曲线的前期事故多发期。

(2)总体风险持续降低。通过老管道停输、封存,公司管道整体运行风险下降,经过近几年的检测、评价与修复,管道本体风险大幅降低。

(3)新识别的风险主要有:建设期焊缝质量导致的运行风险;部分支线管道未安装收发球装置,无法进行内检测;保温管道补口处的外腐蚀风险较大,补口处防腐保温层失效进水后管体会发生不同程度的腐蚀;油品管道内腐蚀风险较高。内腐蚀在不同介质管道、站内与站外、新建及在役管道均存在,具有普遍性。

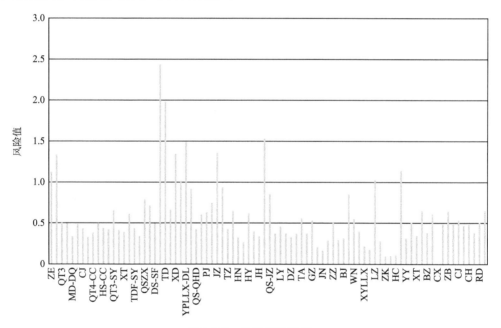

图1-3-2 各管道风险值

2017年共评价出风险管段469处,根据风险值,结合风险矩阵,将这些管段按照风险高低进行排序,其中高风险段24处、较高风险段246处、中风险段199处。对174处风险管段提出立项整改建议,其余295处风险管段建议运用管理措施控制风险。建议开展LZ成品油管道、JH管道和CH管道3条管道的内检测;建议开展QT3、QT4和MD干线管道,DS管道,JH管道的外检测;管道缺陷修复21项;防腐层修复和阴保系统维护25项;水工保护与地质灾害治理44项;换管改线或重新穿越5项。各分公司重要管段和立项建议数目统计如图1-3-3所示。

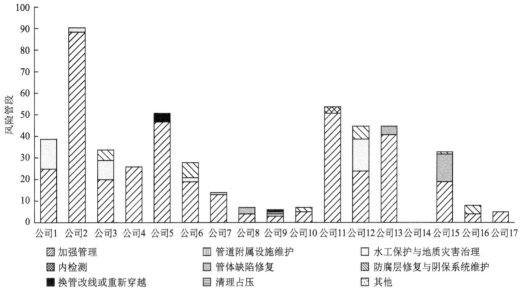

图 1-3-3 各分公司重要管段和立项建议数目统计

为保证对管道风险及时地识别、评价,并采取合理的控制措施,本次评价后制订了各条管线再评价的计划。

第二章 管道失效数据及案例分析

第一节 概 述

管道失效数据统计分析是发现管道失效趋势的重要手段,可从宏观上评估管道总体安全形势。通过失效信息的收集、失效原因的分析与统计,可使管道运营者了解失效事故的发展趋势、审核管道运营状况,对于管道危险因素识别、风险分析、事故预防及风险减缓措施的制定具有重要的意义。

目前,欧美多个国家的组织对管道失效事件进行了收集与分析,例如美国交通运输部(DOT)负责其管辖内的多个公司的管道失效信息,欧洲天然气管道事故数据组织(EGIG)则负责欧盟组织内的天然气管道失效数据。各个失效事件管理组织均有自己的失效数据统计标准和流程,以保证所收集数据的可用性和全面性。欧洲的失效管理机构不收集站内设备设施的失效信息,美国的失效库中虽然没有单独记录站内设备失效,但将其作为管道失效的一个因素。本章主要统计分析了美国、欧洲和我国近年来的重大安全事故及管道失效信息。统计基准见表 2-1-1。

表 2-1-1 各主要国家和地区输气管道重大安全事故统计基准

序号	组织/公司	统计基准	管道介质	统计时间
1	美国管道和危险材料安全管理局(PHMSA)	① 死亡或受伤需要入院治疗; ② 总损失达到或超过 $50 000; ③ 高挥发性液体泄漏超过 5 bbl,其他液体泄漏量超过 50 bbl; ④ 液体泄漏导致意外火灾或爆炸	原油 成品油 天然气	2010—2015 年
2	欧洲天然气管道事故数据组织(EGIG)	① 意外气体泄漏; ② 最大运行压力高于 15 bar 的陆上钢质管道,只统计站区外管道泄漏,不包含阀门、压缩机等设备或附件的泄漏	天然气	2004—2019 年
3	欧洲空气与水保护组织(CONCAWE)	泄漏量在 1 m³ 以上(造成特别严重的安全环境影响后果的泄漏事件可小于 1 m³)的意外泄漏	原油 成品油	1971—2019 年
4	国内主要的管道运营企业	意外泄漏	原油 成品油 天然气	2006—2016 年

本章失效统计结果主要为失效概率及 5 年移动平均失效概率,主要定义如下:

(1) 失效概率等于管道失效次数除以管道里程,单位为次/(1 000 km·a);

(2) 5 年移动平均失效概率考虑了过去 5 年的移动平均失效概率,计算公式为:

5 年移动平均失效概率=过去 5 年管道失效次数/过去 5 年管道曝光量×1 000 (2-1-1)

其中,曝光量是管道长度和曝光时间的乘积,单位是 km·a。例如,A 公司拥有 1 000 km 的输送管道 5 年时间,因而其曝光量是 5 000 km·a。

第二节 美国管道失效数据库

一、概述

截至 2015 年,美国有主要输油管道 65 条约 21×10⁴ km,主要输气管道 27 条约 48×10⁴ km。近年来,美国输油管道失效概率保持在 0.4~0.6 次/(1 000 km·a),输气管道失效概率由 0.04 次/(1 000 km·a)振荡攀升至 0.14 次/(1 000 km·a)。美国管道历年事故数量及失效概率统计如图 2-2-1 所示。

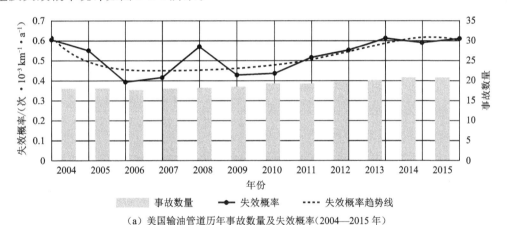

(a) 美国输油管道历年事故数量及失效概率(2004—2015 年)

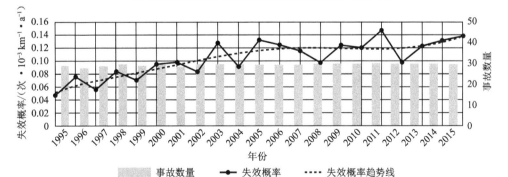

(b) 美国输气管道历年事故数量及失效概率(1995—2015 年)

图 2-2-1 美国管道历年事故数量及失效概率(1995—2015 年)

二、管道失效原因统计分析

通过 PHMSA 公布的 2010 年至今陆上输油管道泄漏事故（共计 432 起）以及天然气长输管道事故（共计 238 起）原因分析得出美国石油天然气管道失效原因，见表 2-2-1。

表 2-2-1　美国石油天然气管道失效原因分类

序号	失效原因		典型失效因素
1	腐蚀	外腐蚀	电化学腐蚀、大气腐蚀、杂散电流干扰、微生物腐蚀、焊缝选择性腐蚀
		内腐蚀	腐蚀性介质、酸性水、内部微生物、内部冲蚀
2	材料/焊缝/设备失效	现场施工	环焊缝缺陷、管体划伤、回填凹坑
		制管缺陷	管体缺陷、制管焊缝缺陷
		环境开裂	应力腐蚀开裂、氢致开裂
3	开挖损坏	运营商开挖损坏	挖掘操作不到位
		承包商开挖损坏	挖掘操作不到位、定位操作不到位
		第三方损坏	One-call 系统使用不当、挖掘操作不到位、第三方私自开挖、定位操作不到位、one-call 系统未覆盖、one-call 系统错误
		之前的开挖活动导致的损坏	未知
4	自然外力损坏	土体移动	地震、冻胀融沉、沉降、滑坡
		暴雨洪水	极端天气造成的暴雨洪水、泥石流
		闪电	闪电直接击中管道或导致周边起火
		温度	热应力、极端天气（过冷）等
5	误操作	—	人为误操作、设备未正确安装、管道或设备超压
6	其他外力	—	车、船、附近工业、周边火灾等的影响

输油管道失效的 3 大原因：腐蚀、管子/焊缝材料失效和设备失效。输气管道失效的 3 大原因：管子/焊缝材料失效、开挖损坏和腐蚀，如图 2-2-2 所示。

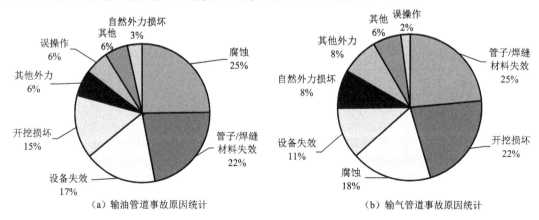

（a）输油管道事故原因统计　　　（b）输气管道事故原因统计

图 2-2-2　美国石油天然气管道事故原因统计

（一）腐蚀

对于输油管道,腐蚀是失效的最主要因素;对于输气管道,腐蚀因素排在所有失效因素的第 3 位,如图 2-2-3 所示。

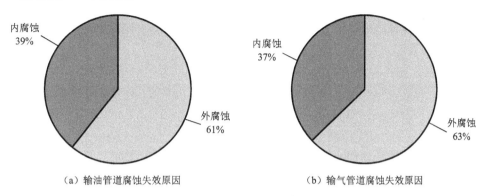

（a）输油管道腐蚀失效原因　　　　　　　（b）输气管道腐蚀失效原因

图 2-2-3　美国石油天然气管道腐蚀失效情况

1. 外腐蚀

腐蚀失效中,外腐蚀因素通常占 60% 以上,以电化学腐蚀为主,如图 2-2-4、图 2-2-5所示。

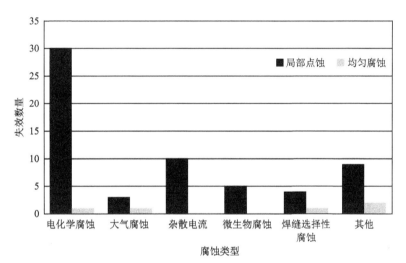

图 2-2-4　美国输油管道外腐蚀失效情况

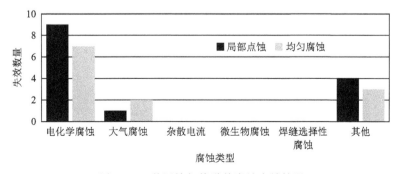

图 2-2-5　美国输气管道外腐蚀失效情况

失效管道特征统计：

（1）埋地情况。

发生外腐蚀失效的输气管道绝大部分为埋地管道。

（2）阴极保护情况。

绝大部分管道有阴极保护和有效性检查，半数以上存在阴保屏蔽现象（其中输油管道40/65，62%；输气管道14/27，52%）。

（3）防腐层。

绝大部分管道有防腐层，仅1/3左右有密间隔防腐层检查[输油管道29%（19/65）；输气管道37%（10/27）]。

（4）损伤历史。

大部分管道之前有过损伤[输油管道63%（41/65）；输气管道74%（20/27）]。

（5）安装年代。

输油管道1922—2013年，输气管道1928—1975年，最长服役93年。

（6）失效模式。

输油管道大部分为针孔泄漏，输气管道63%（17/27）为开裂或断裂。

（7）漏磁内检测。

输油管道有31条开展过漏磁内检测，占失效管道总数的48%（31/65），其中距失效发生时间最长为15年，有6条管道是失效当年开展的内检测。输气管道有9条开展过漏磁内检测，占失效管道总数的33%（9/27），其中距失效发生时间最长为12年，有2条管道是失效当年开展的内检测。

（8）外腐蚀直接评价。

输油管道仅有4条开展过外腐蚀直接评价，占失效管道总数的6%（4/65），其中距失效发生时间最长为2年，且失效点均未判断为需要开挖检查的点。输气管道有3条开展过外腐蚀直接评价，占失效管道总数的11%（3/27），其中距失效发生时间最长为8年，且有1个失效点当年曾进行过开挖检查。

2.内腐蚀

输油管道的内腐蚀绝大部分为局部点蚀，如图2-2-6所示。输气管道的内腐蚀如图2-2-7所示。

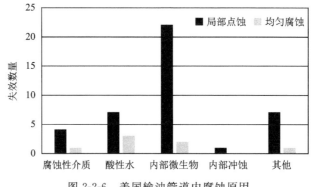

图 2-2-6　美国输油管道内腐蚀原因

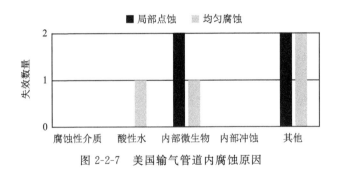

图 2-2-7 美国输气管道内腐蚀原因

失效管道特征统计：

（1）高程。

发生内腐蚀失效的输油管道中，32 条失效点为高程低点，占失效总数的 76%（32/42）；输气管道中有 8 条管道为高程低点，占失效总数的 50%（8/16）。

（2）缓蚀剂。

部分管道使用了缓蚀剂［输油管道 45%（19/42）；输气管道 56%（9/16）］。

（3）防腐内涂层。

输油管道均没有防腐内涂层；输气管道 3 条［19%（3/16）］有防腐内涂层（分别建设于 1968 年和 1976 年）。

（4）脱水处理。

部分管道进行了脱水处理［输油管道 38%（16/42）；输气管道 19%（3/16）］。

（5）腐蚀挂片。

部分管道使用了腐蚀挂片［输油管道 38%（16/42）；输气管道 44%（7/16）］。

（6）安装年代。

输油管道 1932—2012 年，输气管道 1947—1980 年，最长服役 82 年。

（7）失效模式。

输油管道大部分为针孔泄漏；输气管道 38%（6/16）为断裂，其余为针孔泄漏。

（8）漏磁内检测。

输油管道有 12 条开展过漏磁内检测，占失效管道总数的 29%（12/42），其中距失效发生时间最长为 10 年，有 2 条管道是失效当年开展的内检测。输气管道均没有开展过漏磁内检测。

（9）内腐蚀直接评价。

输油管道仅有 5 条做过内腐蚀直接评价，占失效管道总数的 12%（5/42），其中距失效发生时间最长为 5 年，仅有一处在失效当年判定为开挖检查点，该条管道没有内检测历史记录。输气管道均没有开展过内腐蚀直接评价。

（二）管子/焊缝材料失效

管子/焊缝材料失效也是导致美国管道失效的主要原因之一，其中现场施工（包括现场环焊缝缺陷、管体划伤、回填凹坑等）是导致管子/焊缝材料失效的重要原因，占比在 50% 以上，如图 2-2-8 所示。对于输油管道而言，该因素排在所有失效因素中的第 2 位；对于输气管道而言，该因素是失效的最主要因素。

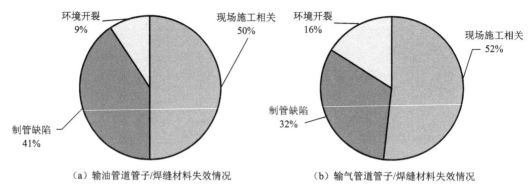

（a）输油管道管子/焊缝材料失效情况　　　　　（b）输气管道管子/焊缝材料失效情况

图 2-2-8　美国石油天然气管道管子/焊缝材料失效情况

1. 现场施工

输气管道由于现场施工条件所限，极易产生各类缺陷，最终导致管道失效。其中以环焊缝缺陷、管体划伤、回填凹坑等因素为主。

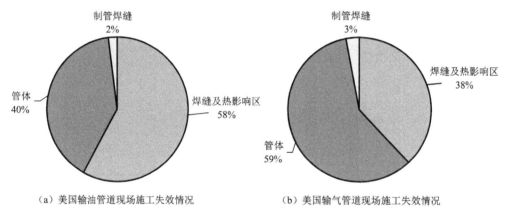

（a）美国输油管道现场施工失效情况　　　　　（b）美国输气管道现场施工失效情况

图 2-2-9　美国石油天然气管道现场施工失效情况

失效管道特征统计：

（1）安装年代。

输油管道 1924—2013 年，输气管道 1940—2010 年。

（2）失效模式。

输油管道 56％（27/48）为针孔泄漏，输气管道 65.5％（19/29）为开裂。

输油管道：4 起与凹坑相关（均为管体）；1 处环焊缝处有弯折；17 处有萌生的裂纹，其中 7 处管体，10 处焊缝及热影响区；8 处焊缝未熔合，其中与裂纹萌生交叉 2 处；2 处褶皱（管体）；1 处错边（环焊缝）。

输气管道：5 起与凹坑相关（均为管体，其中 2 处有划伤）；23 处有萌生的裂纹，其中 14 处管体，9 处焊缝及热影响区；3 处焊缝未熔合，均与裂纹萌生交叉；4 处褶皱（管体）；3 处错边（环焊缝）。

（3）内检测情况。

输油管道：31 条开展过漏磁内检测，占失效管道总数的 65％（31/48），其中距失效发生时间最长为 9 年；4 条开展过超声内检测，其中距失效发生时间最长为 7 年。

输气管道:14 条开展过漏磁内检测,占失效管道总数的 48%(14/29),其中距失效发生时间最长为 9 年;均未开展超声内检测(气体管道较难实施)。

2.制管缺陷

制管缺陷多产生在制管焊缝中,其中又以低频电阻焊管直焊缝为主,如图 2-2-10 所示。

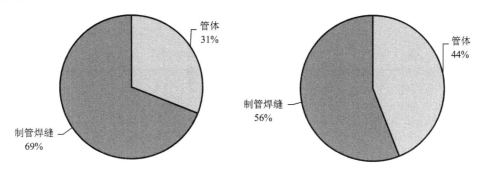

(a)美国输油管道制管缺陷失效情况 (b)美国输气管道制管缺陷失效情况

图 2-2-10 美国石油天然气管道制管缺陷失效情况

失效管道特征统计:

(1)制管年代。

输油管道 1950—2008 年,输气管道 1929—1984 年。

(2)内检测情况。

输油管道:28 条开展过漏磁内检测,占失效管道总数的 72%(28/39),其中距失效发生时间最长为 8 年,4 条管道在失效前一年做的内检测;3 条开展过超声内检测,其中距失效发生时间最长为 8 年,最短 6 年。

输气管道:13 条开展过漏磁内检测,占失效管道总数的 72%(13/18),其中距失效发生时间最长为 8 年;均未开展超声内检测(气体管道较难实施)。

3.环境开裂

(1)建设年代。

输油管道 1950—1981 年,输气管道 1949—1979 年。

(2)失效模式。

输油管道:失效模式为开裂泄漏或纵向断裂。

输气管道:失效模式为开裂泄漏(3 起)或断裂(6 起)。

(3)开裂位置及机理。

输油管道:开裂位置大部分位于管体,只有 1 处位于焊缝,1 处位于热影响区。开裂机理大部分为 SCC,只有 1 处与外腐蚀和机械损伤相关,1 处与椭圆变形相关。

输气管道:开裂位置均位于管体。开裂机理 1 处为氢致开裂,4 处为 SCC,其余未知。

(4)内检测情况。

输油管道:5 条开展过漏磁内检测,占失效管道总数的 56%(5/9);3 条开展过超声内检测,其中 2 次为失效前一年开展。

输气管道:6 条开展过漏磁内检测,占失效管道总数的 67%(6/9)。

（三）开挖损坏

开挖损坏是美国石油天然气管道失效的另一个重要原因，占输油管道失效的15％、天然气输气管道失效的22％。对于输气管道，该因素位于第2位。其中，第三方开挖损坏在该因素中占据的比例最大，主要原因为one-call系统使用不当和第三方私自开挖，如图2-2-11所示。

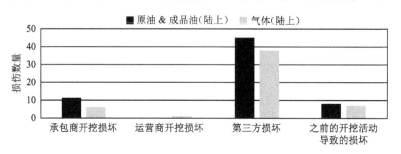

图 2-2-11　美国石油天然气管道开挖损坏导致失效情况

1. 第三方损坏

输油管道第三方损坏中，one-call系统使用不当是最主要因素，其次是挖掘操作不到位和第三方私自开挖。输气管道已经明确的因素中，第三方私自开挖是主要因素，如图2-2-12、图2-2-13所示。

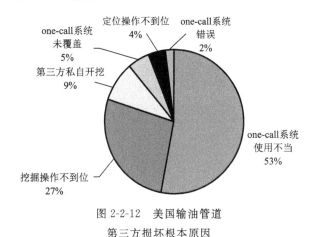

图 2-2-12　美国输油管道　　　　　　　　图 2-2-13　美国输气管道
第三方损坏根本原因　　　　　　　　　　　第三方损坏根本原因

失效管道特征统计：

（1）one-call系统报告情况。

输油管道：19条管道使用了one-call系统进行报告。

输气管道：14条管道使用了one-call系统进行报告。

（2）管道标识情况。

输油管道：19条管道有明显标识。

输气管道：仅8条管道有明显标识。

（3）最长停输时间。

输油管道：最长停输时间为1 440 h。

输气管道：最长停输时间为123 h。

2.承包商开挖损坏

该因素失效的原因主要包括挖掘操作不到位和定位操作不到位两方面,如图 2-2-14 所示。

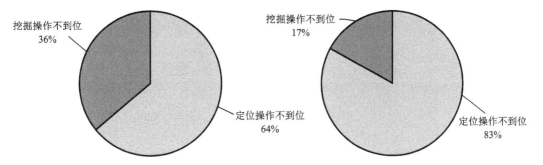

挖掘操作不到位
36%

定位操作不到位
64%

挖掘操作不到位
17%

定位操作不到位
83%

（a）美国输油管道承包商开挖损坏根本原因　　　　（b）美国输气管道承包商开挖损坏根本原因

图 2-2-14　美国石油天然气管道承包商开挖损坏根本原因

失效管道特征统计:

（1）one-call 系统报告情况。

输油管道:全部使用了 one-call 系统进行报告。

输气管道:仅 1 起未使用 one-call 系统进行报告。

（2）管道标识情况。

输油管道:7 条管道有明显标识。

输气管道:4 条管道有明显标识。

（3）最长停输时间。

输油管道:最长停输时间为 1 344 h。

输气管道:最长停输时间为 22 h。

（四）自然外力损坏

自然外力包括地震、冻胀融沉、沉降、滑坡等造成的土体移动,极端天气造成的暴雨洪水、泥石流,闪电直接击中管道或导致周边起火,温度影响造成的热应力、过冷的极端天气等,如图 2-2-15 所示。

（五）误操作

在所有已知的误操作失效因素中,设备未正确安装占比较大,如图 2-2-16 所示。

三、管道失效后果统计分析

2004—2015 年,美国因管道事故导致的死伤人数情况基本平稳,其中 2010 年因太平洋燃气电力公司管道破裂引发火灾,Enbridge 公司 6B 输油管道破裂泄漏致使死伤人数有所上升,同时导致大量财产损失,如图 2-2-17 所示。

美国历年管道失效导致的介质泄漏情况略有波动,如图 2-2-18 和图 2-2-19 所示。由于近些年美国长输管道里程变化不大,所以总体泄漏量与单位里程泄漏量趋势基本一致。

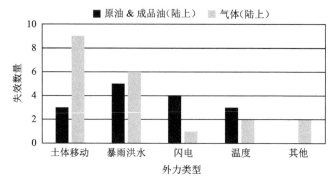

图 2-2-15　美国石油天然气管道自然外力导致失效情况

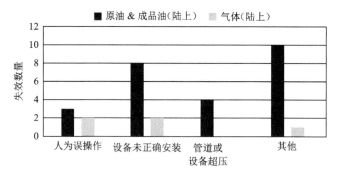

图 2-2-16　美国石油天然气管道误操作导致失效情况

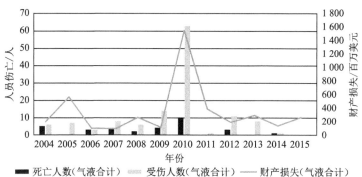

图 2-2-17　美国历年管道事故导致的死伤人数及财产损失情况

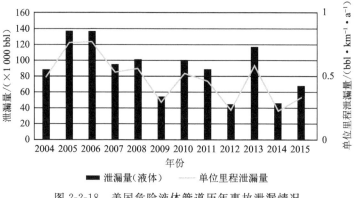

图 2-2-18　美国危险液体管道历年事故泄漏情况

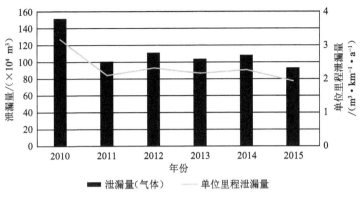

图 2-2-19　美国气体输送管道历年事故泄漏情况

第三节　EGIG 失效数据库

一、概述

截至 2019 年，EGIG 管理的欧洲输气管道总长度为 142 711 km，历年里程如图 2-3-1 所示。5 年移动平均失效概率呈逐渐下降趋势，如图 2-3-2 所示。

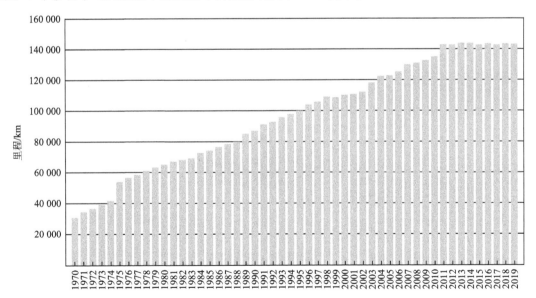

图 2-3-1　EGIG 气体输送管道历年里程(1970—2019 年)

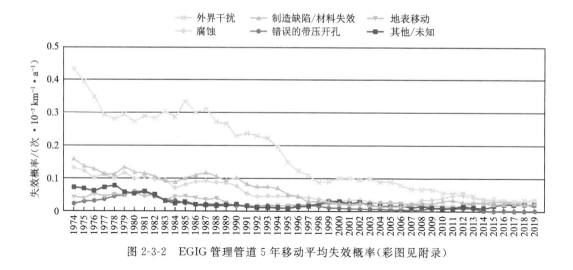

图 2-3-2　EGIG 管理管道 5 年移动平均失效概率(彩图见附录)

二、管道失效原因统计分析

2010—2019 年,EGIG 输气管道事故的主要原因是外界干扰、腐蚀和制造缺陷/材料失效,主要失效形式为小孔和裂纹,如图 2-3-3、图 2-3-4 所示。

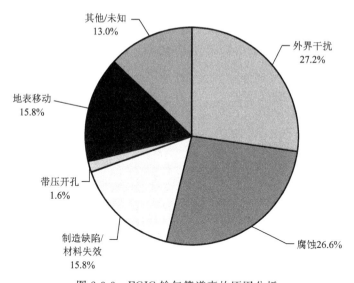

图 2-3-3　EGIG 输气管道事故原因分析

针对与 EGIG 数据库相关的 3 大失效原因,失效概率与一些参数有着密切关系:

(1)外界干扰:管道的直径、埋深和壁厚。

(2)腐蚀:建造年份、涂层类型和壁厚。

(3)制造缺陷/材料失效:建造年份。

(一)外界干扰

图 2-3-5～2-3-7 给出了由外界干扰导致的事故后果与管道直径、埋深和壁厚的关系。

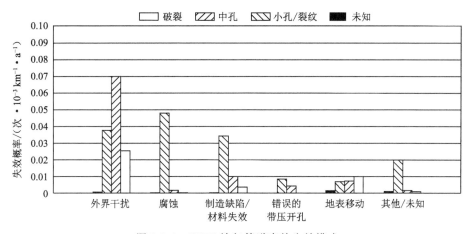

图 2-3-4 EGIG 输气管道事故失效模式

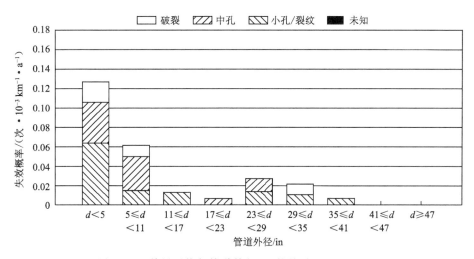

图 2-3-5 外界干扰与管道外径(d)的关系(2010—2019)

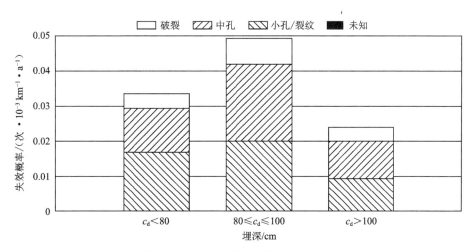

图 2-3-6 外界干扰和埋深(c_d)的关系

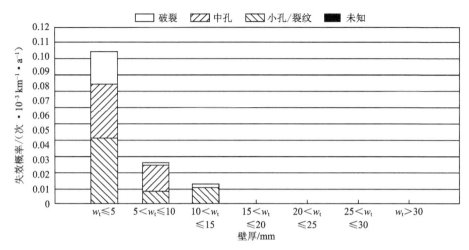

图 2-3-7　外界干扰和壁厚(w_t)的关系

从这些图中可以得出以下结论：

（1）小直径管道比大直径管道更容易受到外界干扰。第一个原因是小直径管道在地层施工时相比于大直径管道更容易被干扰，第二个原因是小直径管道由于壁厚较小因而阻力较小。

（2）埋深是影响管道失效的主要指标之一。通常管道埋深越大，初级失效概率越低。

（3）壁厚是抵抗外界干扰冲击的一项有效保护措施。壁厚超过 15 mm 的管道没有发生外部破坏事件的记录。

（4）更严重的事故比如断裂或孔洞主要发生在小直径、埋深较小和壁厚较小的管道上。

（二）腐蚀

图 2-3-8～2-3-10 给出了由腐蚀引起的事故失效概率和管道建造年份、涂层类型和壁厚的关系。

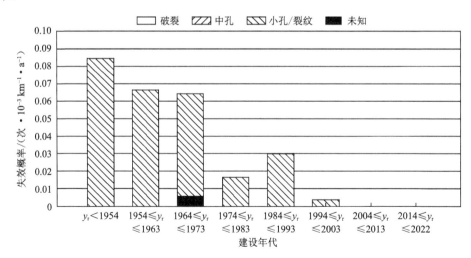

图 2-3-8　腐蚀和建造年份(y_r)的关系

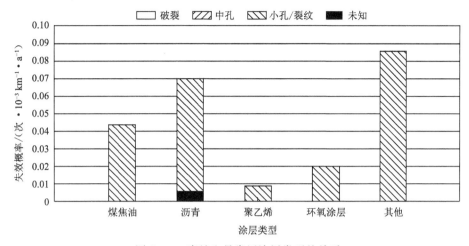

图 2-3-9　腐蚀和最常用涂层类型的关系

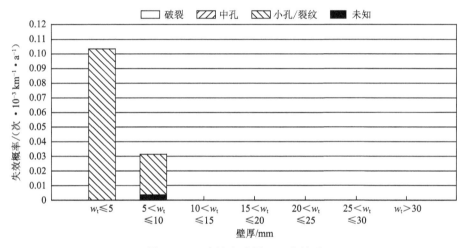

图 2-3-10　腐蚀和壁厚(w_t)的关系

　　腐蚀已经被认定是导致事故的第二大原因(26.6%)。从图 2-3-8～2-3-10 可以看出腐蚀通常导致较小尺寸的泄漏(小孔和裂纹),而很少观察到孔洞,只在管道上发生过一起断裂事故,该管道还是在 1954 年之前建造的。这次断裂是由管道的内部腐蚀引起的,起初该管道主要用来输送焦炉煤气。

　　图 2-3-8 说明管道建造年份和失效概率之间的关系,图 2-3-9 则给出最常用的涂层类型和失效概率的关系。从这些图中可以看出主要使用沥青涂层的老管道具有较高的失效概率。

　　腐蚀是管道性能退化的一种现象。发生腐蚀与壁厚是没有关联的,但腐蚀的管壁越薄,管道失效就越快,如图 2-3-10 所示。

　　EGIG 提出了三种类型的腐蚀:外腐蚀、内腐蚀和未知原因引起的腐蚀。外腐蚀通常位于管道的外表面,而内腐蚀位于管道的内表面。如图 2-3-11 所示,点蚀是最常见的腐蚀形式,几乎所有点蚀都发生在管道的外表面。裂纹是第二种已发现的腐蚀形式,出现在管道的内表面和外表面。一般腐蚀几乎总是均匀地出现在管道的外表面。

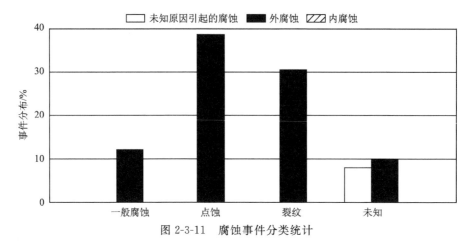

图 2-3-11　腐蚀事件分类统计

（三）制造缺陷

图 2-3-12 是制造缺陷与建造年份的关系。图 2-3-13 是制造缺陷、泄漏尺寸和建造年份的关系。

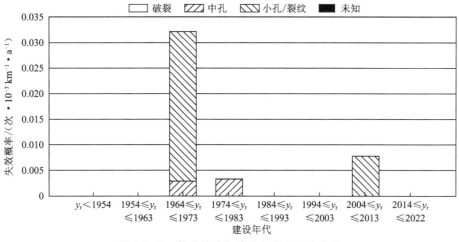

图 2-3-12　制造缺陷与建造年份（y_r）的关系

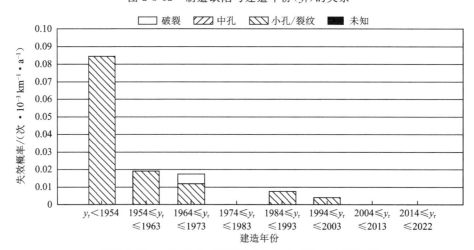

图 2-3-13　制造缺陷、泄漏尺寸与建造年份（y_r）的关系

从图 2-3-12 与图 2-3-13 可以看出,管线管龄越大,失效概率越高。

三、管道失效后果统计分析

经统计,1970—2019 年间,5.2％的管道天然气泄漏导致着火事故。图 2-3-14 给出的结果显示,高压力大口径管道泄漏更容易导致着火(泄漏尺寸与着火率的关系见表 2-3-1)。

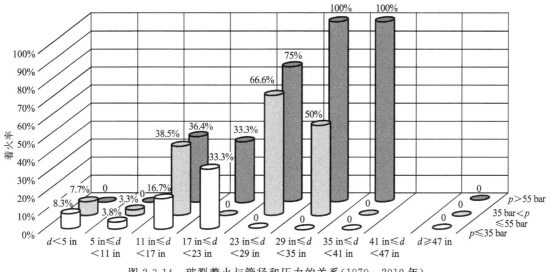

图 2-3-14　破裂着火与管径和压力的关系(1970—2019 年)

表 2-3-1　泄漏尺寸与着火率的关系

序　号	泄漏尺寸	着火率
1	针孔-开裂	4.7％
2	孔	2.2％
3	断裂(全部直径)	14.7％
4	断裂(直径小于等于 16 in)	9.8％
5	断裂(直径大于 16 in)	40.7％

1970—2019 年间,EGIG 天然气输气管道共有 8 起事故导致人员死亡。其中,肇事者死亡比例最高,其他人员还包括员工/承包商、事故救援人员和公众(如图 2-3-15 所示)。

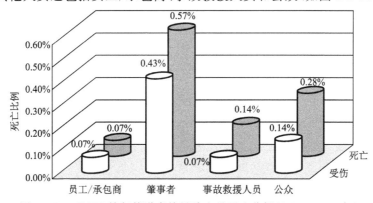

图 2-3-15　EGIG 输气管道事故导致人员死亡分析(1970—2019 年)

EGIG 分别对 1970—2019 年和 2010—2019 年的天然气输气管道事故发现途径进行统计,见表 2-3-2。

表 2-3-2　EGIG 天然气输气管道事故发现途径比例对比

发现途径	比例(1970—2019 年)/%	比例(2010—2019 年)/%
公　众	34.6	16.8
运营商	42.2	50.5
未　知	6.7	0.5
土地主	5.5	14.3
燃气公司	4.8	4.3
其　他	6.2	13.6

第四节　CONCAWE 失效数据库

一、概述

截至 2019 年,欧洲空气与水保护组织(CONCAWE)统计管道(包含在役管道、封存管道和退役管道)总长度达到了 35 691 km。图 2-4-1 所示为自 1971 年以来,CONCAWE 在役管道长度的发展过程。图 2-4-2 所示为 2019 年的管道直径分布情况,其中 90% 的原油管道直径为 16 in(400 mm)或更大,最大直径为 44 in(1 100 mm);而 84% 的成品油管道直径小于16 in。最大的热油管道直径为 20 in,最小的成品油管道直径通常为 6 in(150 mm),不过也有少量的管道直径小达 3 in(75 mm)。图 2-4-3 为 2019 年欧洲输油管道管龄分布,其中占比最大的为 51~55 年的输油管道。

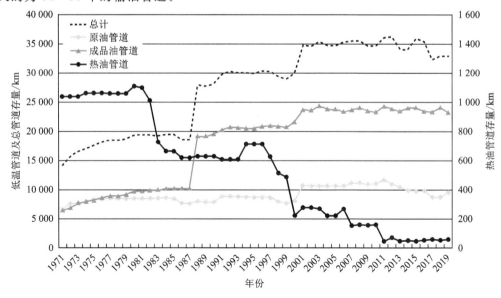

图 2-4-1　CONCAWE 在役管道长度

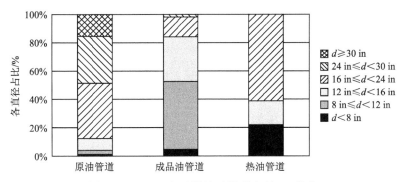

图 2-4-2　2019 年欧洲输油管道直径（d）分布

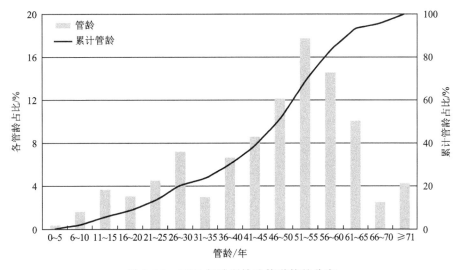

图 2-4-3　2019 年欧洲输油管道管龄分布

1971—2019 年，总计发生了 772 起管道泄漏事件。在排除打孔盗油事件后，泄漏事件总数为 504 起。

图 2-4-4 所示为 1971—2019 年的 49 年里所有管道每年发生泄漏事件的数量。图 2-4-5 为去除打孔盗油后管道每年发生的泄漏事件数量。

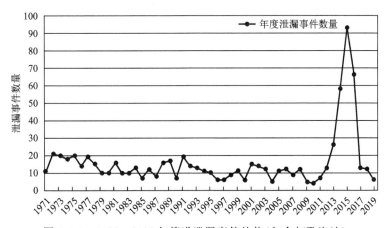

图 2-4-4　1971—2019 年管道泄漏事件趋势（包含打孔盗油）

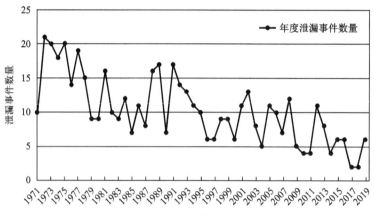

图 2-4-5 1971—2019 年管道泄漏事件趋势(不含打孔盗油)

图 2-4-6、图 2-4-7、图 2-4-8 为泄漏事件失效概率随年份的变化趋势。从图中可以看出泄漏概率稳定的下行趋势更为明显。5 年移动平均失效概率已从 20 世纪 70 年代中期的约 1.1 次/(1 000 km·a)降至 2019 年的 0.13 次/(1 000 km·a)(不含盗油事件),当考虑盗油事件时则为 1.09 次/(1 000 km·a)。

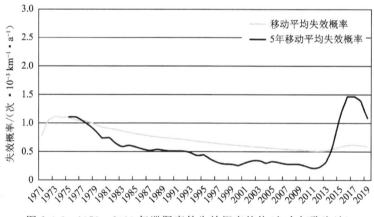

图 2-4-6 1971—2019 年泄漏事件失效概率趋势(包含打孔盗油)

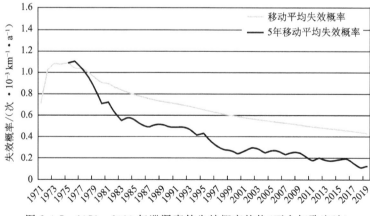

图 2-4-7 1971—2019 年泄漏事件失效概率趋势(不含打孔盗油)

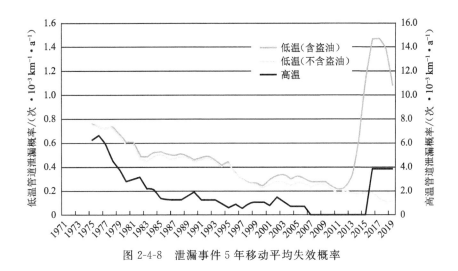

图 2-4-8 泄漏事件 5 年移动平均失效概率

二、管道失效原因统计分析

CONCAWE 将泄漏事件成因划分为 5 个大类(即机械性能、运营操作、腐蚀、自然灾害以及第三方损坏)、12 个子类及 26 种失效因素,见表 2-4-1。

表 2-4-1 欧洲输油管道失效原因分类

序 号	失效原因		典型失效因素
1	机械性能 A	Aa 设计和材料	1.设计不合理; 2.材料缺陷; 3.使用了错误的材料; 4.老化或疲劳; 5.焊缝缺陷; 6.制造缺陷; 7.设备安装错误
		Ab 制造建设	
2	运营操作 B	Ba 系统方面	8.机械设备故障; 9.仪表或控制系统故障; 10.未减压或引流; 11.错误操作; 12.错误的维修或建设; 13.操作步骤出错
		Bb 人工操作	
3	腐蚀 C	Ca 外腐蚀	14.防腐层失效; 15.阴极保护失效; 16.抑制剂失效
		Cb 内腐蚀	
		Cc 应力腐蚀开裂(SCC)	
4	自然灾害 D	Da 地表移动	20.崩塌; 21.塌陷; 22.地震; 23.洪水
		Db 其他	

续表 2-4-1

序　号	失效原因		典型失效因素
5	第三方损坏 E	Ea 意外损坏	17.建设施工; 18.农业活动; 19.地下设施建造
		Eb 偶然损坏	
		Ec 蓄意破坏	24.恐怖袭击; 25.故意破坏; 26.打孔盗油(包含未遂)

高温管线和低温管线泄漏事件的主要成因是不同的。高温管线泄漏事件中 81% 与腐蚀相关。低温管线泄漏事件中仅 13%(不包括打孔盗油事件时为 20%)与腐蚀相关,不含盗油的低温管道泄漏事件原因中第三方损坏以及机械性能占据重要位置,如图 2-4-9 所示。

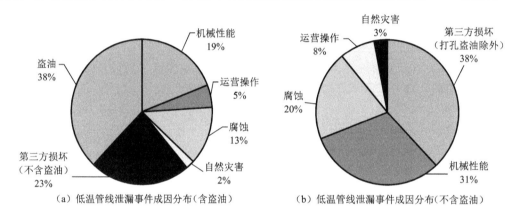

（a）低温管线泄漏事件成因分布(含盗油)　　　（b）低温管线泄漏事件成因分布(不含盗油)

图 2-4-9　重大泄漏事件成因分布

1. 机械性能

机械性能导致的管道泄漏事件为 138 起,占总数的 18%。平均每年发生 2.9 起泄漏事件。其中 51 起事件源于施工,87 起事件源于设计或材料缺陷。注意:数据摘自 CONCAWE 数据库,平均每年泄漏事故计算略有偏差,此处忽略,以原数据库为准,下同。

图 2-4-10　机械性能导致的泄漏事件的 5 年移动平均失效概率

2.运营操作

运营操作导致的管道泄漏事件为 38 起,占总数的 5％。平均每年发生 0.8 起泄漏事件。其中 27 起事件为人为失误,11 起事件为系统失误。

3.腐蚀以及老化的影响

腐蚀导致的泄漏事件为 144 起,占总数的 19％。平均每年发生 3.0 起泄漏事件。有 55 起泄漏事件发生在高温管道中,而且是在早期的数年中。有 89 起泄漏事件发生在低温管道中,占总数的 12％,平均每年发生 1.9 起泄漏事件。

将这些事件细分为外部腐蚀、内部腐蚀和应力腐蚀裂纹(SCC)。表 2-4-2 中对每一个子组别内的泄漏事件数量进行了说明。

表 2-4-2 腐蚀相关泄漏事件数量

腐蚀成因	高 温	低 温	全 部
外部腐蚀	54	56	110
内部腐蚀	1	28	29
应力腐蚀	0	5	5

对于低温管道,内部腐蚀与外部腐蚀更普遍,其中 28 起低温管线内部腐蚀事件中的 22 起出现在原油管道中。与成品油管道相比,原油管道似乎更易于受到内部腐蚀的损坏,原因是原油比成品油的腐蚀性要强。

尽管迄今为止仅有 5 起应力腐蚀裂纹(SCC)相关泄漏事件,但这 5 起事件都是相对较大的泄漏事件,有可能是更为严重的失效机理所造成的结果。

在 89 起低温管线腐蚀泄漏事件中,27 起发生在道路交叉、套管等位置,这些位置的管线特别容易损坏。

高温管线泄漏事件大部分都与腐蚀相关,但多年以来此类事件已显著地减少。如图 2-4-11 所示,低温管线腐蚀泄漏事故概率没有出现增长的迹象。

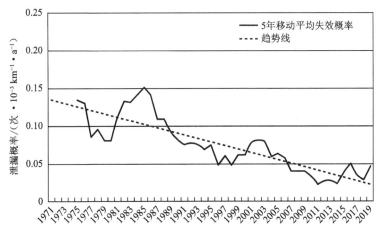

图 2-4-11 低温管线腐蚀泄漏事件 5 年移动平均失效概率

4. 自然灾害

与自然灾害相关的泄漏事件为 15 起,占总泄漏事件的 2%。平均每年发生 0.3 起泄漏事件。其中 13 起泄漏事件由某种形式的地层运动所致(具体见表 2-4-3),2 起归咎于其他自然灾害。

表 2-4-3　地层运动造成的管道泄漏事件数量

地层运动	滑　坡	下　沉	地　震	洪　水	未报道
	5 起	3 起	1 起	3 起	1 起

5. 第三方损坏

第三方损坏导致的泄漏事件为 437 起,占总数的 57%。平均每年发生 9.1 起,137 起泄漏事件为事故性的,32 起为偶发性的,268 起为蓄意性的(含打孔盗油)。第三方损坏造成的后果更严重,泄漏量较大。

(1) 事故性损坏。

事故性第三方损坏泄漏事件的常见原因如图 2-4-12 所示。大多数事件是由某种形式的挖掘或者运土机械设备引发直接损坏而造成的。对于因机械设备引发的损坏,其发生的原因为施工方未和管道运营方进行交流,不知道管道具体位置。

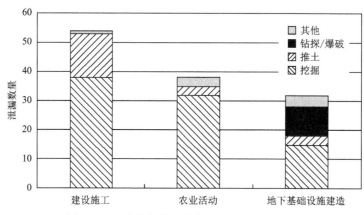

图 2-4-12　事故性第三方损坏泄漏事件的成因

(2) 偶发性损坏。

造成这类泄漏事件的原因是原有施工完成后,管线在某一个第三方地下工程活动期间受到撞击,导致损坏,但未予以报告。随着时间推移,损坏演化为泄漏。32 起偶发性损坏泄漏事件全部开始于凹坑、撞伤以及类似情况。这类事件可以通过在线检验检测提前获知。

(3) 蓄意性损坏。

第三方所制造的蓄意性损坏泄漏事件为 268 起,其中 2 起源于恐怖活动,6 起源于故意破坏,但是大部分(260 起)源于打孔盗油,其中 222 起发生在过去 6 年。

在地下管线中仅有 1 起恐怖分子或者故意破坏泄漏事件,1 起发生在管线的地表部分,其余各起发生在泵站或公路河流交叉点的阀门或其他配件等处。

三、管道失效后果统计分析

图 2-4-13 为 1971—2019 年的年度总泄漏量。

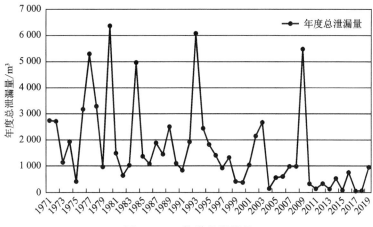

图 2-4-13　管道总泄漏量

如图 2-4-14 所示,自 20 世纪 80 年代初,单次泄漏事件的平均泄漏量的减小趋势是非常缓慢的。相对于第三方损坏泄漏事件,腐蚀泄漏事件所占比例已有增长,如图 2-4-15 所示。

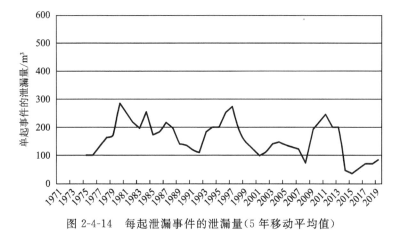

图 2-4-14　每起泄漏事件的泄漏量(5 年移动平均值)

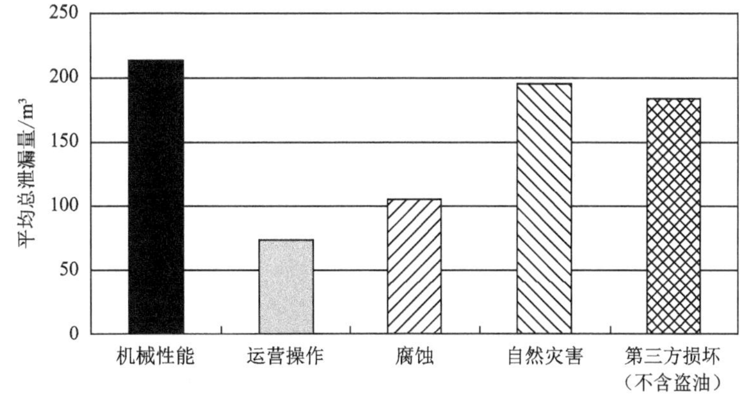

图 2-4-15　按照原因分类的平均总泄漏量

第五节　国内失效数据库建设

一、概述

与国外不同,我国目前暂无政府部门或机构统一开展管道事故及失效信息的数据收集、统计与分析,主要是由各管道运营企业内部开展失效数据库的规划和建设,失效数据非完全公开。因此,本节内容只基于各类已公开的信息渠道统计国内管道基本信息及失效事件数据并予以分析,所述内容仅供参考。

2003—2016 年是我国管道业务快速发展时期,管道总里程逐年攀升。截至 2016 年底,原中国石油天然气股份有限公司天然气与管道分公司(以下简称公司)所辖管道总里程由 2005 年的近 2 万千米迅速发展到 5 万多千米(如图 2-5-1 所示),遍布 32 个省、市、区,占当时全国长输管道总里程的 50% 以上。在 2006 年,公司就初步建立起失效数据库,统计管道事故和失效事件,至今已积累相对较多的数据,本节均以此为基础进行统计分析。

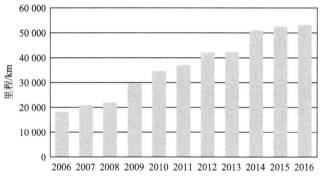

图 2-5-1　公司历年管道总里程

公司历年的管道事故数量波动较大,如图 2-5-2 所示。

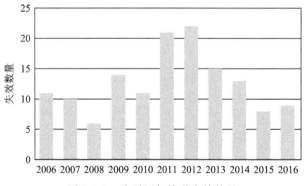

图 2-5-2　公司历年管道事故数量

2006—2016 年,公司管道总体 5 年移动平均失效概率稳中有降。其中原油管道失效概率下降较为明显,天然气管道失效概率较为平稳,成品油管道波动较大,如图 2-5-3 所示。

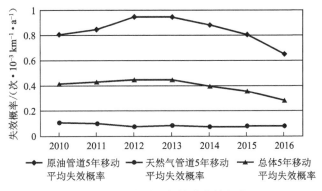

图 2-5-3　公司历年管道失效概率

二、管道失效原因统计分析

2006—2016 年,共收集公司管道泄漏事件 141 起。整体而言,打孔盗油是最主要的失效因素,制造缺陷次之,腐蚀居第三位(如图 2-5-4 所示)。

随着国家对打孔盗油的持续打击,打孔盗油数量已经从 2009 年的 11 起下降到 2016 年的 4 起。

不同介质管道,失效的主要诱因有所不同。对于原油和成品油管道,打孔盗油占 50% 以上。对于天然气管道,失效因素前 3 位分别为第三方施工、制造缺陷和腐蚀。输气管道失效原因分类见表 2-5-1。

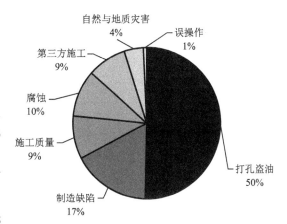

图 2-5-4　公司管道失效原因统计

表 2-5-1　输气管道失效原因分类

序　号	失效原因	典型失效因素
1	打孔盗油(气)	盗油过程失败导致泄漏
2	制造缺陷	制管螺旋焊缝缺陷
3	施工质量	环焊缝缺陷、划伤、安装不当
4	腐　蚀	腐蚀穿孔
5	第三方施工	私自施工
6	自然与地质灾害	暴雨洪水、滑坡
7	误操作	—

(一) 打孔盗油(气)

该因素失效概率呈整体下降的趋势。其中打孔盗气通常为误打。

打孔盗油(气)导致的管道泄漏共 71 起,其中天然气管道 1 起,成品油管道 20 起,原油管道

50 起,如图 2-5-5 所示。在地域分布上,华北地区最多,其次是东北地区,如图 2-5-6 所示。

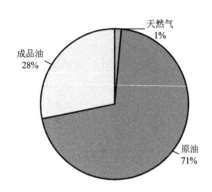

图 2-5-5　失效管道输送介质统计

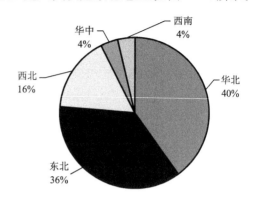

图 2-5-6　失效管道发生地区统计

如图 2-5-7 所示,打孔盗油(气)的数量正在逐年减少,主要是因为近年来国家加强了立法和宣传,打孔盗油(气)的整治力度不断加强。图 2-5-8 所示为打孔盗油(气)导致的管道 5 年移动平均失效概率。

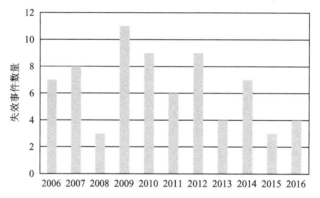

图 2-5-7　打孔盗油(气)导致的失效事件数量

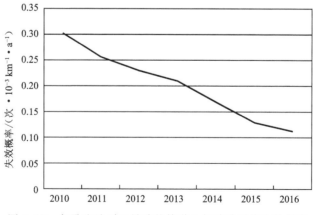

图 2-5-8　打孔盗油(气)导致的管道 5 年移动平均失效概率

（二）制造缺陷

该因素导致的管道泄漏共计 24 起,其中原油和成品油管道 18 起,天然气管道 6 起,如图 2-5-9 所示。1980 年以前投产的管道发生本体失效 20 起,以螺旋焊缝缺陷为主。随着老旧管道的退役,制造缺陷导致的失效事件大大减少,如图 2-5-10 所示。

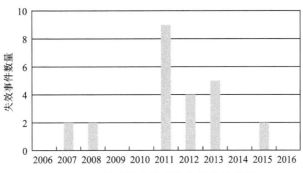

图 2-5-9 制造缺陷导致的失效事件数量

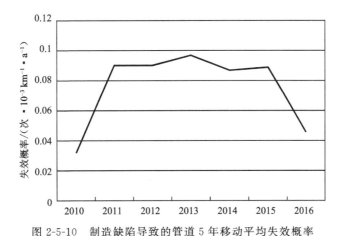

图 2-5-10 制造缺陷导致的管道 5 年移动平均失效概率

（三）施工质量

该因素导致的管道泄漏共计 13 起,其中 12 起发生在 2010 年以后投产的管道,原油管道 8 起,天然气管道 4 起。管道因施工质量引发失效的因素主要包括环焊缝缺陷、划伤、安装不当等。历年施工质量事故数量如图 2-5-11 所示。施工质量导致的管道 5 年移动平均失效概率如图 2-5-12 所示。

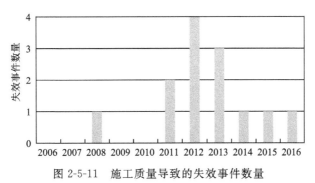

图 2-5-11 施工质量导致的失效事件数量

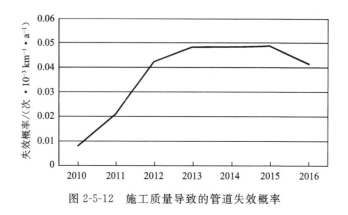

图 2-5-12　施工质量导致的管道失效概率

（四）第三方施工

该因素导致的管道泄漏共计 12 起，失效次数较少但事故后果影响较大，失效概率逐年波动较大。第三方施工导致的失效事件数量如图 2-5-13 所示。第三方施工导致的管道 5 年移动平均失效概率如图 2-5-14 所示。

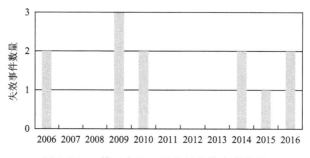

图 2-5-13　第三方施工导致的失效事件数量

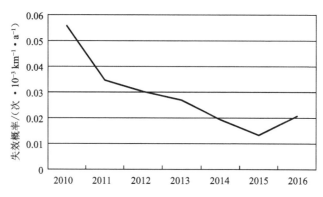

图 2-5-14　第三方施工导致的管道 5 年移动平均失效概率

（五）腐蚀

该因素导致的管道泄漏共计 14 起，其中 20 世纪 70 年代建设的管道发生 9 起泄漏，以外腐蚀为主，随着老旧东北管网退役，整体腐蚀风险水平降低。近几年发生了数起管道针孔型内腐蚀泄漏事故,目前内检测技术对该类缺陷较难检出,风险较高。腐蚀导致的失效事件数量如图 2-5-15 所示。

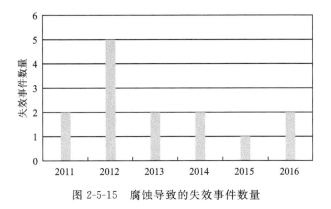

图 2-5-15　腐蚀导致的失效事件数量

(六) 自然与地质灾害

该因素导致的管道事故共计 17 起,其中泄漏事件 6 起(如图 2-5-16 所示),造成管道漂管、悬空、裸露 11 起。自然与地质灾害导致的管道 5 年移动平均失效概率如图 2-5-17 所示。

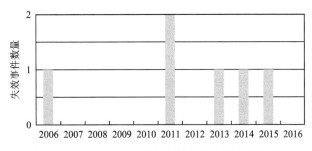

图 2-5-16　自然与地质灾害导致的失效事件数量

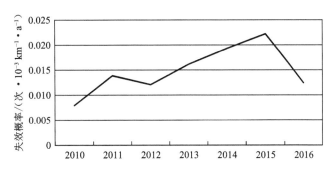

图 2-5-17　自然与地质灾害导致的管道 5 年移动平均失效概率

第六节　国内外失效数据对比

在本章统计的国内 141 起管道泄漏事件中，因本质安全问题导致的管道泄漏 57 起，占 40%；因外部因素导致的管道泄漏 84 起，占 60%。管道泄漏主要是由外部因素造成的，如图 2-6-1 所示。

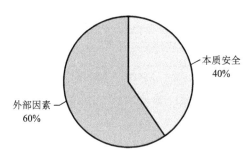

图 2-6-1　国内管道安全因素统计

（1）管道完整性管理效果初显。

2005 年起，国内管道运营企业开始研究并应用管道完整性管理技术，管道失效得到了有效控制，事故率总体呈下降趋势，如图 2-5-3 所示。

（2）管道保护法有效遏制了打孔盗油（气）。

受我国社会经济发展现状的制约，打孔盗油（气）成为我国管道失效的最主要因素，而国外却较少发生；随着加强立法和宣传，加之国民意识的提高，该项比例不断降低，如图 2-5-8 所示。

（3）本体安全引起的事故具有典型的浴盆曲线特征。

通过对 20 世纪 70 年代投产的庆铁新线、庆铁老线、铁秦线和铁大线共 38 起螺旋焊缝缺陷开裂数据的分析可以看出，本质安全事故总体符合浴盆曲线特征，如图 2-6-2 所示。

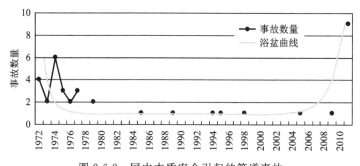

图 2-6-2　国内本质安全引起的管道事故

（4）我国管道失效概率与世界主要国家相比处于同一水平。

对比 2010—2016 年国内外 5 年移动平均失效概率（如图 2-6-3 所示），国内所辖输油管道失效水平略高于美国；输气管道与美国相当，略低于欧洲。

在各类失效事件中，美国管道失效因素以腐蚀、材料失效为主，欧洲管道失效因素以外部干扰、腐蚀为主，我国管道失效因素以打孔盗油、制造缺陷、施工缺陷为主，见表 2-6-1。

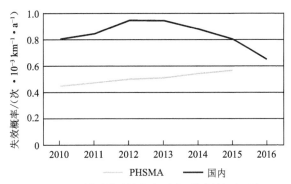

（a）国内外输油管道5年移动平均失效概率对比

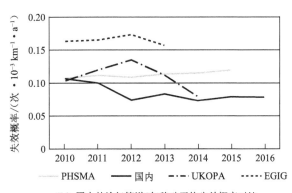

（b）国内外输气管道5年移动平均失效概率对比

图 2-6-3　国内外管道历年失效概率情况对比

表 2-6-1　各国管道主要失效因素统计

序　号	国家或地区	管道主要失效因素		
1	美　国	气体管道		腐蚀、材料失效、设备失效
		液体管道		材料失效、开挖损坏、腐蚀
2	欧　洲	气体管道		外界干扰、腐蚀、制造施工缺陷
		液体管道	高　温	腐蚀、第三方损坏、机械故障
			低　温	第三方损坏、机械故障、腐蚀
3	中　国	打孔盗油、制造缺陷、施工缺陷		

通过对比分析可以得出以下主要结论：

（1）国内外管道因管材/焊缝材料缺陷（制造缺陷＋施工缺陷）导致失效的比例都较高。随着制管技术和质量控制的提升,管体缺陷能够得到有效控制,但现场施工由于受到各方面的限制,质量难以保证,环焊缝缺陷、凹陷、划伤等缺陷还将不同程度的存在。

（2）由于近些年国内管道企业大力推行完整性管理并周期性开展内检测,使得腐蚀导致的失效案例远远低于国外。

（3）国内外由于第三方损坏导致的管道失效均发生在城乡接合处。国外由于管道巡护没有国内及时和密集,该因素失效比例略高于国内。

（4）国内外因自然与地质灾害导致管道失效的比例相当,主要原因都是暴雨洪水和土体移动。

（5）与国外相比,国内在失效后果统计方面较为落后,仅对重大输气管道事故的后果损失有统计,包括事故人员伤亡、经济损失、泄漏量等;对较大事故,仅有部分统计数据;上报数量及信息完备程度仍与国外差距较大。

第七节　典型事故案例介绍

一、第三方损坏

（一）Olympic 管道公司成品油管线破裂火灾事故

1.事故概况

1999 年 6 月 10 日 15 时 28 分,位于华盛顿州 Bellingham 市 Olympic 管道公司的一条直径 406 mm 成品油管道发生破裂泄漏,有 897 m³ 汽油流入了附近的一条小溪,小溪流经 WhatcomFalls 公园。管道破裂 1.5 h 后,汽油起火燃烧,火势沿小溪蔓延约 2.4 km。事故导致 2 名 10 岁男童、1 名 18 岁男性青年死亡,8 人受伤,1 幢家庭住宅严重受损,Bellingham 市水处理厂严重受损,影响了周边居民正常饮水。经过近 3 年的深入调查,2002 年美国国家运输安全委员会(NTSB)发布事故调查报告,报告称该事故造成的财产损失总值超过 4 500 万美元。

2.原因分析

（1）1994 年 Bellingham 市水处理厂改造工程中,负责工程施工的 IMCO 公司造成 Olympic 管道公司管径 406 mm 成品油管道损坏,同时 Olympic 对 IMCO 公司施工监管不力。

（2）Olympic 管道公司对管道内检测结果的评估不够准确,导致未能及时对第三方损坏管段进行开挖修复。

（3）Olympic 管道公司在启输前没有测试管道系统中的所有安全装置,导致事故状态下安全阀未能正常工作。

（4）未能调查和纠正该管道系统的终端截断阀反复发生非预期关闭,导致泄漏状况进一步恶化。

（5）数据采集与监控控制系统(SCADA)的数据库开发工作和常规操作存在问题,导致 SCADA 系统关键时刻无法做出有效应答。

3.事故启示及防范措施

（1）如果事故管道没有遭受第三方损坏而发生壁厚减薄,就能够承受破裂当天的压力峰值,事故也就不会发生。

（2）如果 Olympic 管道公司对 IMCO 公司在水处理厂改建工程相关开挖中监管到位,也可能避免失效事故发生。

（3）如果 Olympic 管道公司检测与评价工程师能够对发现的异常特征做进一步的调查分析,充分利用 3 次内检测数据和管道地面特征对齐的成果,判定正确的缺陷类型、分析异常特征位置曾经发生的开挖施工活动或者按照皱褶弯曲特征开挖验证,只要做到了其中一项,就会避免失效事故发生。

（4）如果 SCADA 系统计算机能够对 Olympic 管道公司控制员的命令保持响应,操作事故管道的控制员就能够采取措施防止压力升高而避免管道破裂。

（5）管道控制员在事故当天遇到的 SCADA 性能不良、操作缓慢且不能及时响应,可能是在 SCADA 系统上同时进行数据库开发工作所致。NTSB 在调查后提出建议,不宜在运行状态下在 SCADA 系统上进行数据库开发和调试等工作。

（6）如果事故前在一个离线系统上运行并彻底测试 SCADA 数据库修订版,而不是在主机上在线测试,由那些修订引起的错误就可以在影响管道之前被认定并加以修正。

（7）如果 Olympic 管道公司在发现安全阀 RV-1919 发生连续运行故障时就采取措施防止入口截断阀关闭,就能够发现阀门配置不当,从而采取措施防止最终导致管道破裂的压力冲击。

（二）新大原油管道"6·30"破坏泄漏事件

1.事故概况

2014 年 6 月 30 日,大连岳林建设工程有限公司(简称施工单位)在金州新区路安停车场附近进行管道定向钻穿越施工作业时,将正常运行的新大一线原油管道(直径 711 mm)钻破,泄漏原油窜出地面并沿周边公路流淌,进入城市雨排和污水管网。部分原油沿地下雨排系统流向寨子河,在轻轨桥下寨子河水面上聚集,21 时 20 分闪爆着火,22 时 20 分熄灭;另有部分原油沿污水系统进入金州新区第二污水处理厂,在第二污水处理厂被截留回收。事件没有造成人员伤亡,没有造成大气环境污染,没有对海洋造成污染。

2.原因分析

（1）直接原因。

新大一线原油管道被第三方擅自违章施工钻破,导致原油泄漏。施工单位现场变动钻孔深度和位置,将穿越深度由原定的 4.5 m 升高至 2.8 m。在钻进过程中由于钻头钻遇管道受阻,施工单位没有对穿越施工风险引起重视,没有进一步排查原因,反而强令现场继续按 2.8 m 施工,把原油管道打漏。管道泄漏后,由于现场人员携带设施匆忙撤离,钻头、钻具拔出后,管道被钻处形成开放式破口,加速了原油泄漏。

（2）根本原因。

① 第三方在未告知或脱离管道企业监管的情况下私自施工,导致管道破坏。

② 管道企业巡护不力,未及时发现相关施工活动,尤其是夜间看护不到位,导致第三方脱离监管私自施工致使管道失效。

3.事故启示及防范措施

（1）存在问题。

① 现场施工未采取监护措施。

② 管道巡护未能发现施工迹象。

③ 未及时围堵住泄漏原油,使原油进入地下雨排和污排系统。

④ 没有严格执行管道企业第三方施工监督管理有关规定。

⑤ 没有认真贯彻执行大连市政府工程施工联合审批规定。

⑥ 防止溢油进入地下管网的封堵设施、物资不足。

⑦ 应急预案缺少地下管网走向信息。

⑧ 事件初期应急行动中,联动组织协调效率不高。

（2）预防措施。

① 加强管道保护升级管理,提高应对重大溢油事件的敏感性。

② 强化区域应急协调管理,提升整体应急响应实力。

③ 强化基础工作,加大管道保护法规培训和宣传力度。

④ 加快技术研发和方法研究,提高应急预案的针对性、有效性和可操作性。

⑤ 加强应急处置培训和应急演练,坚决遏制因施救不当造成事故扩大的情形发生。

二、打孔盗油（气）

（一）漠大原油管道"5·30"打孔盗油事件

1. 事件概况

2012 年 5 月 30 日 7 时 20 分,巡线员在管道附近地面发现油迹,油迹位于管线桩号 K759+92 m 处,管线运行压力无明显波动,全线停输。11 时 40 分,应急领导小组根据现场情况,讨论确定使用带油带压堵漏器进行抢修作业,按要求作业坑开挖完毕,维抢修中心开始破除 3PE 防腐层。13 时 20 分,渗漏处防腐层破除完毕,对作业坑内含油污土进行置换。14 时,带油带压堵漏器安装完成,开始焊接作业。15 时 01 分,焊接完毕,请示恢复输油。16 时 35 分,漠大线启输,抢修结束。

2. 原因分析

管线渗漏为打孔盗油所致。经现场勘查,盗油分子拟采取打磨管壁、焊接短节、安装阀门、钢钎击穿管壁的方式进行打孔盗油,在打磨管壁的过程中,造成管道渗漏,盗油未遂。

3. 事故启示及防范措施

（1）经验及教训:盗油坑在管道一侧,管道上方有覆土,坑内渗油点与管道有 2 m 距离,无法确认是否有阀门或连接管,只能人工开挖,速度低;开挖到管道上方,且确定管道另一侧为原土层后,在另一侧进行机械及人工开挖,遇到冻土、黏土,开挖困难,速度低;渗油点上方有两层棉衣覆盖,且中间夹土,无法确定是否有阀门,为避免误碰阀门,只能一点点将周围全部清理出来,影响抢修时间;开挖中遇到几次暴雨、冰雹,土壤很黏,开挖困难;盗油点距维抢修中心较远,且有 40 km 村镇间道路路况极差,影响开挖设备及维抢修机具运输;现场开挖在夜间进行,影响施工;此次为开孔未遂造成管道渗漏,且盗油分子在泄漏点上方覆盖棉被、土壤,使渗油点偏离管道,与以往打孔点直接外漏、有引出管道在较远处放油等盗油方式泄漏有较大区别,严重影响判断及确定泄漏点情况,为防止误碰阀门加大原油泄漏,只能逐步人工开挖。

（2）建议:加强巡护、管道保护宣传及警企联防;调查管道沿线维抢修备用路由,在地方修路、道路损坏等情况下,启用备用路由;开挖时选用大型开挖设备,加大开挖面积,缩短开挖时间;做好抢修防雨准备;提高维抢修应急演练水平;认真分析以往打孔盗油案例,制定各项应对措施。

三、制造与施工缺陷

（一）美国 Enbridge 公司 6B 管线破裂泄漏事故

1. 事件概况

2010 年 7 月 25 日,美国密歇根州马歇尔地区,Enbridge 公司运营管理的一条管道发生破裂,泄漏原油约 3 192 m³。该管道是 Enbridge 公司管道系统的 6B 管线,投产于 1969 年,管径 762 mm,壁厚 6.35 mm,管材为 X52 双面埋弧焊直缝管,采用单层聚乙烯防腐层并安装了强制电流阴极保护系统。2010 年,管线每天输送原油约 45 000 m³。管道穿过密歇根州、格里菲斯市、印第安纳州,终至萨尼亚市,由加拿大埃德蒙顿调控中心操控。

经检测,破裂管段裂缝长度为 1.03 m,宽度为 0.14 m。沿着直焊缝上有外腐蚀,腐蚀区域的管道和外部聚乙烯保护涂层间的黏合剂已经损坏(脱黏)。防腐层起皱并和管道表面剥离。

2. 原因分析

(1) Enbridge 公司用以精确评估和修复裂纹缺陷的完整性管理程序不够充分。

Enbridge 公司的裂纹管理程序仅依赖单一的内检测技术来识别和评估裂纹尺寸,并用得出的检测报告来做工程评估,却没有考虑数据、工具或裂纹与腐蚀间相互作用有关的不确定因素。Enbridge 公司 2005 年工程评估和开挖修复准则表明,该段管道上存在 6 处长度为 0.24~1.30 m 的类裂纹缺陷,到 2010 年 7 月开裂发生时,这 6 处缺陷尚未被修复。

(2) Enbridge 调度中心人员没有认识到与开裂有关的异常情况。

Enbridge 公司的 SCADA 在 2010 年 7 月 25 日和 26 日 2 次发出泄漏警报,然而直到 17 h 后收到外部人员的电话通知,调度中心的员工才意识到发生了泄漏。7 月 25 日停输期间,调度中心人员认为是停输和未注满管道(即出现了液柱分离)导致的系统警报。7 月 26 日 2 次启输期间,调度中心在 1.5 h 内向开裂管道注入了大量原油。他们收到了更多的泄漏警报并且注意到输入和输出的原油量存在巨大差异,但工作人员依旧把这归因于液柱分离。被告知发生泄漏前,Enbridge 公司管理人员刚刚允许调度中心做了第三次启输。

(3) Enbridge 公司应急反应人员培训和应急响应物资预案存在缺陷。

对原油泄漏最先做出反应的是密歇根州马歇尔地区一家管道维护站的 4 名 Enbridge 公司雇员。他们沿着 Talmadge 溪下游而不是开裂点周边区域做了补救工作。这批第一反应人员忘记利用 Talmadge 溪边的涵洞做拦油坝来减少原油扩散,对于流速很快的河水他们反而使用了不合适的围油栏。之后,Enbridge 公司设备响应预案里指定的漏油处理承包商直到 10 多个小时后才确定了漏油点。

(4) 在法规上对管道裂纹缺陷缺乏足够的要求和监管。

联邦法规 CFR49 号 195.452 并未对工程评估和管道类裂纹缺陷修复提出明确的要求。在缺乏法规要求的情况下,Enbridge 公司采用了自己的评判修复方法和安全系数。Enbridge 公司评估裂纹缺陷时使用比评估腐蚀缺陷更低的安全系数。虽然希望管道运营商找出所有裂纹缺陷,但美国管道和危险材料安全管理局(PHMSA)并未针对 Enbridge 公司之前的检测方法发布任何意见。

(5) Enbridge 公司设备响应预案缺乏足够的法规要求。

联邦法规 CFR49 号 194.115 没有指明修复开裂时需要的设备总量或对最大泄漏的恢复能力。由于缺乏明确要求,Enbridge 公司在 PHMSA 的三级反应时间框架下自己诠释了处理开裂时需要反应能力的资源量级,导致发现开裂后最初几小时内缺少足够的资源和漏油处理回收设备。相比之下,美国海岸警卫队和环境保护署(EPA)的法规对三级漏油反应预案中每一级的有效日反应能力都有详细的规定。

(6) PHMSA 对 Enbridge 公司的设备响应预案未做充分复查就批准。

Enbridge 公司没有确认响应预案内容能否准确及时地处理约 4 200 m³ 的最坏泄漏情

况,而 PHMSA 未做充分复查就批准了该预案。PHMSA 的每个全职雇员平均要审核 300 个设备响应预案,相比 EPA 和海岸警卫队的预案审核项目,PHMSA 的雇员在每个预案上所做的工作要更少一些。PHMSA 和其他联邦机构从原油泄漏责任信托基金里获得资金来支持日常的运作、人工、执法和其他相关的项目开销。

3.事故启示及防范措施

(1)技术调查分析方面。

6B 管线在正常运行压力下发生破裂,是由于腐蚀区域多个裂纹结合在一起形成腐蚀疲劳裂纹(在剥离的聚乙烯胶带防腐层下方外腐蚀区域萌发)引起的。对管道内检测承包商 GE PII 公司 6B 管线破裂部分 2005 年内检测数据的重新分析表明,GE PII 公司错误描述了裂纹缺陷类型,导致 Enbridge 公司没有将其作为场裂纹缺陷进行开挖,从而错失了避免失效发生的机会。Enbridge 公司调度人员缺乏对管道途经区域地形走势的了解,误将管道破裂泄漏引起的 SCADA 系统报警信号解读为由于液柱分离引起的误报警信号,导致他们随后进行了两次管道启输。Enbridge 公司对于复合缺陷的评价技术存在局限性,未建立腐蚀和裂纹复合缺陷的适用性评价模型,且在裂纹评价模型中,对于检测工具精度误差、安全裕量等因素考虑不足。

(2)管理要求调查分析方面。

联邦法规 CFR49 号 195.452(h)没有给出关于何时修复和修复哪种缺陷的明确要求,以及未规定评估裂纹缺陷或裂纹和腐蚀同时出现在管道上时对管道完整性影响的要求。Enbridge 公司的管道完整性管理程序有缺陷,没有考虑下列几个因素:足够的安全裕量、合适的壁厚、检测工具公差。Enbridge 未对腐蚀进行持续的重新评估。Enbridge 公司调度人员团队协作严重不足,在关键时刻未能发挥团队的有效执行力,导致交接班时的信息传达不充分。Enbridge 公司的物料平衡系统在停输和启输时会发出和泄漏一样的报警信号,调度中心人员不清楚如何识别两者之间的差异,并且执行了未经批准的程序。Enbridge 公司有明确规定,当不确定异常运行状态出现 10 min 后,管道要立即进行停输,但是调度中心人员未遵守 10 min 紧急关断原则。尽管 Enbridge 公司在接到原油泄漏的电话报告后,很快隔离了 6B 管线破裂管段,但是在泄漏后最初几个小时的应急响应措施未能集中于泄漏源控制,第一应急响应人员缺少有效控油方法的使用意识和演练。PHMSA 没有明确联邦法规对溢油应急响应能力的要求,Enbridge 公司没有针对最坏泄漏情况制定应急预案。其应急预案中规定配备的应急物资没有达到美国海岸警卫队和 EPA 的标准要求。Enbridge 公司未能对管道完整性管理和调度中心操作程序进行有效监督,未能执行有效的公众教育宣传程序和适当的事故后应急响应,是导致事故发生并且后果严重的重要原因。

美国 Enbridge 公司发生的 6B 管线破裂泄漏事故是一起非常典型的由偶然性和必然性相互作用下产生的输油管道泄漏事故。这起事故既有内检测信号识别、腐蚀裂纹缺陷评价和高后果区等客观因素的作用,也有调度人员对于 10 min 紧急关断准则的忽视、公众宣传培训不足和对员工培训缺失等主观因素的作用。这起事故带来的启示是对于美国联邦法规相关条款的纠正、对于 Enbridge 管理规定的完善以及促进了类裂纹信号识别和复合缺陷评价技术的发展。

(二)中石油中缅天然气管道黔西南州晴隆段"6·10"泄漏燃爆较大事故

1.事件概况

2018 年 6 月 10 日 23 时 13 分,中石油中缅输气管道贵州段 33—35 号阀室之间光缆中断信号报警;23 时 15 分,管道运行系统报警;23 时 16 分,35 号、36 号阀室自动截断;23 时 20 分,发现位于晴隆县沙子镇三合村处管道(35 号、36 号阀室之间,桩号 K0975－100 m 处)发生泄漏并燃爆。造成燃爆点附近晴隆县异地扶贫搬迁项目工地 24 名工人受伤(其中 1 人于 2018 年 6 月 30 日经医治无效死亡),部分车辆、设备、供电线路、农作物、树木受损。接到事故报告后,省、州、县公安、武警、消防、安监、交通、卫生等单位立即组织力量全力开展现场搜救、伤员救治等工作,并第一时间有序转移相关群众,封控燃爆核心圈,管控周边道路,第一时间联系输气管道管理部门。管道两端自动控制系统自动关闭。6 月 11 日凌晨 2 时 30 分,明火熄灭,受伤人员送医院救治。

2.原因分析

(1)直接原因。

经调查,因环焊缝脆性断裂导致管内天然气大量泄漏,与空气混合形成爆炸性混合物,大量冲出的天然气与管道断裂处强烈摩擦产生静电引发燃烧爆炸,是导致事故发生的直接原因。

现场焊接质量不满足相关标准要求,在组合载荷的作用下造成环焊缝脆性断裂。导致环焊缝质量出现问题的因素包括现场执行 X80 级钢管道焊接工艺不严、现场无损检测标准要求低、施工质量管理不严等方面。

(2)间接原因。

① 施工单位主体责任不落实,施工过程质量管理失控,存在劳务违法分包行为。

② 检测公司执行检测标准不严,管理混乱。

③ 工程建设监理有限公司未认真履行监理职责,对施工、检测单位存在的问题失察。

3.事故启示及防范措施

(1)开展隐患排查整治。对中缅天然气管道全线开展环焊缝焊接质量隐患排查整治,彻底消除安全隐患,严防此类事故再次发生,切实履行安全生产主体责任和社会责任。

(2)切实加强施工现场管理。逐条梳理事故暴露的现场施工管理混乱的问题,进一步理顺现场施工管理体制机制,加强监督检查,切实督促建设单位、施工单位等参建各方认真履行现场施工管理职责,坚决防范今后管道建设施工质量出现问题。

(3)加强石油天然气管道运营安全管理。特别要加强人员密集高后果区及地质条件复杂、地质情况不明区域管段的安全管理,强化巡查力度,必要时应进行管道位移、变形等在线监测。确有必要时应改线,避开人员密集区域。进一步完善应急预案,加强应急能力建设,开展应急演练。

(4)完善紧急情况处置措施。鉴于天然气管道发生断裂泄漏后的严重危害,今后在处置危及管道运营的安全隐患时,要根据现场情况采取有效的安全防范措施(停输、减压等),确保处置过程安全。

四、腐蚀

(一)美国哥伦比亚输气公司天然气管道爆炸事故

1.事件概况

2012 年 12 月 11 日 12 时 41 分,位于美国西弗吉尼亚州的哥伦比亚输气公司管径 508 mm 的州际埋地天然气管道(SM-80 管线)发生破裂燃烧。该事故影响了沿管道长 335 m、宽约 250 m 的范围,摧毁了附近的三座房屋和停放在破裂中心点附近的车辆,约 245 m 沥青路面严重烧毁,州际公路关闭长达 19 h。该事故没有造成人员死亡或严重伤害。泄漏天然气 2.15×10^8 m^3,价值 28.5 万美元。管道修复花费 290 万美元,对该管道的内检测适用性改造升级花费 550 万美元。

SM-80 管线于 1967 年敷设,位于 II 级高后果区,即管道中心线两侧各 200 m 内有 10~46 栋居民楼聚集。管道标称壁厚为 7.1 mm,采用纵向电阻焊缝,由美国钢铁公司根据 API5LX60 钢级标准制造,防腐系统为聚合物涂层外加电流阴极保护。

管道破裂导致 6.1 m 长的管段断开并弹出落在距离其原始位置约 12 m 的地方。该管道最大允许运行压力为 6.89 MPa,管道破裂时压力约为 6.40 MPa。破裂点位于靠近管顶的纵向焊缝。靠近焊缝断裂处中间以及断裂周围的管道外表面已经发生严重腐蚀,锈蚀处面积为轴向长约 1.8 m 和周向宽约 0.6 m,最小测量壁厚为 2.6 mm。

2. 原因分析

(1) 因涂层退化和阴极保护失效导致管道发生外腐蚀。

(2) 由于管道自 1988 年后没有进行过检测导致管道外腐蚀未能及时发现。导致防腐系统不良的原因是管道铺设时回填到管道周围的岩石。

(3) 导致调度员延迟发现破裂的原因是哥伦比亚输气公司在 SCADA 系统里警报设置的不足。

(4) 导致隔离破裂管道延迟的原因是缺少自动关断阀或远程控制阀。

3. 事故启示及防范措施

通过对此次事故的全面调查和分析,NTSB 认为:

(1) 第三方损坏管道不是造成这起事故的原因。

(2) 调度员是经验丰富和有资质的,并能胜任工作。

(3) 尽管在超过 12 min 的时间里,系统发出了许多压力偏差警报,哥伦比亚输气公司的调度员没有意识到情况的严重性,也没有关闭系统,直到 Cabot 的调度员打电话给他。

(4) 哥伦比亚输气公司 SCADA 系统的报警没有向调度员提供能协助他确定管道运行状态的有用和有意义的信息。

(5) 自动提供 SCADA 系统的趋势数据报警有助于调度员识别异常情况。

(6) 粗岩石回填最容易损坏管道上的外部防腐涂层,并屏蔽断裂附近管道的阴极保护电流。

(7) SM-80 管线失效是外部腐蚀造成的严重壁厚减薄所造成的。

(8) 当为 SM-80 管线评估缓蚀方法时,哥伦比亚输气公司没有充分考虑 2009 年在对 SM-80 管线系统中其他两条管道的内检测中发现的腐蚀损坏。

(9) 对 SM-86 管线和 SM-86 环线的内检测数据进行评价后,如果 SM-80 管线开展了内检测或压力测试,那么检测结果很可能会发现破裂位置的严重壁厚损失,并且可能避免在 SM-80 管线上发生的破裂。

(10) 如果靠近公路的管道被列入高后果区中,SM-80 管线破裂区将被纳入完整性管理控制范围内,并将对其进行评价。

(11) 邻近主干道路的管道破裂的后果类似于居民楼附近管道破裂的后果,相当于处于高后果区。

美国哥伦比亚输气公司从这起事故的调查和分析中认识到了两个方面的重要性:一是管道内检测的重要性,事故后花费 550 万美元对管道进行了内检测适用性改造,同时全面启动了其他类似不具备内检测条件管道的改造工作;另一方面是 SCADA 系统存在的不足,提出了 SCADA 系统改进的关键要素,包括图形显示、警报管理、调度员培训、泄漏监测系统和自动展示报警数据趋势。

（二）山东省青岛市"11·22"东黄输油管道泄漏爆炸特别重大事故

1. 事件概况

2013 年 11 月 22 日,位于山东省青岛经济技术开发区的东黄输油管道泄漏原油进入市政排水暗渠,在形成密闭空间的暗渠内油气积聚,遇火花发生爆炸,造成 62 人死亡、136 人受伤。

2. 原因分析

（1）直接原因。

输油管道与排水暗渠交汇处管道腐蚀减薄、管道破裂、原油泄漏,流入排水暗渠及反冲到路面。原油泄漏后,现场处置人员采用液压破碎锤在暗渠盖板上打孔破碎,产生撞击火花,引发暗渠内油气爆炸。

（2）根本原因。

① 部分老管道防腐层老化剥离。

② 管道与高压线路、电气化铁路等设施并行交叉,存在杂散电流干扰。

③ 部分管道投产前打压后吹扫干燥不彻底,或投产进油后长期不运行,导致管道内腐蚀发展。

④ 部分管道输送的油品存在腐蚀性。

3. 事故启示及防范措施

（1）腐蚀防护技术及应用有待加强。

由于与排水暗渠交叉段的输油管道所处区域土壤盐碱和地下水氯化物含量高,同时排水暗渠内随着潮汐变化海水倒灌,输油管道长期处于干湿交替的海水及盐雾腐蚀环境中,导致管道加速腐蚀减薄、破裂,造成原油泄漏。

（2）管道检测技术未发挥应有作用。

2009 年、2011 年、2013 年先后 3 次对东黄输油管道外防腐层及局部管体进行检测,均未能发现事故段管道严重腐蚀等重大隐患。

（3）输油管道与城市排水管网规划布置不合理。

部分输油管道线所处地区已变为繁华地带,有的楼房离管线的距离甚至不足 5 m,而管道运营公司已经意识到这些输油管道线可能存在的危险。

（4）应急维抢修技术及作业流程存在漏洞。

泄漏后的应急处置不当,现场处置人员没有对泄漏区域实施有效警戒和围挡;抢修现场未进行可燃气体检测,盲目动用非防爆设备进行作业。

（5）管道风险识别不到位。

未对在事故段管道先后进行的排水明渠和桥涵、明渠加盖板,道路拓宽和翻修等建设工程提出管道保护的要求,未根据管道所处环境变化提出保护措施。

五、自然与地质灾害

（一）深圳"12·20"滑坡灾害天然气管道泄漏事故

1. 事件概况

2015 年 12 月 20 日,深圳光明新区渣土场发生重大滑坡事故,一座弃渣量约 300 万立方米、堆砌高度上百米的人工渣土场下游侧边坡失稳、溃坝,200多万立方米渣土倾泻而下,摧毁了下游33座楼房,滑坡体掩埋面积达10多万平方米,滑动最远的距离达1 000 m,滑坡体中部掩盖地面的深度为15～18 m。

西气东输二线广深支干线求雨岭—大铲岛段位于渣土场边坡防护结构下游约300 m处,管道埋设于平坦的菜地中,埋设深度2.4 m,局部穿越鱼塘。此段地形属于丘陵边缘的平地段,地层为黏性土。

在相距300 m的距离、埋深较大的条件下,管道本身是ϕ914 mm×25.4 mm。在估计断裂点,X65的高强度管道被巨大的滑坡体移动造成断裂,大量天然气喷出,但没有发生火灾和爆炸。管道断裂后,管道此段上下游的监控阀室(相距11 km)自动切断,避免了更大规模的泄漏。

2.原因分析

从现场地形看,渣土场在丘陵的谷地中堆砌成的百米高小山,渣土场东、西、南三个方向有山体包围,唯有北侧是山谷出口,堆积体对着谷口呈台阶＋放坡方式,台阶表层土体进行了砂浆硬化,坡面上植草,渣土场底部高程约80 m。管道经过部位的地面标高约42 m,高差约40 m。根据地质人士分析,渣土堆积体呈山丘状,由于堆砌太高,下雨造成泥土含水量增加,下部达到饱和,其北侧边坡承受不了渣土的重力载荷发生滑坡,冲向北侧下游,滑坡体移动中兼有泥石流的性质,约40 m的地形高差,加上约200万立方米饱和泥土的巨大能量翻滚着冲向下游平地中,由于动能巨大,在滑坡床底部产生刨蚀作用,地表下4～5 m的土层被刨蚀松动并随之推向下游,管道走向与滑坡方向基本垂直,管道中心线埋深2.8～3.0 m,因刨蚀推移作用断裂,据开挖出来的断点测量,断裂的管道后段被推压成与滑坡体同向,断裂后摆动90°,最远点被推出约80 m,断裂的管道变形极其严重,反映其经受了巨大的载荷作用。

从管道破裂后的情况可以看出,管道在滑坡体中经受了巨大的、复杂的载荷作用,据初步推算,推压管道的作用力可能达到2 000 tf以上,而且作用方式复杂,估计首先是大约200万立方米的巨型滑坡体邻近管道上游造成原地层带动管道的翘起,接着便是滑坡体的刨蚀加推挤作用将管道推向下游,滑坡体中含有泥土、建筑渣土等硬块,在快速推压管道的过程中,将管道向下游弯曲、伸长、压溃、挤瘪,管壁被挤压出凹坑、褶皱,并向下游越推越远,继而撕裂管道,造成全断面破裂,高压气体(当时的输送压力约3.8 MPa)喷出。

3.事故启示及防范措施

(1)此类事故带来的启示。

① 正常埋设的管道在常规设计时考虑了各种服役环境,管道能够抵御正常的载荷(输送压力、温度变化、土壤和地下水作用、车辆等地面载荷等),也计算了地震等偶然载荷的影响,但对于深圳渣土场滑坡这类特殊事故确实是难以预计的。

② 管道两侧影响区域一般按照两侧各200 m考虑,管道巡护管理也难以照顾到几百米以外的情况,但如果管道附近一定范围内存在大型的不稳定人工构筑物,例如渣土场、垃圾场、填方路基、矸石山或尾矿坝,这些人工构筑物的稳定性相比自然的山坡、高地更差,在暴雨、地震或其他强烈冲击的条件下,确实存在出现滑坡、溃坝、泥石流的危险。

③ 本次事故加深了对于特殊自然灾害的认识,一般的地质灾害仅是移动的土石体产生灾害,位于滑坡体以外、泥石流堆积区的埋地管道是安全的,管道只会受到掩埋作用。而类

似深圳滑坡的巨型土石体移动,则会产生刨蚀作用,将远处的管道推移破坏。

(2)此类事故的预防手段。

① 根据地貌特征——位于山区或丘陵区,产生根源——人工弃土结构的不稳定性,设计单位在管道选线时要关注以上两点,在可能的情况下管道应远离人工弃土结构,尤其是需要远离位于斜坡上的人工弃土结构。

② 当管道受地形、环境、城镇规划等因素影响,只能位于人工弃土结构下游时,设计单位要提醒运营单位注意此类事故的风险;运营单位要将该类风险列入风险管控体系中,应与政府主管此类结构的部门、管道安全主管部门报告此类风险存在情况,定期派人巡查人工弃土结构的完好性、管理状况等,调查有无裂缝、拦挡设施变形、排水设施损坏或堵塞,有无超载堆渣、弃土,有无监测设施和管理人员等。建议与地方地质灾害管理部门建立联系机制,共享信息,在可能的条件下,应建议地方主管部门设立人工弃土结构坝体或高边坡的检测、报警设施。这些都是主动预防的措施。尤其是雨季更要增加巡防频次。同时做好应急预案,一旦发现裂缝等隐患,及时报告弃土或水利设施主管部门和当地政府管道主管部门,尽快处理险情,防患于未然。

③ 当管道位于人工弃土场、水坝、高填方路基下游时,设计中需要考虑其对管道的影响;但由于这些设施本身对下游民众、建筑物和其他各类设施均存在很大风险,因此这些设施本身的设计、建造、管理正常情况下也是很严格的,出现事故的概率很低。所以,设计中没有必要考虑更大的管道壁厚、更深的埋深(土层中),这些都是被动预防的措施,对于极端的事故也是不起作用的。然而,如果稍加大埋深即可将管道埋设于石方中则是必要的,坚硬的石方对于抵御刨蚀作用还是非常有效的。

第三章 高后果区识别及案例分析

第一节 概　述

一、高后果区的概念

高后果区(High Consequence Areas,HCA)是指管道如果发生泄漏会严重危及公众安全和(或)造成环境较大破坏的区域。高后果区内的管段是实施风险评价和完整性评价的重点,管道运营公司必须在高后果区管段上实施完整性管理计划,以保护公众生命财产和环境的安全。

高后果区并不是一成不变的,随着管道周边人口和环境的变化,高后果区的位置和范围也会随着改变。管道运营公司应定期收集相关数据,并对其进行整合和更新;在此基础上,对其所辖管线两侧的高后果区重新分析,及时掌握需要采取完整性管理计划的重点区段,保障管道的安全运营。

典型的高后果区一般包括两种类型:人口密集区和环境敏感区。由于输送油气的管道发生泄漏时,可进一步产生火灾、爆炸等次生灾害,因此对于输油和输气管道而言,人口密集区域都属于高后果区。输气管道对于河流、湖泊、自然保护区等环节敏感区危害相对较小,因此高后果区主要是针对输油管道周边的环境敏感区。

在高后果区识别工作中,容易混淆的两个概念是高后果区与高风险段,由于两者都是管道管理的重点,现场工作中容易将高风险段也列入高后果区。

管道风险是管道发生意外泄漏/失效的可能性,及其对周边人口、环境等不利后果影响程度的综合。管道风险是管道失效概率和失效后果的乘积,因此高风险段一般需要考虑管道本体发生泄漏失效的概率。高后果区与高风险段的关键区别在于是否考虑管道失效概率。

二、识别高后果区的意义

高后果区是管道管理的重点区域,开展高后果区识别是国家法规标准的要求。在建设期开展高后果区识别,通过优化路由、避让高后果区,可以从源头降低管道运行风险。在运行期开展高后果区识别可以明确管理重点,控制高后果区内管道的运行风险。

（一）国家标准规定要求

2016 年国家发展和改革委员会、国家能源局、国务院国有资产监督管理委员会、国家质量监督检验检疫总局、国家安全生产监督管理总局五部门联合发布了《关于贯彻落实国务院安委会工作要求,全面推行油气输送管道完整性管理的通知》（发改能源〔2016〕2197 号）。

通知提出,按照《国务院安全生产委员会关于印发 2016 年油气输送管道安全隐患整治攻坚战工作要点的通知》（安委〔2016〕6 号）要求,依据《石油天然气管道保护法》和 GB 32167—2015《油气输送管道完整性管理规范》等相关标准规范,为持续做好油气输送管道安全管理,保障油气输送管道安全平稳运行,有效防范管道事故发生,全力维护人民群众生命财产安全,全面推行油气输送管道全生命周期完整性管理,并提出了具体的要求。

GB 32167—2015《油气输送管道完整性管理规范》为国家强制标准,国内管道企业必须遵照执行,政府将按该标准要求对管道企业进行监管,第三方按照该标准为管道企业提供技术服务。该标准共有 6 条强制条款,其中 3 条与高后果区相关,分别为:第 4.4 条,在建设期开展高后果区识别,优化路由选择。无法避绕高后果区时应采取安全防护措施。第 4.5 条,管道运营期周期性地进行高后果区识别,识别时间间隔最长不超过 18 个月。当管道及周边环境发生变化,及时进行高后果区更新。第 4.6 条,高对后果区管道进行风险评价。

（二）建设期规划路由

管道的规划、建设既要符合管道保护的要求,又要遵循安全、环保、节约用地和经济合理的原则。建设期开展高后果区识别工作,根据拟建管道高后果区分布情况优化路由,对保障管道运营后的安全具有重要的意义,起到源头控制管道风险的作用。GB 32167—2015 用强制条文规定,在建设期开展高后果区识别,优化路由选择。

管道建设的选线应当尽量避开可能产生人员伤亡或环境危害的高后果区:① 居民小区、学校、医院、娱乐场所、车站、商场等人口密集的建筑物;② 变电站、加油站、加气站、储油罐、储气罐等易燃易爆物品的生产、经营、存储场所;③ 铁路、公路、航道、港口、市政设施、军事设施;④ 水源、河流、大中型水库、湿地、森林、河口等国家自然保护地区。

如果无法避让高后果区,管道线路和管道附属设施的距离应符合国家技术规范的强制性要求,新建管道通过的区域受地理条件限制,不能避让且保护距离难以达到管道保护要求的,管道企业应提出防护方案,经管道保护方面的专家评审论证,并经管道所在地县级以上地方人民政府主管管道保护工作的部门批准后,方可建设。

在建设期开展高后果区识别工作,应充分考虑管道拟建路由沿线的发展规划,识别发展规划带来的地区等级或高后果区变化,避免管道投产后短期内因高后果区变化或安全距离不足发生改线。

（三）运营期明确管理重点

在美国、加拿大等国家,也将高后果区作为国家监管的重点,这是因为管道泄漏及衍生灾害事故发生在高后果区和非高后果区的影响程度差异很大。发生在高后果区的管道泄漏及衍生灾害事故会对管道沿线周边的人员安全、环境安全造成较大危害,并进而产生较大社会影响,如图 3-1-1 所示。在非高后果区内的管道泄漏及衍生灾害事故的影响主要是针对管道企业内部,如图 3-1-2 所示。

图 3-1-1　人口密集区管道导致火灾事故　　　　图 3-1-2　荒漠戈壁管道导致火灾事故

通过高后果区识别可进一步明确管道管理的重点,合理地配置管道保护资源。管道保卫、管道保护、腐蚀防护、检测监测、应急资源等优先配置在高后果区,避免在高后果区内发生管道泄漏或者衍生灾害,防止对管道沿线人员和环境产生危害。管道运营中,通过高后果区识别确定管理重点,通过控制高后果区内的管道事故避免发生大规模灾害。

第二节　高后果区识别规则及方法

一、标准依据

油气管道高后果区识别严格按照标准的要求开展,按照标准条款规定的具体内容确定管道识别的类型和识别的距离,并明确高后果区等级,与高后果区识别相关的技术标准主要有三个,见表 3-2-1。

表 3-2-1　高后果区识别标准

序　号	标　准	特　点
1	GB 32167—2015 《油气输送管道完整性管理规范》	国家标准,国内高后果区识别的主要依据,设置了高后果区分级
2	Q/SY 1180.2—2014 《管道完整性管理规范　第 2 部分: 管道高后果区识别》	中国石油企业标准,国内高后果区识别最早的技术标准,与国家标准内容基本一致,无高后果区分级
3	TSG D7003—2010 《压力管道定期检验规则——长输(油气)管道》	特种设备安全技术规范,其中的事故后果严重区概念与高后果区概念类似,可参照执行

在具体开展高后果区识别工作中,一般以国家标准 GB 32167—2015《油气输送管道完整性管理规范》为依据,该标准第 6 章给出了油气管道高后果区识别的准则、高后果区管理和报告编制的相关要求。管道企业在具体实施中宜制定详细的高后果区识别和管理的技术手册,管道企业技术手册中关于高后果区要求不应低于国家标准要求。

二、识别规则

(一)基本概念

油气管道高后果区识别经常用到三个概念,分别为地区等级、特定场所和潜在影响半径。

地区等级是指按沿线居民户数和(或)建筑物的密集程度,划分为四个等级。地区等级应按照 GB 50251—2015《输气管道工程设计规范》划分,符合下列规定:

沿管道中心线两侧各 200 m 范围内,任意划分成长度为 2 km 并能包括最大聚居户数的若干地段,按划定地段内的户数划分为四个等级。在农村人口聚集的村庄、大院、住宅楼,应以每一独立户作为一个供人居住的建筑物计算。管道地区等级划分示意图如图 3-2-1 所示。

(1)一级地区:户数在 15 户或以下的区段。

(2)二级地区:户数在 15 户以上、100 户以下的区段。

(3)三级地区:户数在 100 户或以上的区段,包括市郊居住区、商业区、工业区、发展区以及不够四级地区条件的人口稠密区。

(4)四级地区:四层及四层以上楼房(不计地下室层数)普遍集中、交通频繁、地下设施多的区段。

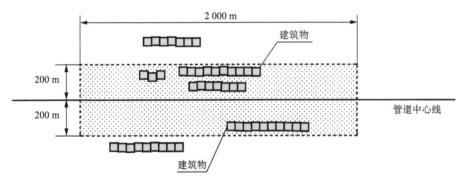

图 3-2-1　管道地区等级划分示意图

特定场所(Identified Site)的概念主要包括两个方面:① 一年之内至少有 50 天(时间计算不需连贯)聚集 20 人或更多人的场所。例如,一些运动场、宿营地、水体边的疗养地等。② 内有难以迁移或难以疏散、行动受限制人群的场所。例如,医院、学校、监狱等。此概念仅适用于天然气管道。

潜在影响区域(Potential Impact Circle,PIC)是指如果管道发生事故,其周边公众生命和财产安全可能受到明显影响的区域,其区域半径为潜在影响半径(PIR)。潜在影响区域主要为那些除三、四类地区之外,也可能因管道事故而造成公众生命伤害的区域而定义的。此概念仅适用于天然气管道。

潜在影响半径(Potential Impact Radius,PIR)是依赖于管道直径和管道操作压力而定的。其具体计算公式为:

$$r = 0.099\sqrt{d^2 p} \tag{3-2-1}$$

式中　d——管道直径,mm;

　　　p——管道最大允许操作压力,MPa;

r——潜在影响半径，m。

注意，本公式只适用于天然气管道断裂模式下潜在影响半径的计算。系数 0.099 适用于天然气管道，对于其他气体或富气管道，应采用不同的系数。

保护走廊（Protection Corridor）是指在管道两侧，按照管道影响半径所划分的缓冲区域。保护走廊是为高后果区而定义的，是管道运营商进行高后果区调查时重点收集数据的区域。

如图 3-2-2 所示，显示了特定场所、潜在影响半径、潜在影响区域、保护走廊、高后果区之间的空间位置关系。

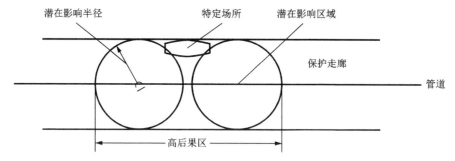

图 3-2-2　天然气高后果区分析示意图

（二）输气管道识别准则

输气管道高后果区识别主要针对人员密集区，这些人员密集区包括三级、四级地区，也包括达不到三级、四级人口规模，但是存在特定场所的区域，同时考虑可能存在的加油站、油库等易燃易爆场所，具体识别准则见表 3-2-2。

表 3-2-2　输气管道高后果区识别准则

管道类型	识别项	分　级
输气管道	① 管道经过四级地区	Ⅲ级
	② 管道经过三级地区	Ⅱ级
	③ 如果管径大于 762 mm，并且最大允许操作压力大于 6.9 MPa，其潜在影响区域内有特定场所的区域	Ⅱ级
	④ 如果管径小于 273 mm，并且最大允许操作压力小于 1.6 MPa，其潜在影响区域内有特定场所的区域	Ⅰ级
	⑤ 其他管道两侧各 200 m 内有特定场所的区域	Ⅰ级
	⑥ 除三级、四级地区外，管道两侧各 200 m 内有加油站、油库等易燃易爆场所	Ⅱ级

在应用输气管道高后果区识别准则时，需要特别注意识别的距离，输气管道对于高后果区识别距离提出了两个要求。

1.200 m 的距离范围

从表 3-2-2 中可以看出，输气管道识别准则中，①、②、⑥识别距离是采用管道中心线两侧 200 m 的范围，在识别三级地区、四级地区、易燃易爆场所类型的高后果区时，识别距离是确定的。

2．根据潜在影响区域计算

输气管道沿线特定场所类型的高后果区识别距离根据潜在影响区域计算，识别准则中③、④、⑤条款的识别距离如图3-2-3所示。当管径大于762 mm并且最大允许操作压力大于6.9 MPa时，识别距离是大于200 m的值，例如某管道管径1 219 mm，最大允许操作压力10 MPa，根据计算结果，其潜在影响半径为381 m，在高后果区识别中，需要识别381 m范围内的特定场所。当管径小于273 mm，并且最大允许操作压力小于1.6 MPa，识别距离是小于200 m的值，例如某输气管道管径为108 mm，运行压力为1.6 MPa，经计算其潜在影响半径为13.5 m，则高后果区识别中特定场所的识别距离为13.5 m。其他管径和压力管道按照200 m的距离识别。

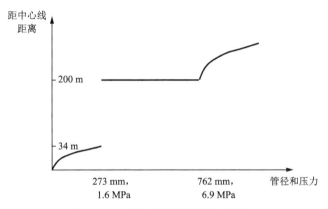

图3-2-3　特定场所识别距离示意图

潜在影响半径计算时，一般采用最大允许操作压力。当输气管道长期低压运行时，潜在影响半径宜按照最大运行压力计算。天然气管道常见管径、压力与潜在影响半径的关系［潜在影响半径由式（3-2-1）计算得出］见表3-2-3。

表3-2-3　天然气管道常见管径、压力与潜在影响半径的关系

序　号	管径/mm	压力/MPa	潜在影响半径/m
1	1 219	12	417.9
2	1 016	10	318.0
3	711	10	222.5
4	711	7	186.2
5	660	6.4	165.2
6	610	6.3	151.5
7	508	4	100.5
8	457	3.4	83.4
9	426	4	84.3
10	108	1.6	13.5

（三）输油管道识别准则

输油管道发生泄漏事故及次生灾害时既能导致人员伤亡又可能产生环境危害，因此高后果区识别针对人员密集区和环境敏感区，具体识别准则见表3-2-4。

表 3-2-4　输油管道高后果区管段识别分级

管道类型	识别项	分　级
输油管道	① 管道中心线两侧各 200 m 范围内，任意划分成长度为 2 km 并能包括最大聚居户数的若干地段，四层及四层以上楼房（不计地下室层数）普遍集中、交通频繁、地下设施多的区域	Ⅲ级
	② 管道中心线两侧 200 m 范围内，任意划分成长度 2 km 并能包括最大聚居户数的若干地段，户数在 100 户或以上的区段，包括市郊居住区、商业区、工业区、发展区以及不够四级地区条件的人口稠密区	Ⅱ级
	③ 管道两侧各 200 m 内有聚居户数在 50 户或以上的村庄、乡镇等	Ⅱ级
	④ 管道两侧各 50 m 内有高速公路、国道、省道、铁路及易燃易爆场所	Ⅰ级
	⑤ 管道两侧各 200 m 内有湿地、森林、河口等国家自然保护地区	Ⅱ级
	⑥ 管道两侧各 200 m 内有水源、河流、大中型水库	Ⅲ级

输油管道高后果区识别距离的要求与输气管道不同，输油管道高后果区识别距离分为200 m 和 50 m 两个类型，其中对于高速公路、国道、省道、铁路及易燃易爆场所的识别距离为 50 m，对于其他类型高后果区的识别距离为 200 m。

当输油管道附近地形起伏较大时，可依据地形地貌条件判断泄漏油品可能的流动方向，对部分中③、④、⑤、⑥中的距离进行调整。这是由于地形条件等原因，输油管道油品泄漏事故会沿着地形起伏变化流向下游，进而产生环境污染或者人员伤亡。例如 2010 年 7 月 25日国外某管道破裂泄漏后，泄漏的原油在破裂点渗入地下和周围湿地内，最终流入 Talmadge 溪与 Kalamazoo 河，如图 3-2-4 所示。

图 3-2-4　输油管道泄漏后原油扩散路径

(四) 其他需要遵循的准则

当多处高后果区的区段相互重叠或相隔不超过 50 m 时,作为一个高后果区段管理,避免出现高后果区过于琐碎的情况。如图 3-2-5 所示,图中的 K101+500 到 K102+800 为 50 m 范围内铁路高后果区,K102+840 到 K102+980 是 200 m 范围内河流高后果区,铁路高后果区的终点 K102+800 与河流高后果区的起点 K102+840 相差 40 m,因此两个高后果区合并为一个高后果区。

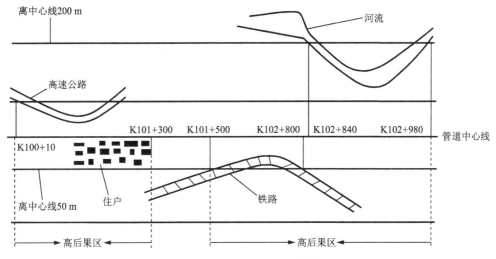

图 3-2-5 高后果区识别结果

在划定高后果区范围时,高后果区边界设定为距离最近一幢建筑物外边缘 200 m。这是由于高后果区识别工作中,识别距离一般确定为垂直于管道方向 200 m,当划定的边界小于 200 m 时,建筑物应纳入该高后果区识别范围内,如图 3-2-6 所示。

高后果区分为三级,Ⅰ级表示最小严重程度,Ⅲ级表示最大严重程度。不同类型高后果区内发生管道泄漏事故及次生灾害,产生的后果影响程度差异较大,需要在高后果区识别工作中,对高后果区进行分级,以进一步确定管理重点。

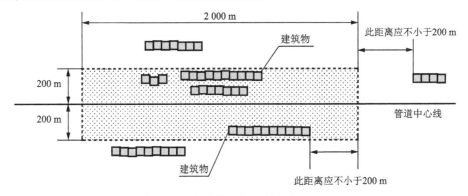

图 3-2-6 与建筑物距离划定为 200 m

三、基本做法

油气管道高后果区识别主要有两种方法:基于地图识别和现场识别,也可两种方法相结合。

(一) 基于地图识别

基于地图识别是指采用数字地图和管道中心线相叠加,通过地图系统识别管道沿线高后果区的方法。采用基于地图识别方法时,识别人员不用去现场,在室内按照识别准则的要求,逐条分析确认管道沿线的高后果区,并形成高后果区列表。采用基于地图识别高后果区时,管道数据资料应满足以下要求:

(1) 管道地图影像应为近一年内影像,以保证管道沿线信息的准确性。

(2) 地图影像可以为航拍图、遥感图或采用公开的地图。

(3) 具备准确的管道中心线数据,管道中心线经校核确认与现场相符合。

(4) 管道三桩数据准确,叠加到地图中的三桩位置与实际位置一致。

在满足上述条件的基础上,可开展基于地图的高后果区识别工作,识别流程如图 3-2-7 所示。

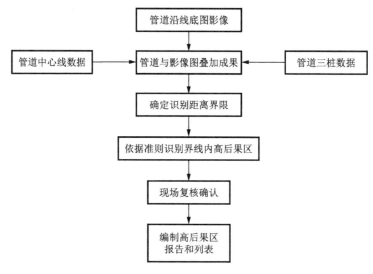

图 3-2-7 基于地图识别流程

将管道中心线数据、三桩数据与地图叠加后,形成数字地图,可显示管道中心线、三桩及管道周边建(构)筑物情况。依据输油管道、输气管道的识别准则分别画出管道识别距离线,根据识别准则逐一确认识别距离线范围内存在的高后果区。输油管道高后果区识别距离线分别为 200 m 和 50 m;输气管道高后果区识别距离线为 200 m 和潜在影响半径,其中潜在影响半径根据管道压力和管径进行计算。

某输油管道采用基于地图识别时,绘制的高后果区识别距离界线如图 3-2-8 所示,图中共有 5 条线,其中最中间的一条线为管道中心线;中心线两侧的两条虚线为 50 m 识别界线,针对高速公路、国道、省道、铁路及易燃易爆场所等类型的高后果区;最外层的两条实线为 200 m 识别界线,主要针对人口、河流等类型的高后果区。图中共有两种类型的高后果区,分别为 200 m 范围内落堡村(人口户数超过 50 户),45 km 处管道穿越京山线铁路。

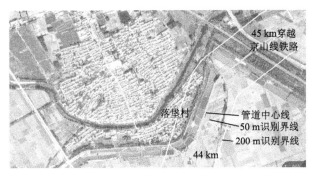

图 3-2-8　基于地图识别范例(彩图见附录)

采用基于地图方法进行高后果区识别时,有些高后果区类型无法准确确认,例如工厂、学校的人数,穿越河流的水系等级等信息,需要进行现场确认核实。对于管道沿线后果等级较高的Ⅲ级高后果也应当逐一进行现场确认。

(二) 现场识别

现场识别是指高后果区识别人员依据识别准则,采用现场踏勘的方式,逐步识别管道沿线的高后果区。现场高后果区识别的程序包括:收集数据资料、现场踏勘、测量确定识别距离、确定高后果区详细信息、编制高后果区识别报告等,如图 3-2-9 所示。

现场识别高后果区要选用熟悉管道路由的人员,且要充分收集数据,以保证现场工作的顺利开展。现场识别中,需要测量识别距离,应携带测距仪或者皮尺。高后果区现场识别如图 3-2-10 所示。

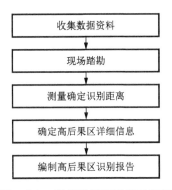

图 3-2-9　现场识别高后果区流程　　　　图 3-2-10　高后果区现场识别

四、常见问题分析

(1) 高后果区的人员密度一般以户数为计算单位进行统计,对于工厂类型的人员分布区如何确定是否达到高后果区标准?

解释:对于工厂等人员分布区,确定是否为高后果区时,可以将工厂内的人数折算为户数,一般来讲,折算的比例的是每 3.1 个人折算为 1 户。此外如果厂房特别密集,可直接按照地区等级划分标准划定为四级地区。

(2) 打孔盗油是否作为高后果区的识别项之一?比如该地区是打孔盗油易发区,那么该地区是否为高后果地区？

解释：不作为高后果区。高后果区是指管道如果发生泄漏会严重危及公众安全和（或）造成环境较大破坏的区域。它随着管道周边人口和环境的变化而变化。高后果区的识别只跟管道周边的人口和环境有关，只关注如果管道发生泄漏后对周边人员及环境的影响程度。所以，在识别高后果区时，其识别项只是管道附近的人口、河流、高速路等，并不包含打孔盗油。

（3）长时间的停输影响和巨额财产损失区域为什么不列为高后果区？

解释：高后果区识别的主要目的是识别管道系统可能对周边人口和环境产生危害的区域，重点识别油气输送管道可能对外界公众产生的危害，并通过对高后果区有效的监管，避免高后果区内管道泄漏产生人员伤亡和环境污染。维修困难的大型跨越，一旦发生泄漏会造成长时间停输，这种影响一般限于企业内部，对于外界影响相对较小。同样，容易产生财产损失的区域也只是对企业的经济效益产生了影响，对外界影响较小，故不列入高后果区识别。

（4）高后果区识别应当在管道建设的什么阶段开展？

解释：初步设计阶段和投产运行前。初步设计阶段，根据拟选定的管道路由进行高后果区识别，确定管道拟选路由高后果区分布情况，并通过优化路由，避让高后果区。管道投产运行前，应开展一次高后果区识别工作，确定管道沿线高后果区情况，明确投产过程中的管理重点。根据浴盆曲线，管道投产阶段是事故和故障高发阶段，应重点监控高后果区内情况，避免在投产过程中发生危害周边人员和环境的事故。

（5）每个高后果区的长度是否都为 2 km？

解释：否。管道高后果区识别将沿着管道路由 2 km 作为识别区间，这个区间用于统计管道两侧的人口分布、环境敏感体等，而对于具体高后果区的长度，应以实际人口和环境敏感体分布情况为准。例如，在高后果区识别中将 0～2 km 作为一个识别区间，在这 2 km 范围内，1.2～1.5 km 的区间分布人口达到高后果区要求，其他位置无人口分布，则该高后果区的起点为 1.2 km，终点为 1.5 km，高后果区长度为 300 m。

（6）管道地区等级确认中是否应当计算潜在影响半径？

解释：否。地区等级是 GB 50253—2014 中规定的内容，地区等级概率针对的范围是管道中心线两侧 200 m，无论高压力大口径管道，还是低压力小口径管道，地区等级针对的范围都是 200 m。潜在影响半径针对的主要是特定场所，不针对地区等级。

第三节　高后果区识别案例及管理要求

一、高后果区识别案例

高后果区识别可以采用基于地图识别，也可以采用现场识别，无论采用哪种识别方式，其识别准则是一致的，多数情况下是两者结合使用。先在影像地图中判断高后果区的分布情况及主要特点，再采用现场复核的方式获取高后果区的详细信息。

高后果区识别首先要收集管道相关资料，并对资料进行处理。本节高后果区识别案例中,收集了管道沿线遥感影像、管道中心线、管道三桩台账、管道穿跨越台账、管道沿线村庄分布等资料。完成资料收集后,对数据资料进行处理,以满足基于地图识别的要求。将地图影像、管道中心线和三桩信息合并,形成数字管道地图,在地图中能显示管道路由、管道三桩位置,并确认中心线桩的位置准确。

在管道中心线两侧绘制 50 m 或 200 m 识别界线。完成识别界线绘制后,即可以按照识别准则的要求逐条识别高后果区,并记录高后果区位置、等级、人口分布等详细信息。

(一)输气管道四级地区高后果区案例

某输气管道穿越四级地区,由于人口密度较大,形成高后果区示例如图 3-3-1 和图 3-3-2 所示。从影像图中可整体分析高后果区的情况,图中所示高后果区管道穿越小区,在管道中心线 200 m 范围内存在楼房 25 栋,构成四级地区,初步确定了高后果区信息,需要进一步采用现场核实的方式确定高后果区详细信息。经现场勘查,该段高后果区 200 m 范围内共有 6 层居民小区 22 栋,涉及居民 6 000 余人,其中距离管道最近的垂直距离为 10 m,高后果区的长度为 800 m。

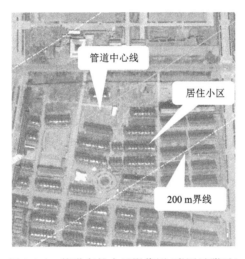

图 3-3-1　管道穿越小区影像图(彩图见附录)

图 3-3-2　管道穿越小区现场图

(二)输气管道特定场所高后果区案例

输气管道潜在影响范围内特定场所高后果区如图 3-3-3 所示。图中输气管道管径为

426 mm,运行压力为 1.6 MPa,根据识别规则,特定场所的识别范围为管道中心线两侧 200 m,200 m 识别界线如图中虚线所示。该高后果区内存在医院、儿童福利院、幼儿园等特定场所,是典型的特定场所高后果区,由于一般医院等特定场所多与居民住宅在一起,因此这类高后果区是特定场所和四级地区的综合高后果区,高后果区长度 1 200 m,高后果区等级为Ⅲ级。

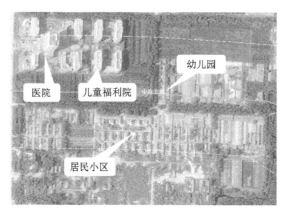

图 3-3-3　特定场所高后果区(彩图见附录)

(三)输油管道穿越村庄高后果区案例

某输油管道穿越村庄高后果区如图 3-3-4 所示。从影像图中的 200 m 识别界线可以看出管道附近 200 m 范围内有村庄,需要根据具体户数确定是否为高后果区及高后果区等级。如果小于 50 户,一般不列为高后果区;如果为 50～100 户,根据输油管道高后果区识别条款中的③条,确定高后果区等级为Ⅱ级;如果户数大于 100 户,则根据识别条款中的②条,确定高后果区等级为Ⅱ级。

经现场核实并结合影像地图,该高后果区起点为 K0994＋500 m,终点为 K0995＋200 m,高后果区长度为 700 m,管道中心线 200 m 范围内村庄居民户数约 80 户,距离管道中心线最近距离为 50 m,高后果区等级为Ⅱ级。

图 3-3-4　管道穿越村庄(彩图见附录)

（四）输油管道穿越敏感水体高后果区案例

某输油管道穿越河流高后果区如图 3-3-5 所示,该管道输送介质为原油,根据输油管道高后果区识别准则第⑥条,管道两侧各 200 m 内有水源、河流、大中型水库,确定为高后果区。初步确定为高后果区后,根据识别准则确定高后果区的详细信息。通过基础资料和现场勘查确认,该高后果区类型为 200 m 范围内有河流,高后果区长度为 1 800 m,采用定向钻穿越,穿越深度为 40 m,河流为大中型,河流下游 500 m 为入海口,流入渤海湾,高后果内主要危害因素为腐蚀,主要后果影响形式为环境污染,高后果区等级为Ⅲ级。

图 3-3-5　管道穿越河流高后果区

该高后果区为穿越河流类型,针对水源、河流、大中型水库等敏感水体,除了需要识别穿越类型,也需要识别管道与敏感水体并行的类型,并行时如果与管道垂直距离小于 200 m 时列为高后果区,并按照高后果区管理要求进行管理。

二、高后果区识别结果及示例

管道高后果区识别工作中应该将识别结果进行汇总整理,高后果区识别工作的主要成果是高后果区识别报告和高后果区列表。

（一）高后果区识别报告

高后果区识别报告是汇总高后果区识别过程和识别结果的综合文件,可以每条管道编制一份高后果区识别报告,也可以一个管理单位将所有管道汇总编制一份高后果区识别报告。国家标准 GB 32167—2015 附录 D.1 提出了高后果区识别报告的基本要求,高后果区识别报告编制工作可按照如下的模板案例开展。

1.项目概述

（1）项目来源。概述说明高后果区识别项目的来源,即说明开展高后果区识别工作的依据。

（2）工作目的及内容。概述说明开展高后果区识别工作的目的或意义,明确工作对象,说明工作内容。

（3）工作方案及实施情况。介绍进行高后果区识别所采取的工作方法和手段,说明识别的标准依据,介绍工作人员组成、分工及实施过程。

2. 管道背景资料

（1）管道概况。概述管道起止点，途经省区，拟投产时间，途经站场、管线（包括干线及支线）长度，设计及运行输送量、输送压力，管道的重要性等情况。

（2）管道工艺参数。介绍管道管径、输送介质、材质、壁厚、管型、设计压力、输送量、防腐层、管道长度等工艺参数。

（3）管道沿线基本情况。概述管道沿线人口状况、公路铁路等交通状况、工厂仓库等状况、河流水源状况、地上及埋地设施状况。

3. 高后果区识别结果

概述管道全线共识别出高后果区数量、高后果区总长度。记录高后果区识别结果，形成高后果区识别列表。

4. 高后果区统计分析

统计高后果区占管道总里程的百分比，分析高后果区主要类型及其比例，分析管道沿线高后果区主要分布位置。

统计分析高后果区中四级地区、三级地区、河流水源等因素长度比例情况，并绘制饼图，某管道高后果区识别结果总结及饼图分析示例如图 3-3-6 所示。

某输油管道高后果区 81 段，其中，Ⅰ级高后果区长度 4.453 km，占管道总长度 2.38%，Ⅱ级高后果区长度 42.492 km，占管道总长度 22.72%，Ⅲ级高后果区长度 45.951 km，占管道总长度 24.57%。

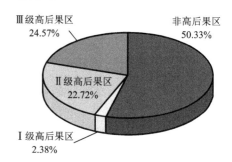

图 3-3-6　某管道高后果区等级比例

按照高后果区类型进行分类：① 人口集中区 2 处，占比 1.18%；② 人口稠密区 9 处，占比 5.33%；③ 村庄、乡镇 29 处，占比 17.6%；④ 公路、铁路、易燃易爆场所 64 处，占比 37.87%；⑤ 湿地、森林、河口 43 处，占比 25.44%；⑥ 水源、河流、大中型水库 22 处，占比 13.02%。各类高后果区比例如图 3-3-7 所示。

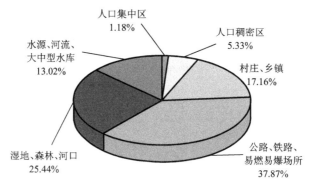

图 3-3-7　某管道高后果区类型比例

（二）高后果区识别列表

高后果区识别列表是高后果区识别结果的核心内容，是了解管道高后果区分布情况的直接文件,作为高后果区识别报告的附件提交。高后果区识别列表应当包括高后果区编号、起始位置、结束位置、长度、识别描述及照片/备注,这六个方面是描述高后果区的核心要素,高后果区识别结果见表 3-3-1。

表 3-3-1 高后果区识别列表

编号	起始位置 /m	结束位置 /m	长度 /m	识别描述 (村庄、河流等名称以及数量)	照片/备注
HCA001	7 520	7 623	103	穿越 1 条第三方外部管道,穿越 1 处铁路,15 m 内河流 1 处	
HCA002	16 690	17 450	760	穿过村庄	
HCA003	17 550	18 313	763	附近有居民点 1 处,水源 1 处	
HCA004	24 800	29 000	4 200	附近有湿地生态自然保护区	

高后果区的起始位置和结束位置可以用桩号表示,也可以用管道里程表示,还可以用现场采集坐标表示。一般情况下,在建设期针对拟选定路由开展高后果区识别时,由于没有最终确定路由和三桩位置,应当用坐标表示高后果区的位置。在管道运行期开展高后果区识别时,宜用桩号表示高后果区的位置。

高后果区描述应当详细具体,并且与识别准则相对应。对于三级、四级地区高后果区,应当明确区域内主要建(构)筑物、四层以上楼房分布情况、区域内的人口规模、与管道最近垂直距离等。穿越村庄的高后果区,应详细描述区域内存在村庄名称、人口户数、与管道最近的垂直距离,一个高后果区内有多个村庄时应当分别进行描述。穿越河流等敏感水体高后果区应当记录河流名称、相对位置为直接穿越或者并行、水流情况、河流规模、下游是否有水源、是否与大型河流相连通等。穿越公路铁路高后果区应当详细描述道路名称、等级、交通繁忙情况、穿越或者并行等。对于高后果区的描述应当尽量详细,描述的内容应当紧扣识别准则的要求。

高后果区识别列表中的典型照片,应至少包含一张高后果区现场照片,照片能体现高后果区特点,且要明确标识管道走向。为了更详细地了解高后果区情况,可附高后果区影像图。

高后果区识别列表可以在保证核心要素的基础上进行丰富,以便于进一步强化对高后果区的管理。详细的高后果区识别列表可进一步增加的内容包括:高后果区内管道资料情况、高后果区管理状态、应急情况。明确高后果区内管道状态,描述管道是否与市政管网交叉,管道走向及埋深等基础资料是否清楚,地面标识是否完善等。高后果区的管理状态用于详细描述高后果区内主要危害因素、风险评估时间、风险评估结果(填写风险高中低)、完整性评价时间、完整性评价方法、中度以上缺陷修复状态、风险减缓措施等信息。应急情况是指针对高后果区是否有专项应急预案、专项应急预案名称、是否有现场处置方案等。通过上述信息的进一步丰富,可将各个高后果区内管道情况、周边情况、管理情况等描述清楚,形成切实可用的高后果区识别列表。详细高后果区识别列表见表 3-3-2。

表 3-3-2　高后果区识别列表详细版

地区公司名称	二级分公司名称	管道名称	管理站场名称	高后果区编号	识别或更新时间	识别单位及负责人	识别依据	高后果区起点	高后果区终点	高后果区长度	高后果区特征描述	高后果区管段识别分级	典型照片	再次识别计划	高后果区管理状态							是否与市政管网交叉	管道走向、埋深等基础资料是否清楚	地面标识是否完善	是否有专项应急预案	专项应急预案名称
															威胁识别结果（填写主要风险因素）	风险评估时间	风险评估结果（填写风险高中低）	完整性评价时间	完整性评价方法	中度以上缺陷修复状态	风险减缓措施					

（三）高后果区识别结果统计与展示

高后果区由基层生产单位进行识别,管理单位汇总整理所辖管道的高后果区识别结果,通过分析高后果区统计结果、高后果区地图展示等成果为管理决策提供依据。高后果区统计结果中的重要指标是高后果区比例,即所辖管道总里程中,高后果区里程所占的百分比,一般来讲高后果区比例是表征管道风险大小和管理难易程度的重要指标。高后果区识别结果综合统计及地图展示示例分别如图 3-3-8 和图 3-3-9 所示。

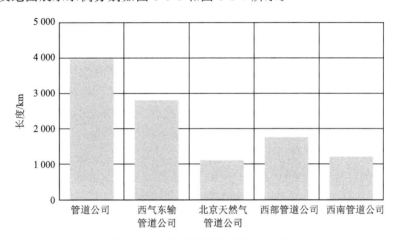

图 3-3-8　高后果识别结果统计示例

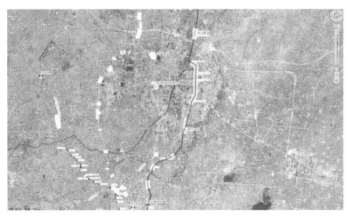

图 3-3-9　高后果区地图展示(彩图见附录)

通过地图展示高后果区是管理人员确定一个区域内高后果区分布情况的直观手段。完成高后果区识别工作后,建设有数字管道系统的企业,可以将高后果区识别列表导入系统中,形成管道高后果区分布图,图 3-3-9 是某区域管道高后果区分布情况,标黄部分为管道高后果区。

三、高后果区常见通用管理要求

高后果区识别完成后,应采取对应的管理措施控制高后果区内管道风险情况,避免发生危害公众安全的灾害事故。在管道建设期,可采取的最有效措施为更改路由,避让高后果区,确实无法避让的高后果区采取增加设计壁厚、设置管道防护盖板、增加深埋、设置套管等保护措施。对于运营期,应当将高后果区作为管理的重点,优先开展风险评价、检测评价、缺陷修复、线路巡护等工作。具体来讲，高后果区内常见的管理措施包括如下几个方面。

管道改线是指更改管线的路由，以有效避开占压、安全距离不足、高后果区，保障管道安全运行和沿线人员的生命财产安全。通过管道改线避让高后果区是降低管道运行风险的最有效手段。

管道改线/更改路由常用于设计阶段，在管道设计期间，如果拟建路由整体高后果区比例高于我国管道平均水平，一般要大范围优化路由，以有效避让高后果区。在整体优化路由存在困难的情况下，应重点对高等级的高后果区局部优化路由，以消除高后果区或者降低高后果区的等级。

管道运行期间也可以采用管道改线的方式消除高后果区或者降低高后果区等级。管道运行期改线成本较高，一般针对人口密度较大或环境敏感区等级较高的区域进行改线。

高后果区管段应加强公共教育，加强宣传，普及高后果区内居民区的安全知识，提高群众紧急避险的意识。保障地面管道标识位置的准确性、完整性和醒目性。定期组织人员对高后果区内的三桩等地面标识进行详细检查，保证三桩等地面标识的完好和准确。合理的巡线频率和良好的巡线效率对防止第三方损坏是行之有效的，应加强高后果区的巡线管理。建立健全的高后果区信息收集制度，通过抓好信息员制度加强日常线路管理与第三方施工信息收集，确保第三方施工信息的有效跟踪和及时妥善处理。

高后果区的内腐蚀缺陷、外腐蚀缺陷、制造缺陷、施工缺陷应当优先修复，避免高后果区内管道泄漏发展成为安全事故。内腐蚀的减缓措施，应从内腐蚀监测、内腐蚀控制、内腐蚀修复、巡线、内检测等多方面进行。外腐蚀的减缓措施，应从外涂层、阴极保护、外腐蚀监测、电绝缘、阴保测试、杂散电流、大气腐蚀的控制与监控、检漏、修复等方面进行。

地质灾害威胁主要是指滑坡、洪水、地震、泥石流、崩坍等地质活动对管道的威胁。管道运营公司应采取措施降低高后果区管段的地质灾害威胁。

河流、湖泊等敏感水体高后果区，在加强管理措施的基础上应当采用一些技防措施，以及时发现并有效控制可能出现的泄漏事故。常采用的技防措施包括拦油坝、视频监控、截断阀、溢油雷达监测等。

对已确定的高后果区，定期再复核，复核时间间隔一般为 12 个月，最长不超过 18 个月。管道及周边环境发生变化时，及时进行高后果区再识别。如果管道沿线高后果区发生重大变化，人口密度变化情况导致发生了地区等级变化，应采取必要的措施进行处置。对评价出的高后果区内的管段，无论分值高低，都应开展风险分析。管道运营公司通过风险评价来区分所管辖管段的优先级，并依据评价结果制定减缓防护措施，以保障管道的完整性。

四、地区等级升级管理

我国城镇化进程逐渐加快，经济开发地带人口逐渐稠密，使得原来管道通过的一级、二级地区变为三级、四级地区，普遍存在初期设计与当前状况不符的情况。例如我国某天然气管道建设于 1986 年，设计与施工期间，管道沿线人烟稀少，按照地区等级分类基本是一级、二级地区。经过近 30 年的发展，管道周边出现多个人口稠密区，有三个区域经过市、县的中心区域，管道周边 5 m 范围内有多个住宅小区，与城市主干交通要道并行等。事实上，管道沿线地区等级升级是普遍存在的问题，老管道该类问题比较严重，即使是投产 3～5 年的新管道也会因地方城市规划的改变，产生地区等级升级问题。

地区等级升级类型见表 3-3-3,对于升级到四级地区的区域,应当重点关注风险控制措施,地区等级变化的跨度越大,风险越大,其中风险最高的为一级地区升级为四级地区。

表 3-3-3　地区等级升级类型

序　号	设计期间地区等级	升级后地区等级
1	一级地区	二级地区
2	一级地区	三级地区
3	一级地区	四级地区
4	二级地区	三级地区
5	二级地区	四级地区
6	三级地区	四级地区

国外油气管道工业发展比中国早,对于地区等级升级后的管理方法制定了一些法规和标准。美国联邦法规 49CFR 192 规定,美国采取许可证制度,PHMSA 收到天然气管道运营商完整的申请后,PHMSA 将审查该申请是否符合管道安全,若符合,则可在不满足 49CFR 192.611 要求的情况下授予其可以升级使用的特别许可证。为了弥补未满足的相关要求,PHMSA 指定了运营商在特别许可证有效期内必须遵守的附加要求,附加要求根据每个申请的具体情况和条件来确定。法规 49CFR 192.611 的规定地区等级改变,管道最大允许运行压力(MAOP)需要重新确定或修改。若管道 MAOP 相应的环向应力与当前地区等级不符,且管道处于良好的物理条件下,则该段管道 MAOP 须依据规定进行确定或修改。加拿大 CSA Z662—2007《加拿大管道输送系统》规定,由于人口密度增大或地区发展而需要改变管道地区等级时,这些地区的管道应该满足更高等级要求或通过工程评价加以确定,并制定了工程评定包含的内容。ASME B31.8—2010《输气管道系统》规定,若地区等级发生变化,必须对泄漏监测和巡护方式迅速进行调整,根据"新的地区等级降低 MAOP,不超过设计压力,同时满足 18 个月期限"的要求。

我国对于地区等级升级区域风险控制没有法规和标准要求,一般风险控制措施包括改线、换管、降低 MAOP、水压试验、管道检测、增设管涵、增加套筒、加强巡护等内容。制定每项应对措施的实施要求,开展各项控制措施的安全性和经济性分析。如果要开展换管、停输、降压运行等投入较大的措施时,宜开展定量风险评价,通过评价结果进一步确定采取措施的类型。

五、高后果区定量风险评价

当油气管道高后果区内人口密度较大且与管道距离较近时,可以采用定量风险评价技术判定高后果内管道风险水平是否可接受。定量风险评价是对油气管道发生事故概率和后果进行定量分析,并与可接受风险标准比较的系统方法。采用定量风险评价技术时,可以从热辐射与冲击波影响距离、个人风险、社会风险等方面确定管道风险水平。

管道发生泄漏后,对周边的人员安全会造成巨大的威胁,天然气从管道内泄漏出来,其失效后果类型与泄漏速率、点燃时间、泄漏点环境等因素有关。管道发生泄漏时,若泄漏天然气立即遇到点火源,往往引发喷射火。如果泄漏天然气在扩散过程中未被立即点燃,且受空间的限制天然气不断积聚而形成蒸气云团,此时遇到点火源,会引发蒸气云爆炸。研究表明:管道泄漏后,喷射火灾的热辐射作用和爆炸的破坏作用是管道周边人和建筑物的主要危害来源。可以通过热辐射、冲击波的影响范围确定管道安全距离是否满足要求。

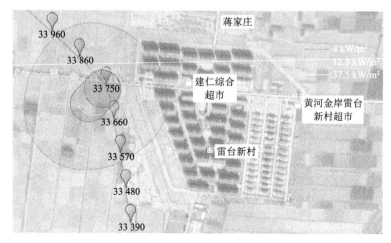

图 3-3-10 热辐射影响半径(彩图见附录)

个人风险是因各种潜在事故造成区域内某一固定位置内未采取任何保护措施的人员死亡的概率,通常用年死亡概率表示。在图中通常用个人风险等值线表示,如图 3-3-11 所示。对于区域内的任一危险源,其在区域内某一地理坐标为 (x, y) 处产生的个人风险都可由式(3-3-1)计算:

$$IR = \sum_M \sum_i f P_M P_i P_d \tag{3-3-1}$$

式中 f——管道失效概率;

P_M——气象条件概率;

P_i——点火概率;

P_d——人员死亡概率。

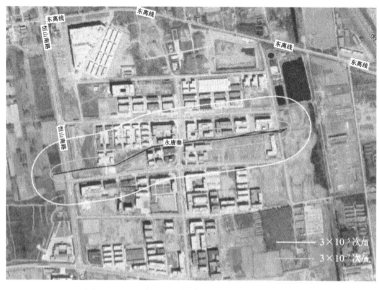

图 3-3-11 个人风险等值线(彩图见附录)

原国家安全生产监督管理总局于 2014 年 4 月 22 日提出《危险化学品生产、储存装置个人可接受风险标准和社会可接受风险标准》,其中包含新建管道及在役管道的风险个人可接受标准,见表 3-3-4。

表 3-3-4 新建及在役管道个人风险可接受标准 次/a

天然气管道周边重要目标和敏感场所类别	新建管道个人风险可接受标准	在役管道个人风险可接受标准
低密度人员场所(人数小于 30 人);单个或少量暴露人员	$\leqslant 1 \times 10^{-5}$	$\leqslant 3 \times 10^{-5}$
① 居住类高密度场所(人数大于等于 30 人且小于 100 人):居民区、宾馆、度假村等; ② 公众聚集类高密度场所(人数大于等于 30 人且小于 100 人):办公场所、商场、饭店、娱乐场所等	$\leqslant 3 \times 10^{-6}$	$\leqslant 1 \times 10^{-5}$
① 高敏感场所:学校、医院、幼儿园、养老院、监狱等; ② 重要目标:军事禁区、军事管理区、文物保护单位等; ③ 特殊高密度场所(人数大于等于 100 人):大型体育场、大型交通枢纽等	$\leqslant 3 \times 10^{-7}$	$\leqslant 3 \times 10^{-6}$

社会风险是对个人风险的补充,指在个人风险确定的基础上,考虑到危险源周边区域的人口密度,以免发生群死群伤事故的概率超过社会公众的可接受范围。通常用累计概率和死亡人数之间的关系曲线(F-N 曲线)表示,如图 3-3-12 所示。

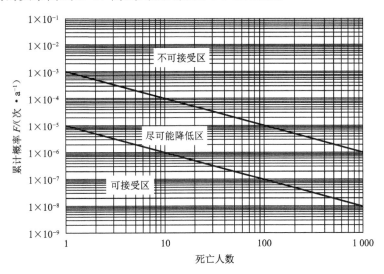

图 3-3-12 社会风险 F-N 曲线

不可接受区指风险不能被接受。可接受区指风险可以被接受,无须采取安全改进措施。尽可能降低区指需要尽可能采取安全措施,降低风险。

某天然气管道直径 720 mm,压力 6 MPa,高后果区长度 1.7 km,采用定量风险评价方法确定高后果区内人员风险情况是否符合风险可接受标准。通过失效概率计算和失效后果计算,得到距管道不同距离处个人风险变化曲线。管道在役天然气管道与周边人口区域安全距离示意图如图 3-3-13 所示。

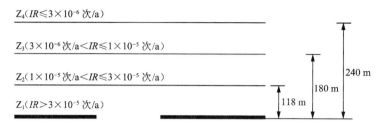

图 3-3-13　在役天然气管道与周边人口区域安全距离示意图

对于在役管道,当个人风险值为 3×10^{-5} 次/a, 1×10^{-5} 次/a 和 3×10^{-6} 次/a 时,与天然气管道的最大距离分别为 118 m,180 m 和 240 m,也就是说 Z_1, Z_2, Z_3, Z_4 区域的分界线为 118 m,180 m 和 240 m,根据该计算结果绘制了管道个人风险曲线,如图 3-3-14 所示。

图 3-3-14　在役管道个人风险曲线(彩图见附录)

在役管道个人风险曲线中, 3×10^{-5} 次/a 个人风险等值线内不存在人员密集场所,说明 Z_1 区域内个人风险属于可接受水平; $1 \times 10^{-5} \sim 3 \times 10^{-5}$ 次/a 个人风险等值线内有低人员密度场所(人数小于 30 人),但没有居住类高密度场所或公众聚集类高密度场所(人数大于等于 30 人且小于 100 人),说明 Z_2 区域内个人风险也属于可接受水平; $3 \times 10^{-6} \sim 1 \times 10^{-5}$ 次/a 个人风险等值线内允许有居住类高密度场所或公众聚集类高密度场所(人数大于等于 30 人且小于 100 人),但不允许存在学校、医院等高敏感区域或特殊高密度区域(人数大于等于 100 人),根据现有实地调研情况,该区域目前没有居住类高密度场所或公众聚集类高密度场所(人数大于等于 30 人且小于 100 人),也没有重要目标和特殊高密度场所如学校、医院、幼儿园、养老院等,因此 Z_3 区域个人风险也是可以接受的。

四、本章小结

油气管道高后果区识别是完整性管理的核心内容之一,通过本章的学习应当掌握油气管道高后果区基本概念、高后果区识别准则和识别方法,学会编制高后果区识别报告和高后果区识别列表,并掌握高后果区内管道常用的管理措施。

(1)高后果区是指管道如果发生泄漏会严重危及公众安全和(或)造成环境较大破坏的

区域,应当按照国家标准 GB 32167—2015《油气输送管道完整性管理规范》的要求开展高后果区识别工作。

(2)输油管道和输气管道高后果区识别规则不同;输气管道高后果识别准则共有 6 条,主要针对三级地区、四级地区、特定场所以及加油站、油库等易燃易爆场所;输油管道高后果识别准则共有 6 条,主要针对人员密集区、环境敏感区、道路以及易燃易爆场所。

(3)油气管道高后果区识别主要有两种识别方法:基于地图识别和现场识别,也可两种方法相结合。

(4)应该将识别结果进行汇总整理,形成高后果区识别列表,具备条件的应编制高后果区识别报告。

(5)高后果区是管道管理工作重点,应采取对应的管理措施控制高后果区内管道风险情况,避免发生危害公众安全的灾害事故。在管道建设期,可根据高后果区分布情况优化路由,避让高后果区,从源头控制管道风险。在运营期,应当将高后果区作为管理的重点,优先开展风险评价、检测评价、缺陷修复、线路巡护等工作,并做好高后果区内应急准备,控制管道风险。

第四章　管道半定量风险评价及案例分析

第一节　概　述

管道风险评价是指识别对管道安全运行有不利影响的危害因素,评价事故发生的可能性和后果,综合得到管道风险大小,并提出相应风险控制措施的分析过程。管道风险评价经过几十年的发展,已经在管道企业得到比较广泛的应用。

管道失效数据的收集与统计是管道风险评价的基础工作,目前国内外已经有比较完善的管道失效库可以为风险评价提供支持,失效库的统计分析结果也对管道管理具有积极的指导作用。管道危害识别可以识别出所有影响管道安全的危害因素,是管道风险评价的前期工作。管道风险评价方法通常按照结果的量化程度分为三类:定性风险评价方法、半定量风险评价方法和定量风险评价方法。定性风险评价方法的结果一般为风险等级或其他定性描述的结果。半定量风险评价方法一般是指标体系法,结果为一相对数值,用其高低来表示风险的高低,无量纲。定量风险评价方法的结果一般也是数值,也用其大小来表示风险的高低,但此数值有实际意义,有量纲。目前已经有很多专业的管道风险评价软件,管道企业应该根据实际需要来选用合适的风险评价方法和软件,对所辖管道进行风险评价,了解管道的风险水平,明确管道的高风险因素和高风险段,采取针对性的维护维修措施,从而实现管道风险的预控,保障管道的安全输送。

自 1992 年美国的 W. Kent. Muhlbauer 编写《管道风险管理手册》以来,半定量风险评价技术在欧洲、美国等管道运行企业广泛应用,并不断发展。目前《管道风险管理手册》已有第 4 版,书中运用故障树的逻辑门运算法则,以提高评价结果的准确性,其他方法如故障树分析和风险矩阵图等也有应用。肯特评分法简单实用。概率风险评价法模型较复杂,但结果定量,基本代表了管道风险评价的发展趋势。基于可靠性的风险分析起源于 RBDA(Reliability Based Design and Assessment,即基于可靠性的设计),通过分析外力载荷和管道本身抗力的关系,确定发生失效的概率,加拿大 C-FER 公司在该方面做了较多的研究工作,开发了 Piramid 软件并在实际管道上进行了应用。上述风险评价采用的理论基础不相同,其应用效果差异也较大。

近年来,国家管网研究总院、西南石油大学、中国石油大学等一些科研机构和院校,在管道线路风险评价领域做了大量研究工作。西南石油大学姚安林教授提出了管道第三方损坏事故树;国内一些刊物和储运学术研讨会上相继发表了一定数量的研究论文,提出了许多有效的评价方法,如郑津洋的《长输管道安全风险辨识评价控制》,严大凡、翁永基的《油气长输管道风险评价与完整性管理》,杨筱蘅的《油气管道安全工程》等。国家管网研究总院为掌握核心技术,节约管道线路风险评价推广成本,开发了具有自主知识产权的风险评价软件RiskScore,制定了管道风险评价相应标准,并连续三年在北方管道公司和西部管道公司进行了推广应用,每年识别评价 1 000 多处管道风险,指导投资立项和管道风险控制。通过三年应用,管道企业实现了管道风险的筛选和初步风险排序,但随着对风险管控工作的深入,管道企业想更加深入地了解管道,因此对该技术提出了更高的需求和深入应用的想法:

(1)需要与投资直接挂钩,加大投资指导力度。

(2)需要评价风险减缓措施的有效性。

(3)需要提高半定量分析排序的准确性。

(4)需要与管道完整性管理系统进行数据整合交互,与管道管理业务对接,从而数据集中管理,简化评价难度等。

总体来看,近年来国外开始了管道线路定量风险评价技术、基于可靠性的风险研究工作,并取得了一定进展,但需要以失效历史数据、检测数据等一系列数据为基础。国家管网研究总院开发的管道风险评价软件 RiskScore 实用性强,在管道公司、西部管道、大庆油田、中海油等企业广泛应用。随着管道企业风险管理需求的提高,亟须继续开展研究,提出更好的管道线路风险评价方法,使之满足越来越高的生产实际需要。

第二节 管道风险评价流程和内容

管道风险评价主要由数据收集与整理、管道分段、风险计算、结果分析与报告编写 4 个阶段组成。其中风险计算环节包括失效可能性分析、失效后果分析、管段风险计算和全线管道风险计算。评价的主要内容及流程如图 4-2-1 所示。

图 4-2-1 管道风险评价流程为开展风险评价工作的通用流程,采用不同评价方法实施风险评价工作时都可按照该流程逐步开展,本节以管道行业广泛应用的半定量风险评价评价方法为例,每个步骤的具体工作内容。

一、数据收集与整理

油气管道风险评价数据收集与整理是风险评价的基础工作,收集的数据应当尽量全面,以有效反映管道的风险水平。数据收集与整理的主要工作内容包括三个方面:基础资料收集、现场风险勘查、数据资料整理。

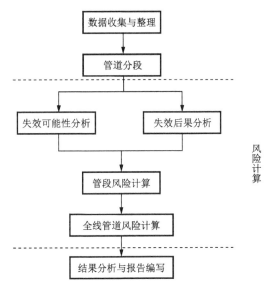

图 4-2-1 管道风险评价流程

（一）基础资料收集

基础资料收集是室内资料搜集工作，通过与管道管理单位沟通，收集管道基本信息、历史评价记录、历史维修维护记录等资料，收集的资料应包括管道设计、建设、投产、运行等各个阶段，以全面掌握评价对象的基本情况。根据管道风险评价工作需要，一般需要收集如下数据资料：

（1）管道基本参数，如管道的运行年限、管径、壁厚、管材等级及执行标准、输送介质、设计压力、防腐层类型、补口形式、管段敷设方式、里程桩及管道里程等。

（2）管道穿跨越、阀室等设施。

（3）管道通行带的遥感或航拍影像图和线路竣工图。

（4）施工情况，如施工单位、监理单位、施工季节、工期等。

（5）管道内外检测报告，内容应包括内、外检测工作及结果情况。

（6）管道泄漏事故历史资料，含打孔盗油。

（7）管道高后果区、关键段统计，管道周围人口分布。

（8）管道输送量、管道运行压力报表。

（9）阴保电位报表以及每年的通/断电电位测试结果。

（10）管道更新改造工程资料，含管道改线、管体缺陷修复、防腐层大修、站场大的改造等。

（11）第三方交叉施工信息表及相关规章制度，如开挖响应制度。

（12）管道地质灾害调查/识别、危险性评估报告。

（13）管输介质的来源和性质、油品/气质分析报告。

（14）管道清管杂质分析报告。

（15）管道初步设计报告及竣工资料。

（16）管道安全隐患识别清单。

（17）管道环境影响评价报告。

（18）管道安全评价报告。

（19）管道维抢修情况及应急预案。

（20）站场 HAZOP 分析及其他危害分析报告。

（21）是否安装有泄漏监测系统、安全预警系统及运行等情况。

（22）其他相关信息。

通过基础资料的收集，对于拟评价管道有了整体的认识，初步掌握其面临的主要风险因素和风险类型，确定了需要进一步现场勘查的内容，通过现场风险勘查进一步补充数据资料。

（二）现场风险勘查

现场风险勘查主要包括两个方面的工作内容——现场访谈和现场风险点勘查。通过现场访谈可以从管道一线管理人员手中获取风险评价所需的重要信息。

现场访谈是指针对管道管理人员访谈管道日常管理风险，一般需要访谈的人员分为管道科、管道班、工艺班，不同人员访谈内容不同，可从下面的常见问题中选择关心的内容进行访谈。访谈可在会议室正式开展，也可在现场勘查过程中的车上开展。

访谈中针对管道科访谈常提出问题如下：

（1）管道科人员配备情况、个人的职责分配情况。

（2）管道建造年份。建设施工质量如何？有没有当初设计施工带来的质量问题？

（3）管道周边主要是什么地形？土地主要做什么用途？

（4）管道目前主要的危害是什么？目前最担心的问题是什么？已经采取了哪些控制措施？

（5）目前管道管理还有什么难处？

（6）管道腐蚀情况、第三方损坏情况大体如何？

（7）对站队巡线人员如何进行质量考核、控制和管理？

访谈中针对管道班访谈常提出问题如下：

（1）站内、站外阴极保护情况如何？可以的话应去阴极保护间看看保护电位和阴极保护电流及恒电位仪运行情况，是否发生过故障等。

（2）本站所管辖的管道多长？有哪些重点段？

（3）是否发现管道埋深较浅情况，最浅是多少？

（4）是否有专业巡护队，巡线频率是多少？必要时查看巡线记录。

（5）有农民巡线工吗？农民工是哪些人员，工资如何，积极性如何，培训过吗，知道如何反映发现的情况吗？

（6）本段管道的第三方损坏形式主要有哪些？有什么明显的特点？

（7）是否发生过打孔盗油现象？地方公安如何处理？是否有打孔盗油重点防护区及相关具体信息。

（8）与地方政府有联通机制吗，协助巡线吗？

（9）交叉施工活动多吗，主要分布在哪些地方？交叉施工都是如何发现的？巡线工还是管道旁居民上报？如何处理？

（10）是否有占压情况，处理过程中存在的问题是什么？

（11）是否有裸管或管道悬空现象，周边环境如何？

（12）沿线经过哪些河流？河流性质是什么？穿跨越方式是什么？有灌溉水渠吗，深度如何？

（13）防汛工作如何？今年汛后进行哪些水工保护维护措施？

（14）管道沿线土地主要做何用途？如果是农田，主要种植作物类型是什么？是否有深根作物（香樟、黄桷树、泡桐等木本植物）？

（15）进行过地质灾害调查吗？目前地质灾害主要是哪些？分布在哪些区域？

（16）是否发现防腐层质量问题？发现途径是什么，已有的措施是什么？

（17）是否有交叉或并行电气化铁路？进行过电流检测吗，有排流措施吗？

（18）阴极保护系统类型、阴极保护电位情况如何？开机率、保护率情况如何？是否存在问题？

（19）管道进行过修复吗？修复方式是什么？实施单位是哪里？现场监督情况如何？

（20）你认为目前管道线路上最大的风险隐患是什么？管理难点是什么？有哪些急需解决的问题？有什么比较好的建议吗？

访谈中针对工艺班访谈常提出问题如下：

（1）油品的来源是哪里，油品腐蚀性如何，含硫量多高？（输油管道）

（2）气的来源是哪里，气的成分是什么，气源压力情况如何？（输气管道）

（3）本段管道的允许停输时间为多少小时？

（4）如果发生泄漏,一般泄漏多长时间能发现并关阀? 泄漏出多少油品/天然气?（输油管道）

（5）如果发生泄漏,一般泄漏多长时间能发现? 关阀需要多久? 总共需要多长时间?（输气管道）

（6）管道运行压力是多少,最大允许操作压力是多少?

（7）有多少泵/压缩机? 开机情况、运行状况如何?

（8）有没有超压情况? 最大操作压力一般是多少?

（9）是否有超压保护装置? 是什么类型的装置?

（10）管道泵/压缩机启停次数、停输情况、停输原因是什么?

（11）日常工作中流程切换频率是多少? 是否有较多操作?

（12）设备是远程控制,还是现场手动控制?

（13）管道是否进行过清管,清管杂质情况如何?

（14）管道是否装有安全预警系统,准确率如何,有记录吗?

（15）管道是否装有泄漏监测系统? 使用如何?（输油管道）

（16）目前最大的工作困难是什么? 哪些困难急需解决?

现场风险点勘查是在前期工作的基础上,选取需要进一步通过现场勘查来采集详细信息的风险点,现场勘查的风险点一般由评价项目组和管道管理单位共同确定。针对具体的风险点采集详细信息,现场勘查需要的设备或资料见表 4-2-1,现场勘查重点管段类型见表 4-2-2。

表 4-2-1 现场勘查需要的设备或资料

序　号	类　别	用　途
1	遥感影像图	查看周边环境
2	测距仪或卷尺	测量距离
3	GPS 或手机安装 GPS 软件	风险点定位
4	数码相机	拍　照
5	雷　达	测量管线位置
6	万用表与参比电极	测量阴极保护电位

表 4-2-2 现场勘查重点管段类型

序　号	类　型	详细内容	重点勘查内容
1	人口密集区	城镇、乡村,重点是城市区域、城乡接合部	人口与管道距离、第三方施工频繁程度、是否有占压
2	河流穿跨越情况	大中型河流、常年有水河流、与大河相连的小型河流	穿越方式、埋深、是否发生过洪水、冲刷情况、水工工程、是否有挖沙采砂
3	河沟沟渠	自然冲沟、灌溉渠等	河沟沟渠性质、埋深、机械清淤、硬覆盖情况
4	交叉施工区域	开挖施工、定向钻施工、钻探勘探、爆破等	施工类型、交叉长度、现场管理情况

序　号	类　型	详细内容	重点勘查内容
5	打孔盗油易发区	容易发生打孔盗油区域或者夜巡点	交通情况、隐蔽程度、土质、地下水位
6	高压线、电气化铁路交叉	管道与 110 kV 以上高压线、电气化铁路、变电站、直流输电系统等交叉	杂散电流情况、电位情况、是否有排流装置，建议测试最近测试桩电位
7	地质灾害点	滑坡、崩塌、泥石流、河沟道水毁、坡面水毁、黄土湿陷等	如有牢固的水工则不用查看。查看地质灾害点规模、发育程度、与管道距离、敷设方式等
8	碾　压	重车碾压、土路区域	埋设、管涵、盖板、车辆吨位及繁忙程度
9	站场及阀室	站场及阀室	周边活动水平、警示标志、防护措施、人员看护

（三）数据资料整理

完成基础数据采集和现场风险勘查后，开展数据资料整理工作，将与管道风险评价相关的工作整理成表格形式，以便于风险数据对应到具体管道里程。常见的表格形式见表 4-2-3 和表 4-2-4。

表 4-2-3　管段数据格式示例

属性编号	属性名称	起始里程/km	终止里程/km	属性值	备　注
1	设计系数	20.0	35.0	0.5	三级地区

表 4-2-4　管道单点属性数据格式示例

属性编号	属性名称	里程/km	属性值	备　注
1	截断阀	31.5	RTU	×××阀室

二、管道分段

管道是线性工程，在开展风险评价时应对管道分段，将管道全线分为若干管段，每个管段为一个评价单元。管道分段可采用关键属性分段或全部属性分段两种方式。关键属性分段是指考虑高后果区、地区等级、管材、管径、压力、壁厚、防腐层类型、地形地貌、站场位置等管道的关键属性数据，比较一致时划分为一个管段。以各管段为单元收集整理管道属性数据，进行风险计算。全部属性分段是指采用全部评价指标进行分段，收集所有管道属性数据后，当任何一个管道属性沿管道里程发生变化时，插入一个分段点，将管道划分为多个管段，针对每个管段进行风险计算。半定量风险评价方法宜采用全部属性分段方式。管道分段示意图如图 4-2-2 所示。

由于管道沿线所处的各种条件不同，整条管道各段的风险程度差异很大，需要进行分段评估。分段越细，评估越精确，但成本也随之增加。评价者在进行分段时，要综合考虑评价结果的精确度与数据采集的成本。分段数过少，虽然减少了数据采集的成本，但同时也降低了评价结果的精确度；分段数过多，提高了各管段的评价精度，但会导致数据采集、处理和维

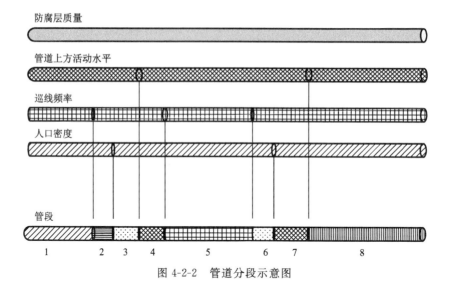

图 4-2-2　管道分段示意图

护等成本的增加。最佳的分段原则是在管道上有重要变化处插入分段点,一般应根据几类环境状况变化的优先级来确定管道分段的插入点,它们的顺序是沿管道人口密度、土壤状况、管道的防腐层状况、管龄,也即沿管道走向最重要的变化是人口密度,其次是土壤状况、防腐层状况和管龄。

三、风险计算

管道风险计算一般可以细分为失效可能性分析、失效后果分析、管段风险计算和全线管道风险计算。

失效可能性分析是指通过前期收集的数据分析各个管段的失效可能性,一般需根据常见风险因素类型分别分析第三方损坏、内外腐蚀、地质灾害、制造与施工缺陷等多个类型的失效可能性,并根据分项失效可能性确定综合失效可能性,失效可能性分析结果以分值或等级形式表现。详细的失效可能性分析指标见本章第三节。

失效后果分析是指计算管道发生泄漏、火灾爆炸事故时可能造成的人员伤亡、环境影响、财产损失和停输影响等情况,并结合管径、压力、维抢修等具体情况进行修正,确定最终失效后果。失效后果分析重点针对人口密集区和环境敏感区。详细失效后果分析指标见本章第三节。

管段风险计算是按照管段划分结果,先计算每个管道的风险值。根据各个管段的失效可能性计算结果与失效后果计算结果,得到各个管段的风险值,管道风险计算公式如下:

$$R = \sum_{k=1}^{5} (L_k C) \tag{4-2-1}$$

式中　R——风险值;

　　　L——失效可能性值;

　　　C——失效后果值;

　　　k——失效原因编号(从 1～5 分别代表第三方损坏、外腐蚀、内腐蚀、制造与施工缺陷、地质灾害)。

管道总体风险情况从两个角度进行说明。根据木桶理论,管道整体风险由风险最大的管段决定,取最大管段风险值为管道全线风险极值,反映管道整体风险情况。同时计算管道全线风险均值,采用里程加权平均的方式计算管道风险均值,计算公式如下:

$$R = \sum_{j=1}^{J} (R_j l_j)/L \qquad (4-2-2)$$

式中　R——风险均值;

　　　j——管段编号,$j=1,2,\cdots\cdots,J$;

　　　R_j——管段 j 的风险值;

　　　l_j——管段 j 的长度;

　　　L——管道总长度。

四、结果分析与报告编写

(一)评价结果分析

管道风险计算结果会给出管道风险值,风险值是反映不同管段风险水平的重要指标。在风险值分析中,既要对总风险值进行分析,也要对各个分项的风险值进行分析,针对特定的管道,不同分项之间风险对比分析可以反映管段的主导风险因素。

管道风险评价结果从风险值和风险等级两个角度分析:风险值主要用于绘制风险折线,反映管道风险随着管理里程的变化规律;风险等级通过风险矩阵确定。由于风险本身包含失效可能性和失效后果两个维度,直接通过风险值确定风险等级会与管道实际情况出现偏差,基于风险的这一特点,通过风险矩阵确定每个管段的风险等级。针对某一具体风险管段,通过失效可能性值确定失效可能性等级,通过失效后果值确定失效后果等级,失效后果等级和失效可能性等级分别为矩阵的横轴和纵轴,两者的交叉点为管道风险等级。风险矩阵图一般为 5×5 矩阵,矩阵可以将风险分为三级或者四级,典型四级风险矩阵如图 4-2-3 所示。

失效发生的可能性	E	中	较高	较高	高	高
	D	低	中	较高	较高	高
	C	低	中	中	较高	较高
	B	低	低	中	中	较高
	A	低	低	低	低	中
管道风险		1	2	3	4	5
		失效后果严重程度				

图 4-2-3　管道风险矩阵

图中失效可能性分为 5 级。失效后果有 4 个方面:人员伤亡、财产损失、环境影响、停输影响,当同时存在多个方面的后果且等级不同时,取其中等级最高者。图 4-2-3 中的风险有高、较高、中、低四个等级。

不同的风险等级有不同的风险控制要求,高、较高、中、低四个风险等级的风险控制要求见表 4-2-5。

表 4-2-5　风险等级管控要求

风险等级	风险管控要求
低（Ⅰ级）	风险水平可接受,当前应对措施有效,不必采取额外技术、管理方面的措施
中（Ⅱ级）	风险水平有条件接受,综合考虑治理成本与治理效果,论证采取措施的必要性
较高（Ⅲ级）	风险水平不可接受,应制订计划,采取有效应对措施降低风险
高（Ⅳ级）	风险水平不可接受,必须尽快采取有效应对措施降低风险

详细内容参见本章第四节中的案例分析。

(二) 制定风险控制措施

应按照各个管段的风险值进行排序,必要时也可按各个管段的失效可能性和失效后果进行排序,并分析高风险引起的原因,分轻重缓急针对性地提出风险减缓措施。应考虑各种风险减缓措施的成本和效益。常见风险控制措施见表 4-2-6。

表 4-2-6　风险控制措施

序　号	风险类型	可选择的风险控制措施
1	第三方损坏	① 加强巡线; ② 加强管道保护宣传; ③ 增加管道标识; ④ 安装安全预警系统; ⑤ 增加套管、盖板等管道保护设施; ⑥ 增加埋深; ⑦ 改线
2	腐　蚀	① 开展管道内外检测、完整性评价及修复; ② 增设排流措施; ③ 输送介质腐蚀性控制; ④ 降压运行
3	自然与地质灾害	① 水工保护工程; ② 灾害体治理; ③ 灾害点监测; ④ 增加河流穿越埋深; ⑤ 管道防护措施; ⑥ 更改穿越方式; ⑦ 改线
4	制造与施工缺陷	① 内外检测、压力试验及修复; ② 降压运行

序　号	风险类型	可选择的风险控制措施
5	误操作	① 员工培训； ② 规范操作流程； ③ 超压保护； ④ 防误操作设计、防护
6	失效后果	① 安装泄漏监测系统； ② 手动阀室变更为 RTU 阀室； ③ 增设截断阀室； ④ 改线； ⑤ 应急准备

(三) 编写风险评价报告

管道风险评价工作应编制风险评价报告,风险评价报告是反映管道风险评价工作过程和工作成果的综合性报告,风险评价报告至少应包含如下内容:

(1) 概述(评价目的、评价背景、评价结果简介)。

(2) 管道基本情况(管道基本参数、管道路由、管道管理现状)。

(3) 评价方法与评价过程。

(4) 管段划分(管段划分原则和结果)。

(5) 风险评价(失效可能性分析、失效后果分析、风险排序、高风险原因分析)。

(6) 评价结论及建议风险减缓措施。

第三节　管道风险因素识别

目前,我国油气长输管道总长度已超过 4×10^4 km,其中运行期超过 20 年的油气管道约占 62%,而 10 年以上的管道接近 85%。我国东部油气管网随着服役期的延长,管道腐蚀、破坏等问题颇为严重;西部油气管道因服役环境自然条件恶劣等问题也面临着严峻的考验。

造成管道失效的原因很多,常见的有材料缺陷、机械损伤、各种腐蚀、焊缝缺陷、外力破坏等。将收集到的各种失效案例数据按照管道失效模式影响因素进行归纳,主要划分为以下几大类:第三方损坏、腐蚀、设计及施工缺陷、误操作、自然灾害、设备故障与缺陷和其他。SY/T 6621—2016《输气管道系统完整性管理规范》中将输气管道的失效原因分为以下几类:

(1) 与时间有关的因素,包括内腐蚀、外腐蚀、应力腐蚀开裂。

(2) 与时间无关的(随机)因素,包括第三方损坏、误操作、天气或外力。

(3) 固有因素,包括制造缺陷、设备因素、施工缺陷。

上述分类将站场的设备考虑在内,此外国内比较受关注的地质灾害被作为天气或外力中的一个小类。

在收集国内油气管道系统各种类型的失效数据、开挖检测数据和失效案例过程中,也对国外管道失效数据和案例进行调研、收集,并进行归类整理。管道各种失效数据主要包括穿孔、断裂、过量变形与表面损伤,以及事故地点、时间、人员伤亡、经济损失等情况。失效模式影响因素包括环境因素、内外腐蚀、材料及施工缺陷、焊接缺陷、第三方损坏、误操作、设备故障与自然灾害等影响因素。

一、外腐蚀因素分析

外腐蚀直接或间接地引起管道事故。导致外腐蚀失效的主要原因是外部环境条件的影响,包括了阴极保护、管道包裹层、土壤腐蚀性、杂散电流等。

(一)土壤腐蚀性分析

影响土壤腐蚀性强弱的因素通常认为有 20 多个,许多因素之间存在明显的相关关系,参考有关文献对土壤腐蚀性因素的相关分析和聚类分析,本文采用以下指标来综合衡量土壤的腐蚀性强弱。

1. 土壤电阻率

当土壤腐蚀以宏观腐蚀为主时,土壤电阻率对管道腐蚀起重要作用,美国按土壤电阻率划分的土壤腐蚀性等级(二级法)见表 4-3-1。

表 4-3-1　美国按土壤电阻率划分的土壤腐蚀性等级

土壤腐蚀等级	低	中	较 高	高	极 高
土壤电阻率/(Ω·m)	>50	20~49.99	10~19.99	7~9.99	<7

2. 土壤氧化还原电位

这是一个综合反映土壤介质氧化还原能力强弱的指标,它与土壤中含氧量和微生物数量等有密切关系。土壤氧化还原电位与土壤腐蚀性的关系见表 4-3-2。

表 4-3-2　土壤氧化还原电位与土壤腐蚀性的关系

土壤腐蚀性	不腐蚀	低	中	高
土壤氧化还原电位/mV	≥400	200~400	100~200	<100

3. 土壤 pH

一般来说,酸性土壤比中、碱性土壤腐蚀性强,土壤 pH 与土壤腐蚀性的关系见表 4-3-3。

表 4-3-3　pH 与土壤腐蚀性的关系

土壤腐蚀性	极 低	低	中	高	极 高
pH	>8.5	7.0~8.5	5.5~7.0	4.5~5.5	<4.5

4. 含水量及干湿交替频率

土壤含水量同时影响土壤含氧量、电阻率、pH 等,对土壤腐蚀性的影响存在一个最大值,当含水量大于或小于该值时,土壤腐蚀性都会减弱;土壤的干湿交替一方面使得土壤腐蚀性较强,另一方面也因为土壤的溶胀和收缩对管道防腐层产生作用力。土壤含水量与土壤腐蚀性的关系见表 4-3-4。

表 4-3-4　土壤含水量与土壤腐蚀性的关系

土壤腐蚀性	极　低	低	中	高	极　高
含水量	<3%	3%～7% 或>40%	7%～10% 或30%～40%	10%～12%或25%～30% 或干湿交替比较频繁	12%～25% 或干湿交替频繁

5.杂散电流

杂散电流分为直流杂散电流和交流杂散电流,包括电气化铁路、有轨电车、地下电缆及其他用电设备的漏电、建筑物等的接地装置、输电干线的电磁效应等。杂散电流能对钢质管道造成相当严重的腐蚀。根据杂散电流的强弱可将土壤杂散电流腐蚀性分为极低、低、较低、中、较高、高和极高。

6.含盐量

含盐量的增加一方面能使土壤电阻率下降,另一方面也使土壤氧溶解度下降,使土壤电化学过程被削弱。Cl^-,CO_3^{2-},SO_4^{2-},HCO_3^- 和 NO_3^{2-} 等均对土壤腐蚀性有增强作用,土壤腐蚀性与 Cl^-/SO_4^{2-} 及水溶盐含量的关系见表 4-3-5。

表 4-3-5　Cl^-/SO_4^{2-} 及水溶盐含量与土壤腐蚀性的关系

土壤腐蚀性	低	中	高
Cl^-/SO_4^{2-} 及水溶盐含量	>0.05%	0.01%～0.05%	<0.01%

土壤的腐蚀性还与很多其他因素有关,以上六项指标是主要因素,且无论哪一个指标都不能单独判断土壤腐蚀性的高低,通过测量或估计以上的六个量综合判断土壤的腐蚀性是比较可靠的。测量或估计管线沿线的以上六个指标,并按表将其归类为对应的土壤腐蚀性,用分值表示土壤腐蚀性的高低。

（二）地面管道状况分析

地面管道也存在许多危害因素,如由于管道处在空气与水界面的部分,由于氧质量浓度的差异而在金属上形成了阳极与阴极区域。在这种情况下,随着氧气源源不断地提供至被侵蚀部位,致使铁锈增加失去控制,进而加深了机械设施的腐蚀程度。倘如恰巧是海水或水含盐量较高,其强电解特性势必增进腐蚀,因为离子的高质量浓度促进电化学腐蚀进程。

（三）包覆层状况分析

预防管道外腐蚀最普通的方式就是将金属与恶劣的环境相隔离,即一般采取管道包覆层方式。所谓的包覆层包括涂料层、缠绕带及大量设计特定的塑胶涂料等。典型的包覆层故障主要有破裂、针孔、锐利物体的撞击、承载重力物件(例如已敷包覆层管道的相互叠压)、剥离、软化或溶化、一般性退化(如紫外线降解)。

包覆层如何能有效地降低腐蚀的可能性则取决于下面四个因素:包覆层质量、包覆层的施工质量、检查程序质量以及缺陷修补程序质量。

包覆层具有一些重要的性质:电阻、附着力、使用方便、弹性、抗撞击、抗流变(风干固化处理后)、耐土壤应力、耐水性、耐细菌或其他生物的侵袭(对于浸没或部分浸没在水中的管道,必须考虑到水中生物对管道的破坏)。

管道施工单位属于各个不同的部门,即使都是 GA1 级长输管道安装单位,由于承建管道历史不同,对规范的理解、认识也不同;即使是同一个系统的 GA1 级安装单位,由于人员技术水平、施工设备、管理水平不同,施工质量也不同。如果长输管道建设单位技术水平较低、管理混乱、没有建设经验,或者施工单位违章施工、违规分包、不按设计图纸要求施工,都会严重降低施工质量。虽然中石化、中石油等企业对本系统管道施工队伍有比较规范的管理,但是从全国范围来看,国家对长输管道施工单位及特种作业人员资格还没有形成统一的管理,直至最近几年才开始规范其行为,并对其实施有效的监督和管理。

检查者应特别注意有哪些急弯及复杂形状的管段。这些地方很难进行预先清理及涂敷施工,难于充分地实施包覆层处理(所刷涂料将沿着管道的锐角处流失)。螺母、螺栓、螺纹及某些阀门部件常常是出现腐蚀的首要区域,同时也是考验其涂敷施工质量的地方。

(四)杂散电流分析

在埋地管线附近若有其他埋地金属存在就可能是一个潜在的风险源。其他埋地金属可能产生短路,换言之,会干扰管道阴极保护系统的正常运行。甚至在没有设置阴极保护的情况下,这块金属可能会同管线形成腐蚀原电池,进而可能引起管道腐蚀。最为严重的是,埋地金属流出 1 A 的直流电流,每年可能溶解掉 20 多磅(1 lb=0.45 kg)的管道金属。

更加危险的是管线与其他金属发生实质性接触,哪怕是很短的时间也是无法容忍的。特别是在其他金属有其自身的外加电流系统的情况下,则显得尤为严峻。电气铁路系统恰好就是这样一个范例——无论是否存在实质性接触,均可能给管线造成损失。当其他系统与管线争夺电子的时候,管线就开始有危险了。倘若这系统拥有更强大的负电性,那么管线将会变成一个阳极,而且根据电子亲和力的不同,管线可能加速腐蚀。正如前面所提到的,若所有的阳极金属溶成针孔面,包覆层实际上可能会加速这种情况的恶化,进而形成窄而又深的点蚀。

邻近交流传输设施的管线易于遭受独特的风险。无论是地面故障还是发生交流感应,管道均可能变成导电性载体。这电荷不仅对接触管线的人有潜在的危险,而且也危及管道自身。电流寻求最小的阻抗路径,像管道这样的埋地金属导线,在一定的长度里可以说是一个理想的路径。尽管,电流最终几乎总是由管线流到一个阻抗更小(更具吸引力)的路径上去。当电弧击中或脱离管线时,在电流流入或是流出管道的地方,则可能引起严重的金属损耗,最轻也可能使管道包覆层遭受交流干扰效应的损害。

管道带电的地面故障包括电传导现象、电阻耦合及电解耦合。电线落地、交流电源穿越大地、与输电搭柱偶接、供电系统即地面电源系统不平衡引起的轻微电击等都可能引起上述问题。而且常常伴随着更为剧烈的交流干扰,但这些也更容易检测出来。有时候因地面故障导致高电位,使管道包覆层处于高应力之下。管道周围的土壤开始带电荷,使得包覆层内外形成电位差,可能出现包覆层与管道的剥离以产生电弧。若这个电势大到一定的程度,所产生电弧可能伤及管道本身。

当管道受到交流电传输产生的电场或磁场的影响时,就会发生感应现象。在管道上产生电流或是电位梯度。形成电容和电感耦合完全取决于管道通电能力和传输线路之间的几何关系如何、传输线路的电流强度、输送电的频率、包覆层的电阻率、土壤电阻率以及钢管的纵向阻抗等因素。当土壤电阻率和/或包覆层电阻率增大时,感应电势则变得更加危险,更加具有危害性。

二、内腐蚀因素分析

管道内壁与输送产品之间的相互作用造成内腐蚀。内腐蚀是产品流中的杂质所致。例如，海底天然气流中的海水、甲烷中的盐水和其他一些杂质都可能加快钢铁的腐蚀进程。在天然气中发现的一些常见的加速腐蚀的物质有 CO_2、氯化物、H_2S、有机酸、氧气、游离水、坚硬物（固体）或沉淀物、硫化物（含硫化合物）等。

此外，也要考虑那些可能间接加剧腐蚀的微生物。在输气与输油管道中一般均可发现硫酸盐、还原菌、厌氧菌，它们可分别产生 H_2S 和醋酸，可增进腐蚀。

在管道内腐蚀里常见的原电池或氧浓差电池的腐蚀形式限定于点腐蚀与裂隙腐蚀范围。如果反应过程中有离子存在及其作用，那么势必加快由氧浓差电池引起的腐蚀。304 不锈钢遭受海水侵蚀就是一个典型范例。

这里不考虑那些不伤及管材的产品活动。其中最典型的例子就是石蜡在一些输油管道里的堆积。虽然堆积会引起运行问题，但通常不会增加管道的事故风险，除非它们助长或加重尚未出现或不严重的腐蚀过程。

管道内部的涂层不仅可以保护管线，而且还能保护输送产品免于夹带杂质——由于管道内腐蚀可能产生的杂质。喷气机燃料和高纯度化学品就需要谨慎地防护，使之免遭这样的污染。

可用简单的形式评价管道内腐蚀，只需查清产品的特性，同时采取预防措施来弥补输送产品的某些特性。

（一）输送介质腐蚀性分析

管道输送系统面临着最大的风险——当输送产品与管材之间存在着固有不相容性的时候。随后由腐蚀产生的杂质可能会定期地进入产品中去，进而形成最大风险。

输送介质腐蚀性的强弱主要根据产品的相关特性来决定，分为三类：

（1）强腐蚀。表示可能存在着急剧而又具有破坏性的腐蚀。产品与管道材质不相容。像卤水、水、含有 H_2S 的产品以及许多酸性化合物就是对钢质管道具有高度腐蚀性的物质。

（2）轻微腐蚀。预示着可能伤及管壁，但其腐蚀较缓慢。如果对产品的腐蚀性无知，亦可以归入此类范畴。保守的方法就是假定任何一类产品均可能招致损害，除非我们能够有证据证明与此相反。

（3）仅在特殊条件下出现腐蚀性。意味着产品在正常情况下是无危险性的，但是存在将有害成分引入产品的可能性。甲烷输气管道中 CO_2 或盐水的漂游就是一常见的事例。甲烷的某些天然组分通常在输入管道前就已消除，然而，一般用于除去某些杂质的设备由于受到设备自身故障的影响，随之可能发生杂质泄漏进管道的事件。

（4）不腐蚀。表明不存在合理腐蚀的可能性，即输送产品与管材相适应。

（二）内涂层状况分析

新材料技术考虑到了制作衬里管道。通常用与输送产品相适应的材料隔开钢质外管与有潜在损害的产品。常见的隔离材料有塑料、橡胶或陶瓷材料。这些材料可以在初期的钢管加工时期、管线施工期间涂装；有时这些材料也能加到现有的管线上。

（三）流速影响因素分析

输送产品中的高速、磨损颗粒是常见的影响因素。譬如弯头以及阀门等撞击点就是最敏感的侵蚀点。流速大的气体可能夹带沙子颗粒或其他固体渣滓等，因此特别容易损害管线的各个元件。

有关流速引起侵蚀的历史记录就是侵蚀敏感性的强有力证据。另外一些证据则是指高流速（在短距离内有较大的压力变化）或磨蚀性流体。当然，这些因素的组合是最强有力的证据。

（四）管道清管分析

清管器是具有多种效用的可在管内移动的圆筒形物体。常使用清管器清理管道内壁（通常配置钢丝刷）、隔离输送产品、推进产品（特别是液体）、搜集数据（已装备了专门的电子设施时）等。目前已经有用于各种特殊用途的清管器。甚至还设计出有安全阀的旁路清管器来清除清管器前的碎屑。

执行规定的清理程序或使用清理型的清管器可定期清除掉潜在的腐蚀性物质，有效降低（但无法消除）管内腐蚀引起的危险。在某些液体或其他物质可能对管壁造成明显损害之前，即应启动这一程序来清除掉这些有害物质。对管道清出物的监控，应包括搜寻诸如钢质管道中氧化铁之类的腐蚀性产物，这将有助于评估管线的腐蚀程度。

清管在一定程度上是一项依靠经验运作的技术。由于清管器种类繁多，实际使用一定要选择一种适宜的清管模式。清管模式包含清管器速度、距离、驱动力以及评价运行期间的行进等。清管器工作原理如图 4-3-1 所示。

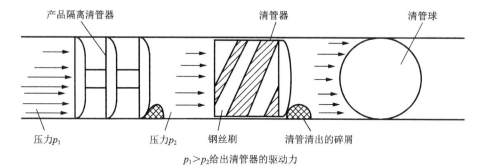

$p_1 > p_2$ 给出清管器的驱动力

图 4-3-1　管道清管器工作原理

三、应力腐蚀开裂因素分析

埋地钢质管道失效涂层下应力腐蚀开裂（SCC）已成为影响高压管道安全运行的因素之一，分为高 pH SCC 和近中性 SCC 两种类型。

SCC 在失效涂层下萌生，起初是浅小裂纹，以群落形式集中出现在管道某一区域，这种裂纹群的出现是管道遭受 SCC 的标志。SCC 事故一般在高压油气管道服役 15～20 年后才可能发生。两种类型的腐蚀开裂特征对比效果明显，见表 4-3-6。

表 4-3-6　管道高 pH SCC 和近中性 SCC 特征对比

项　目	近中性 SCC(TGSCC)特征	高 pH SCC(IGSCC)
地　区	65%发生在压气站与河下游第一阀之间(阀间距离一般为 16~30 km); 12%发生在第一阀和第二阀之间; 5%发生在第二阀和第三阀之间	一般发生在压气站下游 20 km 以内,发生率随着与压气站距离的增加和管道温度的下降而减小
温度致裂溶液、敏感电位开裂类型机理	与管道温度无明显关联; 近中性的稀 HCO_3^- 溶液,pH 在 5.5~7.5 之间; 自然腐蚀电位区,阴极保护不能到达管道; 穿晶开裂:宽裂纹,开裂面上存在明显腐蚀; 阴极溶解+氢致开裂	随温度下降,增长速度呈指数下降; 碱性的高浓度 CO_3^{2-} 和 HCO_3^- 溶液,pH 大于 9; 活化-钝化过渡区,阴极保护可达到该电位; 晶间开裂、裂纹窄,没有开裂面腐蚀的证据; 阴极选择性溶解-保护膜破裂

SCC 的影响因素较复杂,主要包括环境溶液、阴极保护与涂层、温度、电位与腐蚀产物膜、应力应变和管道材质等。

(一)环境溶液

由于涂层阻隔,埋地管道钢质表面不直接和土壤接触,SCC 发生环境主要是破损涂层下的局部环境。剥离涂层下的溶液(滞留水)都是由最初渗入的地表水变化而来,由于涂层过滤和阴极保护电流作用,滞留水与土壤地下水成分完全不同。由于各种地下管道的涂层、阴极电流密度和所处的土壤成分等的不同,涂层下最终可能形成截然不同的局部环境。

近中性 SCC 现场挖掘发现:滞留水与地下水差别较小,HCO_3^- 的浓度远高于其他离子浓度,还可能含有氯离子、硫酸根离子和硝酸根离子等;阳离子主要为 Mg^{2+} 和 Ca^{2+},其浓度都较低。

在高 pH SCC 发生处,现场挖掘发现:相关溶液是高 pH 碳酸钠/碳酸氢钠溶液,Wenk 在 SCC 处测量的实际平均值为 0.18 mol/L CO_3^{2-} 和 0.05 mol/L HCO_3^-,最大记录分别为 0.26 mol/L CO_3^{2-} 和 0.10 mol/L HCO_3^-,远低于试验室中常采用的 0.5 mol/L Na_2CO_3 + 1 mol/L $NaHCO_3$ 标准溶液。而地下水中常见的钙离子、镁离子、硫酸盐和氯化物在剥离涂层下溶液中的含量相对较小,但涂层外表面存在碳酸钙和碳酸镁沉积物。高 pH 环境主要是由于大量阴极保护电流流入破坏涂层下的钢表面而引发电化学反应导致的,氢离子或氧还原产生过量的 OH^-,吸收来自周围空气、水或腐烂植物中的 CO_2,形成了高浓度 CO_3^{2-} 和 HCO_3^- 溶液环境。

(二)阴极保护与涂层

对埋地管道施加阴极保护,可减缓局部腐蚀和均匀腐蚀。可是阴极保护也带来了另外的问题:阴极保护促成的高 pH 环境引发 IGSCC;钢中渗氢易遭受 TGSCC。管道得到足够保护时,由于金属缺陷和涂层孔隙两侧电位变化较大,常会使材料的电位落在 SCC 敏感区。

涂层状况是决定破损涂层下最终溶液成分的主要因素,也是决定 SCC 过程的直接因素,采用胶带涂层和在高电阻率地区采用沥青涂层的管道上容易发生近中性 SCC,这是由于这些涂层的导电性差,涂层一旦剥离就会对阴极保护产生屏蔽作用。高 pH SCC 常发生在煤焦油及石油沥青涂层下,表 4-3-7 总结了涂层类型对近中性 SCC 的影响。

表 4-3-7　涂层类型对近中性 SCC 的影响

涂层类型	特　点	脱落后	应力腐蚀开裂
沥青、煤焦油涂层	黏结性差,相对较脆,易剥离或破裂	剥离区域可导通阳极电流保护管道	阴极保护电流不能到达管道时会发生近中性 SCC;SCC 只可能发生在涂层脱落或缺损处
聚乙烯胶带	易于从管道表面脱离;电绝缘性高	屏蔽阴极保护电流	73% 近中性 SCC 发生在该涂层的管道上;发生概率是用煤焦油或沥青涂层管道的 4 倍
溶解环氧涂层(FBE)	一般能防止脱落	允许阴极保护电流达到管道表面	此涂层下未发现过 SCC
挤压聚乙烯涂层	主要用于小口径管道上,厚且结实,缺陷难于发展	—	此涂层下未发现过 SCC

阴极保护能减轻近中性 SCC,但当涂层的剥离面积较大时,阴极保护就失去作用。有研究表明,脉冲阴极保护能比传统的阴极保护系统穿透更深的脱落区域,可能有助于控制近中性 SCC。

（三）温度

美国有关的现场调查表明,90% 的晶间开裂发生在气压站下游 16 km 以内,这正是管道上温度最高的区段。这也说明温度对发生高 pH SCC 有重要作用。试验研究表明:较高温度可加宽 IGSCC 敏感电位范围,且使敏感电位范围负移。此外,高温也是促使涂层失效以及破损涂层下溶液蒸发浓缩且形成高 pH HCO_3^- / CO_3^{2-} 溶液的重要因素。在温度较高的管段安装冷却装置进行降温,可降低 SCC 事故发生的可能性。

现场数据和实验室研究表明,TGSCC 与管道温度之间不存在明显关联。但多发生在较冷气候带,这可能是由于较低温度下地下水中含有较多的二氧化碳所致。

（四）电位与腐蚀产物膜

高 pH SCC 敏感电位在活化/ 钝化区,范围较窄;而近中性 SCC 不如高 pH SCC 对电位敏感,常在屏蔽阴极保护的剥离涂层下发生。

特定电位下特定腐蚀产物膜的产生对高 pH SCC 萌生和发展有很大影响。电位高于晶间开裂电位时,形成透明 Fe_2O_3 膜。开裂电位范围内,产生黑色闪亮膜,该膜由 Fe_3O_4 和 $FeCO_3$ 组成,可能还含有 $Fe(OH)_2$。试验表明,恒电流条件下,带有这种膜的管道更易维持在开裂电位范围内,使其对 IGSCC 有较高的敏感性。电位更低时,可观察到剥离涂层下附着松散的浅灰色膜,该膜由 $Fe(OH)_2$ 及 $FeCO_3$ 组成。

同样,适当的外表面及腐蚀产物膜对近中性 SCC 也有影响。交变载荷 SCC 试验表明,裂纹易于在服役过的带锈表面萌生,而抛光表面很少引发 SCC。大部分近中性 SCC 试验都是在厌氧条件下进行的,这时管道钢表面的腐蚀产物主要是黑色的 Fe_3O_4;而有氧环境形成橙色的 Fe_2O_3。

（五）应力应变

试验测得 SCC 应力阈值约为 70%SMYS,但服役管道在 45%SMYS 操作应力下也发生过 SCC,这可能与管道的应力集中或残余应力有关。大量试验表明,对于静载荷,管道刚发生 SCC 的临界应力近似为其屈服应力;交变载荷能加速裂纹扩展,可把 SCC 的临界应力降到低于相应静载荷的临界应力,因此试验室中常用交变载荷。静载荷、低频应力引起沿晶开裂,应力频率较高时引起穿晶或腐蚀疲劳。

IGSCC 应力引起局部塑性变形,使裂尖保护膜不断破裂,活性上升,促进局部发生电化学腐蚀。但在静载荷作用下裂纹很难萌生,更不会扩展。将 X70 和 16Mn 放在 $NaHCO_3$/ Na_2CO_3 溶液中进行 U 型静载裂纹萌生试验,在较高温度和敏感电位下,短时间内就可得到垂直应力方向的条状纹,但裂纹不扩展。而针对 TGSCC 进行的各种试验方法得到的结论是:如无交变载荷或慢拉伸环境,TGSCC 不可能萌生和扩展。

管道表面和裂尖的局部微小塑性变形是 SCC 萌生和发展的条件。应力低于比例限度时,也有可能引起局部微观形变;管外壁是不受金属限制的自由面,比邻近基体材料更易发生塑性形变;循环负载在正常应力下可能使钢材产生微观拉伸(循环软化)。在较小应力下,裂纹可能只在发生局部塑性变形的薄弱部位萌生;而在较高应力下,裂纹继续增长直到管道破裂。

（六）管道材质

管道钢的冶金情况,包括钢材中非金属杂质、焊接和热处理工艺及表面状况等都会对 SCC 的萌生和发展有重要影响。SCC 多发生在碳钢、不锈钢等合金材料上,纯铁不会发生 SCC。有研究表明,在钢材中添加一定量的铬、镍和钼能提高对 IGSCC 的抵抗能力。

经冷加工处理的材料,由于其强度更高、阳极溶解活性点更多,更易发生 SCC。涂层施工前,管道的表面喷丸处理可以提高涂层黏结性,避开 IGSCC 电位,因存在残余压应力,可有效防止 SCC 的发生。

管道钢的焊接过程会造成焊缝和热影响区化学成分不均匀、晶粒粗大、组织偏析等缺陷,使管道焊缝处比基体更易发生 SCC。对 X70 钢的研究表明,显微组织和杂质影响 TGSCC,退火组织比淬火组织和正火组织抵抗 SCC 的能力强。Beavers 认为,显微组织硬度越高,产生 TGSCC 的倾向越大;管道表面越粗糙,越易产生 TGSCC。侵蚀麻点和其他异常及特殊机械条件对 TGSCC 发生有重要影响。管道表面加工痕迹对 SCC 萌生也有影响。

除了上述因素外,SCC 的发生可能还受土壤类型、排水情况以及地貌等条件的影响。

四、制管缺陷因素分析

长输管道系统的设计是确保工程安全的第一步,也是十分重要的一步,设计质量对工程质量有直接的影响。而影响设计质量的因素不仅有主观的,也有客观的,下面分别加以介绍。

（一）工艺流程、设备布置不合理

长输管道运行安全与系统总流程、各站（场）工艺流程及系统设备布置有着非常密切的关系。工艺流程设置合理、设备布置恰当,并且能够满足输送操作条件的要求时,系统运行就平稳,安全可靠性就高。否则,将给系统安全运行造成威胁,甚至使系统无法运行。

（二）系统工艺计算不正确

在进行水力、热力等工艺计算以确定输送摩阻和温度损失(需考虑加热输送的情况)时,一旦设计参数或工艺条件确定不合理,将造成站（场）位置设置或输送泵、压缩机的选取不当,从而给系统带来各种安全隐患。

（三）管道强度计算不准确

管道强度计算时，将根据管道所经地区的分级、管道穿跨越公路等级、河流大小等情况，确定强度设计系数。如果管道沿线勘查不清楚，有可能出现地区分级不准确，造成高级低定，如大冲沟定为小冲沟，大中型河流定为一般河流等，最终造成设计系数选取不恰当，管道壁厚计算不能满足现场实际情况。管道应力分析，强度、刚度及稳定性校核失误，造成管道变形、弯曲甚至断裂。

（四）管道、站（库）区的位置选择不合理

管道、站（场）、储存库位置选在土崩、断层、滑坡、沼泽、流沙、泥石流或高地震烈度等不良地质地段上，造成管道弯曲、扭曲、拱起甚至断裂及设备设施损坏；当与周围建（构）筑物的安全防火距离不符合标准要求时，容易受到影响，给其带来安全隐患；如果站（场）内的建（构）筑物布局、分区不合理，防火间距不够，防火防爆等级达不到要求，消防设施不配套，装卸工艺及流程不合理时，极易相互影响，产生安全事故，而一旦出现安全事故，相邻设施也难以幸免。

（五）材料选材、设备选型不合理

在确定管子、管件、法兰、阀门、机械设备、仪器仪表材料时，未充分考虑材料与介质的相容性，导致使用过程中产生腐蚀；输送站（场）、储存库与传动机械相连接的法兰、垫片、螺栓组合未充分考虑振动失效，引起螺栓断裂、垫片损坏而出现泄漏；压力表、温度计、液位计、安全阀等安全附件参数设定不合理，造成安全隐患，并使控制系统数据失真；爆炸危险场所分区错误，引起电气设施防爆等级确定错误；泵、压缩机、加热炉等关键设备未充分考虑自动控制保护系统或控制系统存在的设计缺陷。

（六）防腐蚀设计不合理

防腐蚀设计时未充分考虑土壤电阻率、管道附近建（构）筑物和电气设备引起的杂散电流的影响，造成管道防腐层老化、防腐能力不够甚至失效；管道内、外表面防腐材料选择不合理、施工方法不正确、厚度不能满足使用工况要求；管道阴极保护站间距太远、保护参数设置不合理、牺牲阳极选材不当造成保护能力不够等。

（七）管线布置、柔性考虑不周

站（库）区管线平面布置不合理，管道因热胀冷缩产生变形破坏或振动；管线未装回油阀造成管线憋压；埋地管道弯头的设置、弹性敷设、埋设地质、温差变化等对运行管道产生管道位移具有重要影响，柔性分析中如果未充分考虑或考虑不全面，将会引起管道弯曲、拱起甚至断裂；在振动分析时未充分考虑管内介质不稳定流动和穿越公路、铁路处地基振动导致管道振动甚至位移。

（八）结构设计不合理

在管道结构设计中未充分考虑使用后定期检验或清管要求，造成管道投入使用后不能保证管道内检系统或清管球通过，而不能定期检验或清污；管道、压力设备结构设计不合理，难以满足工艺操作要求甚至带来重大安全事故。

（九）防雷、防静电设计缺陷

防雷、防静电设计未充分考虑管道所经地区自然和项目运行的实际情况，或设计结构、安装位置等不符合法规、标准要求。

五、焊接/施工缺陷因素分析

焊接会使长输管道产生各种缺陷,较为常见的有裂纹、夹渣、未熔透、未熔合、焊瘤、气孔和咬边。长输管道除特殊地形采用地上敷设或跨越外,一般均为埋地敷设。管道一旦建成、投产,一般情况下都是连续运行。因此管道中若存在焊接缺陷,不但难以发现,而且不易修复,会给管道安全运行构成威胁。

长输管道施工时,影响焊接质量或产生焊接缺陷的主要因素有以下几点。

(一)焊接方法的影响

国内早期的管道都是采用传统的手工焊,这种焊接方法不仅速度低、劳动强度大,而且质量差,目前已不适宜在管道建设中应用。手工下向焊工艺已取代了传统的手工焊,这种焊接方法采用多机组流水作业,劳动强度较低,效率较高,焊接质量也较好,但取决于焊接环境和操作人员素质。自保护半自动焊工艺的优点是可以连续送丝、不用气体保护、抗风性能较强(适用于4、5级风以下)、焊工易操作等,但缺点是不能进行根焊,需要采用其他的焊接方法进行根焊,并且操作不当时盖面容易出气孔。自动焊技术适用于大口径、大壁厚管道,大机组流水作业,焊接质量稳定,操作简便,焊缝外观成型美观。其缺点:一是对管道坡口、对口质量要求高,即要求管子全周对口均匀;二是坡口形式要求严格,当管壁较厚时,确定工艺时采用复合型或U型坡口,不能仅考虑减少工作量,更重要的是要考虑到坡口对焊接质量的影响,小角度V型坡口虽然简化了施工程序,但从保证质量角度分析,复合L型或U型坡口更优;三是受外界气候的影响较大;四是要解决边远地区气源(尤其是氩气)的供应问题。目前,自动焊技术在国内西气东输管道工程中应用较多。

(二)流动性施工对焊接质量的影响

施工作业点随着施工进度而不断迁移,因而焊接作业也处于流动状态,这增加了施工管理、质量管理、安全管理等方面的难度,从而难以保证管道焊接质量。

(三)地形地貌对焊接质量的影响

敷设一条长输管道可能会遇到多种地形,如西气东输工程,自西向东途经戈壁、沙漠、黄土高原、山区、平原、水网等。施工单位只能根据管道敷设线路现场的施工条件,因地制宜选择不同的焊接方法来满足工程的需要。因此,地形地貌对焊接质量有直接影响。

(四)环境对焊接质量的影响

野外露天施工,作业条件恶劣,导致施工人员的操作技能难以正常发挥。因此,环境对管道焊接质量有着较大的影响。

(五)其他焊接因素的影响

除现场双联管焊接技术外,焊接设备、工艺、材料及焊工技能等因素对焊接质量有很大影响。也就是说,先进的焊接设备、合适的焊接工艺、高素质的焊接人员对管道焊接质量的保证具有重要作用。

(六)人文、社会环境对焊接质量的影响

在人口密集、水网密布、雨水较多、经济发达等地区,可能由于种种原因造成施工不能连续进行,往往给现场焊接带来困难。这些外界因素造成现场留头多,连头数量增加,焊接质量难以保证。

（七）补口、补伤质量问题

钢管除端部焊接部位保留一定长度以外，其余部分在钢管生产厂或防腐厂都进行了防腐处理。钢管在现场焊接以后，未防腐的焊接部位需要补口。在施工过程中，由于各种原因造成钢管内外表面的防腐涂层损坏，特别是外表面涂层的损坏，在损坏处要补伤。补口、补伤质量不良会影响管道抗腐蚀性能，从而引起管道腐蚀失效。影响补口、补伤质量的因素有以下几项：

（1）钢管补口、补伤之前，需要对钢管表面进行喷砂处理，使其表面粗糙度满足一定的要求，然后才能进行补口、补伤，如果表面处理不好，表面粗糙度达不到标准要求，将严重影响补口、补伤质量。

（2）对于不同的防腐材料，其补口、补伤施工工艺不同，而且有一套非常严格的程序，由于现场施工条件较差，施工人员素质较低，有可能影响施工工艺的执行。

（3）补口时未按规定要求与钢管已有的防腐层进行搭接，或搭接长度不够。

（4）补伤时面积不能满足标准、规范要求，特别是穿越段的补伤，如果补伤面积不够而又未加保护带，极易引起防腐层刮脱。

（5）补口、补伤强度或厚度不符合要求，造成再次损坏或防腐能力不足。

六、设备因素的分析

（一）管沟、管架质量问题

输送站（场）、储存库内的管道，除穿越人行道采用埋地敷设外，一般采用沿地敷设，使用管架支撑；站、库以外的管道基本都采用埋地敷设。管沟、管架质量对管道安装质量有一定的影响，具体如下：

（1）管沟开挖深度或穿越深度不够时，遇洪水或河水冲刷覆土或河床，将使管道悬空或拱起，造成变形、弯曲等。

（2）管沟基础不实，回填压实，特别是采用机械压实时，将造成管道向下弯曲变形。

（3）地下水位较高而未及时排水，敷设管道时由于管道底部悬空，如果夯实不严，极易造成管道向上拱起变形。

（4）管道敷设时，沟底土及管道两侧和上部回填土中砂石粒度超差，而造成防腐覆盖层损坏。

（5）管架强度不够，支撑的管道下沉而产生变形。滑动管架表面粗糙或安装不平整，在热胀冷缩时难以滑动，造成管道变形。

另外，管道埋深不够、管道悬空、管沟基础不实等都会影响管道的安全使用。

（二）穿跨越质量问题

在敷设途中，管道线路往往需要穿跨越公路、铁路、江河或其他特殊设施，对于穿跨越段管道，穿跨越质量对管道安装质量有一定的影响，具体如下：

（1）穿越河流段的管道，当河床受水流冲刷而深度逐渐减小时，将造成管道悬空。对于通航河道，如果进行疏浚或船舶抛锚，将对管道构成危害。

（2）河流堤岸防护工程的施工或公路和铁路养护工程的施工可能对管道造成损坏。

（3）管道穿越电气化铁路或从高压变电站、高压线路附近通过时，地层的强杂散电流将破坏管道阴极保护,使局部阴极保护失效,增加管道腐蚀的危险性。管道附近建有化工厂,其腐蚀性废物流入地层中并扩散,造成腐蚀环境发生改变,使管道防腐覆盖层老化,管道使用寿命缩短,因此,穿越段环境、地质条件的改变对管道防腐控制影响较大。

(4) 对于穿越地段的管道,由于施工难度大,因此,很容易造成漏检或检验控制不严的情况,给管道运行带来安全隐患。

(5) 热油管道跨河管段,在管道外壁一般都设有防腐保温层,保温层外侧的防护层一旦受到破坏,保温材料很容易进水受潮,不仅会降低保温效果,而且会腐蚀管道,因此,在管道跨越段两侧应设置保护栅栏,禁止行人在管道上方沿管道行走。

(三) 安全阀

(1) 安全阀弹簧质量差,使用一段时间后老化、性能降低甚至断裂。

(2) 安全阀密封面堆焊硬质合金未达设计要求,起跳几次以后,密封面损坏,从而无法达到密封要求。

(3) 安全阀开启压力过高,使安全阀起不到保护作用,或者开启压力过低,使安全阀经常开启,导致介质经常泄漏或造成事故。

(4) 安全阀回座压力过低,或回座失效,使开启后的安全阀不能正常回座,导致大量的介质外泄。

(5) 安全阀的排放能力不够,使超压的管道、设备不能及时泄压。

(6) 安全阀的阀芯与阀座接触面不严密,阀芯与阀座接触面有污物,阀杆偏斜,造成安全阀漏气。

(7) 安全阀开启不灵活,影响正常排气。其主要原因是阀芯与阀座粘住不分离或锈蚀严重。

(四) 其他安全附件

除上述安全阀以外,当液位计、温度计、压力表、紧急切断装置等安全附件存在制造质量问题或出现故障失效时,也将给系统安全运行带来隐患。

(五) 控制仪器仪表

长输管道系统除上述使用的安全附件外,还有用于控制液位、温度、压力、流量等的控制仪器仪表及系统运行管理的控制系统硬件和软件等。这些仪器仪表及控制系统对整个系统的控制、运行和管理起着十分重要的作用,如果设备选型不当、制造质量存在问题或系统控制用软件不适合工艺要求,则系统参数如压力、温度、液位、流量等无法实现有效控制,有可能造成超压、超温、冒罐、混油、泄漏等安全事故,甚至引发火灾、爆炸事故。压力表指针不动、不回零、跳动严重时,有可能出现超压情况。

(六) 清管设施

如果系统选用的清管球的密封垫片形式不当,或者清管球与管道配合的过盈量不合适,则难以将管道内部的污物清除干净。实施清管作业时,造成清管器丢失、卡阻的原因主要有:

(1) 管道三通和旁路管道未安装档条或旁路阀门未关严,有油、气流通过。

(2) 管道严重变形或管内有较大异物未清除干净。

(3) 管道内发生蜡堵等。

七、误操作因素分析

风险中的一个重要问题是人为失误的潜在可能性。这也是最难进行量化和理解的一个参数。安全方面的专家强调:在事故预防过程中,人们的行为或许是取得成功的关键因素。包含行为与态度的诸多因素均要涉及心理、社会及生物等领域的问题,要远远超出我们考虑和评价的范畴。这就要求我们将更多可利用的资源融入参数中去。当统计数据能够证明事故与多年的经验、当时的情况、受教育程度、饮食、薪水等各种变量存在着相关性,那么这些变量就可能影响风险的进程。

在美国,62%的危险性管材事故是由人为失误造成的。公众对于这类风险尤其敏感。在运输企业中,管道行业对于人为影响还是相当迟钝的。铁路、高速公路、水路在运输界明显更容易受人的因素的影响。但无论在何种程度上,都涉及人的可变性,并影响着风险进程。

管道系统中人们的相互作用可能是积极的——预防或减轻了事故;也可能是消极的——引发或恶化了事故。

八、天气、外力因素分析

由于大气作用对人类生命财产、国民经济建设和国防建设等所造成的损害,称为气候灾害,它包括干旱、寒潮、雷电、低温、暴雪、大雾、暴雨、台风、热浪和沙尘暴等。对长输管道系统危害最为严重的是台风、低温、洪水和雷电。

(一) 台风

台风又称热带气旋,是发生在热带或亚热带海洋上的大气漩涡,在北半球沿逆时针方向旋转,在南半球沿顺时针方向旋转。它主要是由水汽凝结时放出的潜热而生成的。热带气旋的强度以其中心附近的最大平均风力来确定,共分热带低气压(6~7级)、热带风暴(8~9级)、强热带风暴(10~11级)和台风(12级及以上)四级。

台风造成破坏的主要原因有:

(1)热带气旋中心附近的风速常达40~60 m/s,有的可达100 m/s以上,在海洋中引起巨浪。

(2)热带气旋移近陆地或登陆时,由于其中心气压很低及强风可使沿岸海水暴涨,形成风暴潮,致使海浪冲破海堤、海水倒灌,造成人民生命财产的巨大损失。

(3)迄今为止,最强的暴雨是由热带气旋产生的,并且能引起山洪暴发或使大型水库崩塌等,造成巨大洪涝灾害。

台风对长输管道、站(场)造成的危害有:

(1)破坏供电、通信系统,引起电力、通信中断,以至于引发故障。

(2)损坏港口输送(接收)站、陆地管道及储存库内的设备、设施,使系统无法正常工作。

(3)造成站(库)内建(构)筑物倒塌,或管道附近高层建(构)筑物倒塌,从而损坏设备设施或管道。

(二) 低温

低温对长输管道的危害主要体现在两个方面。一方面是使管道材料脆化,即随着温度降低,碳素钢和低合金钢的强度提高,而韧性降低。当温度低于韧脆转变温度时,材料从韧性状态转变为脆性状态,使长输管道发生脆性破坏的概率大大提高。另一方面,低温使长输管道输送介质中的液体、气体发生相变,如水蒸气变为水,水变为冰等,引发管路堵塞(凝管)事故。此外,由于热胀冷缩的作用,随着环境温度的降低,有可能导致较大的热应力。

(三) 洪水

洪水是由于暴雨、急剧的融化冰雪或堤坝垮塌等引起江河水量迅猛增加及水位急剧上涨的现象。暴雨洪水是由较大强度的降雨而形成的洪水,其主要特点是峰高量大、持续时间长、洪灾波及范围广。

暴雨洪水在山区形成山洪,即山区溪沟中发生暴涨暴落的洪水。由于地面河床坡降都比较陡,降雨后汇流较快,形成急剧涨、落的洪峰。所以山洪具有突发性,水量集中,流速大,冲刷破坏力强,水流中挟带泥沙甚至石块,严重时可形成泥石流。

泥石流暴发突然,运动快速,历时短暂,破坏力极大,是特殊的含水固体径流,固体物质含量很高,可达 30%～80%。流体做直线惯性运动,遇障碍物不绕流而产生阻塞、堆积等正面冲击作用。

中国洪涝较多的地区是广东、广西大部、闽南、湘赣北部、苏浙沿海、闽北、淮河流域、海河流域。其次是湘赣南部、闽西北、汉水流域、长江中游、川东地区、黄河下游地区、辽河地区。

洪水对长输管道、站(场)造成的危害有损坏电力、通信系统,引起电力、通信中断,以至于管道系统无法正常工作;冲刷管道周围的泥土,导致管道裸露或悬空,使管道在热应力和重力的作用下弯曲变形;大面积的洪水使管道地基发生沉降,造成管道变形甚至断裂;洪水引发的泥石流挤压管道,造成管道变形甚至断裂。

(四) 雷电

雷电是一种大气中的放电现象,产生于积雨云中。积雨云在形成过程中,某些云团带正电荷,某些云团带负电荷。它们对大地的静电感应使地面或建(构)筑物表面产生异性电荷,当电荷积聚到一定程度时,不同电荷云团之间,或云团与大地之间的电场强度可以击穿空气(一般为 $25～30$ kV/cm),开始游离放电,称为先导放电。云对地的先导放电是云向地面跳跃式逐渐发展的,当到达地面时,地面上的建筑物、架空输电线等便会产生由地面向云团的逆导主放电。在主放电阶段里,由于异性电荷的剧烈中和,会出现很大的雷电流(一般为几十千安[培]至几百千安[培]),并随之发生强烈的闪电和巨响,这就形成雷电。

雷电的危害方式分为直击雷、感应雷、球形雷三种。直击雷就是雷电直接打击到物体上;感应雷是通过雷击目标旁边的金属物等导电体产生感应,间接打到物体上;球形雷民间俗称滚地雷,是一种带有颜色的发光球体,一般碰到导体即消失。在这些雷击中,最常见的是直击雷和感应雷,危害最大的是直接雷。

雷电危害是多方面的,但从其破坏因素分析,可归纳为如下三类。

1. 电性质的破坏

雷电放电可产生高达数万伏甚至数十万伏的冲击电压,因此,可以毁坏电动机、变压器、断路器等电气设施的绝缘,引起短路,导致火灾、爆炸事故;烧毁电气线路或电杆,造成大规模停电而引发安全事故;反击放电火花也可能引起安全事故;使高电压电流窜入低压电流,造成严重的触电事故;巨大的雷电流入地下,在雷击点及其连接的金属部分产生极高的对地电压,可直接导致接触电压或跨步电压的触电事故。

2. 热性质的破坏

当几十至上千安[培]的强大电流通过导体时,在极短的时间内将转换成大量的热能。雷击点的发热能量为 $500～2\,000$ J,可熔化体积为 $50～200$ m³ 的钢。在雷击通道中产生的高温往往会造成火灾。

3. 设备设施的破坏

由于雷电的热效应作用,能使雷电通道中木材纤维缝隙和其他结构缝隙中的空气剧烈膨胀,同时也使木材所含有的水分及其他物质分解为气体。因此,在被雷击的物体内部出现强大的机械压力,导致被雷击物体遭受严重的破坏或爆炸。

长输管道系统中,存在高大建(构)筑物或设施,如办公楼、储存设施、通信塔等。如果这些设备设施的防雷设施未设置、设置不合理,或防雷设施损坏未及时进行修复,将造成直接雷击破坏。对于储油罐,呼吸阀、导气管的排出口周围存在的油气,特别是呼吸阀排出口周围的油气,遇到雷击火花时,会引起燃烧,如果呼吸阀未带阻火器或阻火器出现故障而不能阻火,将可能造成储油罐燃烧甚至爆炸。另外,对于电气设施,如果接地不良、布线错误,各供电线路、电源线、信号线、通信线、馈线未安装相应的避雷器或未采取屏蔽措施,将有可能遭受感应雷击,造成电力、电气系统损害。

(五) 土体移动

自然变异和人为作用都可能导致地质环境或地质体发生变化,当这种变化达到一定程度时,便给人类和社会造成危害,即地质灾害,如地震、滑坡、崩塌、泥石流、地面沉降、地面塌陷、土地沙漠化等。现分析地质灾害对长输管道运行安全性的影响。

1. 地震

地震是人们通过感觉和仪器察觉到的地面震动,是一种比较普遍的自然现象。它发源于地下某一点,该点称为震源,震动从震源传出,在地层中传播。地面上离震源最近的一点,称为震中。它是接受振动最早的部位。强烈的地面震动会直接或间接地造成破坏,成为灾害。凡由地震引起的灾害,称为地震灾害。

直接地震灾害是指由于强烈地面震动而形成的地面断裂和变形,引起建筑物倒塌、生产设施损坏,造成人身伤亡及大量物质的损失。间接地震灾害则是指由于强烈地震而使山体崩塌,形成滑坡、泥石流;水坝、河堤决口或发生海啸而造成水灾;引起油气管道泄漏、电线短路或起火;使生产、储存设备或输送管道破坏造成有毒气体泄漏、蔓延。

国内 7 级以上地震的地理分布非常局限,仅分布在吉林省的延吉、安图、晖春和黑龙江省的穆棱、东宁、牡丹江一带,大致呈北偏西方向展布,震源深度一般为 $400\sim600$ km,震级 $5\sim7.5$ 级。

地震灾害是由传播的地震波和永久性土地变形而引起的。地震波所能影响的区域要比永久性土地变形影响区域大,破坏管道系统薄弱部位的可能性大,而永久性土地变形比地震波的危害更大,常引起灾难性破坏。

地震对长输管道、输送站(场)造成的危害有:

(1) 造成电力、通信系统中断、毁坏。

(2) 永久性土地变形,如地表断裂、土壤液化、塌方等,引起管线断裂或严重变形,构(建)筑物倒塌。

(3) 地震波对长输管道产生拉伸作用,但由此动力激发的惯性效应极小,不至于破坏按规范标准建设的长输管道,但是有可能破坏那些遭受腐蚀或焊接质量较差的薄弱管段。

(4) 地震产生的电磁场变化干扰控制仪器、仪表正常工作。

为提高长输管道抗震能力,应选择适当的管道线路,避开在动力作用下产生液化的地震不稳定性区域及烈度在 7 度以上的区域。对个别土质较差的地区则应采取夯实、换土、加固等措施,山区管道要敷设在砌土后做成的平台上,并设置挡土墙。

2. 滑坡、崩塌危害

滑坡是指斜坡上的岩土体由于种种原因在重力作用下沿一定的软弱面(或软弱带)整体

向下滑动的现象；崩塌是指斜坡上的岩土体由于种种原因在重力作用下部分崩落塌陷的现象。滑坡、崩塌除直接成灾外，还常常造成一些次生灾害，如在滑坡、崩塌过程中雨水或流水的参与直接形成泥石流；堵断河流，引起上游回水使江河溢流，造成水灾。

云南、四川、西藏、贵州等西南地区为国内滑坡、崩塌分布的主要地区，滑坡、崩塌的类型多，规模大，发生频繁，分布广泛，危害严重；西北黄土高原地区，黄土滑坡、崩塌广泛分布；东南、中南等省山地和丘陵地区，滑坡、崩塌规模较小，以堆积层滑坡、风化带破碎岩石滑坡及岩质滑坡为主，其形成与人类工程经济活动密切相关；西藏、青海、黑龙江北部的冻土地区，分布有与冻融有关、规模较小的冻融堆积层滑坡、崩塌；秦岭至大别山地区也是国内主要滑坡、崩塌分布地区之一，堆积层滑坡大量出现。

滑坡、崩塌对长输管道、站(场)造成的危害有：

(1) 损坏电力、通信系统，引起电力、通信中断，以至于管道系统无法正常工作。

(2) 形成的岩石或泥石流挤压管道，造成管道出现拉伸、弯曲、扭曲等变形甚至断裂。

(3) 引发的洪水冲刷管道，导致管道悬空，使管道在热应力和重力的作用下产生拱起或下垂等变形。

(4) 管道地基沉降，进而引起管道变形或断裂。

(5) 毁坏输送站(场)、储存库内的储罐、计量设备、泵或压缩机组、阀门及管道等设备和建(构)筑物。

3. 地面沉降危害

地面沉降是指在一定的地表面积内所发生的地面水平面降低的现象。作为自然灾害，地面沉降发生有着一定的地质原因，如松散地层在重力作用下变成致密地层，地质构造作用、地震导致地面沉降。地面沉降也有人为因素原因，如人类过度开采石油、天然气、固体矿产、地下水等直接导致地面沉降。随着人类社会经济的发展、人口的膨胀，地面沉降现象越来越频繁，沉降面积也越来越大，人为因素已大大超过了自然因素。

地面沉降对长输管道、站(场)造成的危害有：

(1) 导致管道下部悬空或产生相应变形，严重时发生断裂。

(2) 地面输送站(场)、储存库设备、管道及建(构)筑物损坏，设备与管道连接处变形或断裂。

(3) 造成地下油气储存设施的破坏。

4. 土地沙化、水土流失

在青藏高原，近二十年来进行了两次公路改建施工，施工过程中公路加宽填高的大量土方取自管道附近，加上农牧民的开垦、放牧，破坏了草原植被而造成大范围沙化地带。高原是多风地区，有资料表明，泵站历年平均风速为 3.8~4.9 m/s，如此高的风速能使成片沙漠搬家，导致管道长距离裸露或悬空。并且，高原的夏季也常有大雨滂沱和洪水泛滥的情况发生，加上高山上的积雪融化造成的季河奔流，水流冲开管道，使之裸露或长距离悬空。

另外，中国又是世界上黄土分布最广的国家，黄土地区地形起伏。黄土或松散的风化壳在缺乏植被保护的情况下极易发生侵蚀，而国内大部分地区属于季风气候，降水量集中，雨季降水量常达年降水量的 60%~80%，且多为暴雨，易发生水土流失。这些因素会导致管道长距离裸露或悬空。

土地沙化、水土流失对长输管道造成的危害有：

(1) 裸露管道防腐覆盖保护层易老化，缩短管道的使用寿命。

（2）破坏管道 1.2～1.4 m 埋深的恒压作用，使管道在热应力的作用下产生拱起或下垂等弯曲变形，甚至产生破坏。

（3）长距离悬空容易使管道失稳而折断，造成严重的跑油和停输事故。

第四节　管道风险评价方法

一、风险评价方法概述

风险是事故发生的可能性与其后果的综合。风险评价工作是开展完整性管理的核心环节，通过风险评价可以了解管道的各种危害因素，明确管道管理的重点，从而有利于实现风险的预控，保障管道的安全运行。

由于风险分析实际上只是对时间进程中的某一瞬间的风险场景进行评定和估计，所以完整的风险评价需要回答以下三个问题：

（1）为什么会出问题，即回答哪些客观因素会引起管道失效？

（2）可能性（概率）有多大，即诱发管道事故的概率有多大？

（3）其事故后果是什么，即管道失效事故会造成哪些方面的损失？

只要回答了这三个问题，管道的风险便可以按一定的计算法则来确定。计算风险后可根据风险值大小对管段进行筛选排序，对于风险较高的管段提出风险控制措施。

管道风险分析的目的，是通过计算某段管道或整条管道系统的相对风险值，对各个管段（或各条管道）进行风险排序，以识别高风险的部位，确定那些最大可能导致管道事故和有利于潜在事故预防的至关重要的因素，也就是提出确定和不确定性影响因素。将风险分析的结果作为确定管道是否进行检测、检测的优先次序和判定检测活动经济性的决策依据，最终使管道的运行管理更加科学化。

管道风险评价技术在历时 30 多年后的今天，已经有许多管道公司形成了自己的风险分析方法，并有不少相关的文献出版。根据评价结果的量化程度可把风险评价方法分为三类，即定性风险评价方法、半定量风险分析方法和定量风险分析方法。常用的风险评价方法见第一章表 1-3-3。

定性风险评价方法通常比较简单，易于理解和使用，但一般具有较强的主观性，需要丰富的经验。半定量风险评价方法的结果是相对值，不能量化事故的概率和严重程度，但是可以起到风险的初步筛选和排序。定量风险评价方法通常比较复杂，采用了大量计算公式和经验模型，需要较多数据。

定性风险评价方法的主要作用是找出管道系统存在哪些事故危险，诱发管道事故的因素有哪些，这些因素对系统产生的影响程度如何以及在何种条件下会导致管道失效，最终确定控制管道事故的措施。传统的定性风险评价方法主要有安全检查表（SCL）、预先危害性分析（PHA）、危险和操作性分析（HAZOP）等。其特点是不必建立精确的数学模型和计算方法，可以根据专家的观点提供高、中、低风险的相对等级，评价的精确性取决于专家经验的全面性，划分影响因素的细致性、层次性等，具有直观、简便、快速、实用性强的特点。其使用局限是危险性事故的发生概率和事故损失后果均不能量化。

半定量风险评价方法以风险的数量指标为基础,对管道事故损失后果和事故发生概率按权重值各自分配一个指标,然后用加和除的方法将两个对应事故概率和后果严重程度的指标进行组合,从而形成一个相对风险指标。最常用的是专家打分法,其中最具代表的是海湾出版公司出版的《管道风险管理手册》(Pipe Risk Management Manual)。目前,该书所介绍的评价模型已为世界各国普遍采用,国内外大多数管道风险评价软件程序都是基于它所提出的基本原理进行编制的。半定量风险评价方法是完整性管理二级工程必备的技能,本节重点介绍半定量风险评价方法。

定量风险评价方法是管道风险评价的高级阶段,是一种定量计算绝对事故概率的严密的数学和统计学方法,其预先给管道事故的发生概率和事故损失后果都约定一个具有明确物理意义的单位,通过综合考虑管道失效的每个事件,算出最终事故的发生概率和事故损失后果。定量风险评价方法的评估结果有实际意义,可以与历史水平对比,也可以与其他管道对比,可以用于风险、成本、效益的分析之中,这是前两类方法都做不到的。定量风险评价方法也有不少缺点,如需要收集大量的数据,对数据的准确度要求比较高;不适合数据不全的管道;需要进行大量的分析和计算工作,耗费人力、物力和财力等。目前大多数研究工作集中于生命安全风险或经济风险,而液体管道失效的环境破坏风险还不能定量评估,生命安全风险、环境破坏风险和经济风险的综合评价也尚未有合适的方法;另外,定量风险评价方法需要建立在历史失效概率的统计基础之上,而公用数据库一般没有特定管道的详细失效数据,公布的数据也不足以描述给定管道的失效概率。

二、典型半定量风险评价方法

(一) 风险评价模型综述

半定量风险评价方法是相对的、以风险指数为基础的风险评价方法,它能够克服定量风险评价方法在实施中缺少精确数据的困难,已在国内外管道风险评价中得到广泛应用。半定量风险评价方法指标体系的设立主要是基于以下基本假设。

1. 独立性假设

影响风险的各因素是独立的,亦即每个因素独立影响风险的状态,总风险是各独立因素的总和。

2. 最坏状况假设

评价风险时要考虑到最坏的情况,例如评价一条管道,该管道总长为 100 km,其中 90 km 埋深 1.2 m,另 10 km 埋深为 0.8 m,则埋深应按 0.8 m 考虑。

3. 相对性假设

评价的分数只是一个相对的概念,例如,一条管道所评价的风险数与另外数条管道所评价的风险数相比,其分数较高,这表明其安全性高于其他几条管道,即风险低于其他管道。事实上绝对风险数是无法计算的。

4. 主观性

评分的方法及分数的界定虽然参考了国内外有关资料;但最终还是人为制定的,因而难免有主观性。建议更多的人参与制定规范,以便减小主观性。

5. 分数限定

在各项目中所限定的分数最高值反映了该项目在风险评价中所占位置的重要性。

本节以 SY/T 6891.1—2012《油气管道风险评价方法　第 1 部分:半定量评价法》为例介绍典型半定量风险评价方法的指标设置及应用。该方法将所有影响管道安全运营的各种因素归类为腐蚀、第三方损坏、制造与施工缺陷、误操作、地质灾害以及泄漏后果影响等六个方面的指标,并对每个指标进行赋值评分,综合分析其引起管道泄漏的可能性及泄漏后的事故严重程度,最终得到管道沿线的风险大小。风险模型如图 4-4-1 所示。

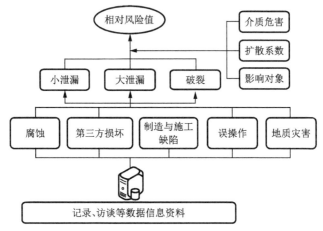

图 4-4-1　风险模型逻辑图

(二) 风险评价指标体系

按照图 4-4-2 给出的总评分标准要求,对每个类型的风险因素制定详细的评分指标,构成半定量风险评价指标体系,针对指标体系中的每个指标设置评分细则,通过评分细则实现对管段风险的评分。管道半定量风险评价指标体系见表 4-4-1。

对每个管段计算失效可能性和失效后果分值,并按如下公式计算风险值:

风险值＝(腐蚀分值＋第三方损坏分值＋制造与施工缺陷分值＋误操作分值＋

地质灾害分值)/后果分值　　　　　　　　(4-4-1)

风险值越大,管段越安全。

满足以下条件之一应视为高风险段:① 失效可能性小于 381 且失效后果大于 66;② 失效可能性小于 409 且失效后果大于 134。

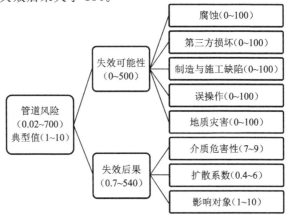

图 4-4-2　风险模型分值

表 4-4-1　半定量风险评价指标体系

编　号	属性名称	最大分值	编　号	属性名称	最大分值
A	腐　蚀				
A.1	产品腐蚀性	12	A.8	防腐层质量	15
A.2	内腐蚀防护	8	A.9	防腐层检漏	4
A.3	土壤腐蚀性	12	A.10	保护工-人员	3
A.4	阴极保护电位水平	8	A.11	保护工-培训	2
A.5	阴极保护电位检测	6	A.12	外检测	10
A.6	恒电位仪	5	A.13	阴极保护电流	5
A.7	杂散电流干扰	10	A.14	内检测修正系数	100%
注1：腐蚀得分＝100－[100－(A.1＋A.2＋A.3＋A.4＋A.5＋A.6＋A.7＋A.8＋A.9＋A.10＋A.11＋A.12＋A.13)]×A.14					
B	第三方损坏				
B.1	埋　深	15	B.6	管道上方活动水平	15
B.2	巡线	15	B.7	管道定位与开挖响应	12
B.3	公众宣传	5	B.8	管道地面设施	8
B.4	管道通行带与标识	5	B.9	公众保护态度	5
B.5	打孔盗油(气)	15	B.10	政府态度	5
注2：第三方损坏得分＝B.1＋B.2＋B.3＋B.4＋B.5＋B.6＋B.7＋B.8＋B.9＋B.10					
C	制造与施工缺陷				
C.1	设计系数	10	C.5	轴向焊缝缺陷	20
C.2	疲　劳	10	C.6	环向焊缝缺陷	20
C.3	水击危害	10	C.7	管体缺陷修复	10
C.4	压力试验系数	5	C.8	运行安全裕量	15
注3：制造与施工缺陷得分＝100－[100－(C.1＋C.2＋C.3＋C.4＋C.5＋C.6＋C.7＋C.8)]×A.14					
D	误操作				
D.1	危害识别	6	D.6	健康检查	2
D.2	达到MAOP的可能性	15	D.7	员工培训	10
D.3	安全保护系统	10	D.8	数据与资料管理	12
D.4	规程与作业指导	15	D.9	维护计划执行	10
D.5	SCADA通信与控制	5	D.10	机械失误的防护	15
注4：误操作得分＝D.1＋D.2＋D.3＋D.4＋D.5＋D.6＋D.7＋D.8＋D.9＋D.10					
E	地质灾害				
E.1	已识别灾害点-灾害发生可能性	10	E.6	土体类型	20
E.2	已识别灾害点-管道失效可能性	10	E.7	管道敷设方式	25

编 号	属性名称	最大分值	编 号	属性名称	最大分值
E.3	已识别灾害点-防治措施有效性	100%	E.8	人类工程活动	15
E.4	地形地貌	25	E.9	管道保护状况	5
E.5	降雨敏感性	10			

注5:地址灾害得分=$MIN[E.1 \times E.2 \times E.3,(E.4+E.5+E.6+E.7+E.8+E.9)]$;$MIN(X_1,X_2,\cdots,X_n)$表示取 $X_1,X_2,\cdots,X_n$ 中的最小值。

2. 腐蚀指标

腐蚀导致管道失效的主要原因是管道壁厚减薄,承压能力下降,随着管道服役年限的增长,导致腐蚀穿孔。腐蚀指标主要包括内腐蚀和外腐蚀两个方面,内腐蚀是由于管道输送介质产品中的杂质所致,外腐蚀主要是受外部环境条件影响。最常见的管道内腐蚀是电化学腐蚀,由游离水、硫化氢、二氧化碳、氯化物等产生的酸性溶液引起,如果管道内存在微生物会加重管道内壁腐蚀。外腐蚀的主要影响因素包括土壤腐蚀性、阴极保护、防腐层、杂散电流、大气腐蚀性等。

(1)产品腐蚀性(12分)。

按以下评分:

无腐蚀性(管输产品基本不存在对管道造成腐蚀的可能性),12分;

中等腐蚀性(管输产品腐蚀性不明可归为此类),5分;

强腐蚀性(管输产品含有大量的杂质,如水、盐溶液、硫化氢等杂质,对管道会造成严重的腐蚀),0分;

特定情况下具有腐蚀性(产品没有腐蚀性,但其中有可能引入腐蚀性组分,如甲烷中的二氧化碳和水等),8分。

(2)内腐蚀防护(8分)。

多选,最大分值为8,为以下各项评分之和:

本质安全,8分;

处理措施有效,4分;

内涂层,4分;

内腐蚀监测,3分;

清管,2.5分;

注入缓蚀剂,2分;

无防护,0分。

(3)土壤腐蚀性(12分)。

按以下评分:

低腐蚀性(土壤电阻率大于 50 Ω·m,一般为山区、干旱、沙漠戈壁),12分;

中等腐蚀性(土壤电阻率大于 20 Ω·m 且小于 50 Ω·m,一般为平原庄稼地),8分;

高腐蚀性(土壤电阻率小于 20 Ω·m,综合考量 pH、含水率、微生物,一般为盐碱地、湿地等),0分。

（4）阴极保护电位水平（8 分）。

按以下评分：

－0.85～－1.2 V，8 分；

－1.2～－1.5 V，6 分；

不在规定范围，2 分；

无，0 分。

（5）阴极保护电位检测（6 分）。

按以下评分：

都按期进行检测，6 分；

每月 1 次通电电位检测，4 分；

每年 1 次断电电位检测，3 分；

都没有检测，0 分。

（6）恒电位仪（5 分）。

按以下评分：

运行正常，5 分；

运行不正常，0 分。

（7）杂散电流干扰（10 分）。

按以下评分：

无，10 分；

交流干扰已防护，10 分；

直流干扰已防护，8 分；

屏蔽，1 分；

交流干扰未防护，4 分；

直流干扰未防护，0 分。

（8）防腐层质量（15 分）。

指钢管防腐层及补口处防腐层的质量，根据经验进行判定，按以下评分：

好，15 分；

一般，10 分；

差，5 分；

无防腐层，0 分。

（9）防腐层检漏（4 分）。

按以下评分：

按期进行，4 分；

没有按期进行，2 分；

没有进行，0 分。

（10）保护工-人员（3 分）。

按以下评分：

人员充足，3 分；

人员严重不足，0 分。

（11）保护工-培训（2分）。

按以下评分：

每年一次，2分；

每两年一次，1.5分；

每三年一次，1分；

无培训，0分。

（12）外检测（10分）。

根据系统的外检测与直接评价情况进行判定，按以下评分：

距今小于5年，10分；

距今5～8年，6分；

距今大于8年，2分；

未进行，0分。

（13）阴极保护电流（5分）。

根据防腐层类型和电流密度进行评分。

① 三层PE防腐层。

按以下评分：

电流密度小于10 $\mu A/m^2$，5分；

电流密度为10～40 $\mu A/m^2$，3分；

电流密度大于40 $\mu A/m^2$，0分。

② 石油沥青及其他类防腐层。

按以下评分：

电流密度小于40 $\mu A/m^2$，5分；

电流密度为40～200 $\mu A/m^2$，3分；

电流密度大于200 $\mu A/m^2$，0分。

（14）内检测修正系数（100%）。

内检测修正系数根据内检测精度和内检测距今时间来评分。

① 高清。

按以下评分：

未进行，100%；

距今大于8年，100%；

距今3～8年，75%；

距今小于3年，50%。

② 标清。

按以下评分：

未进行，100%；

距今大于8年，100%；

距今3～8年，85%；

距今小于3年，70%。

③ 普通。

按以下评分：

未进行,100%；

距今大于 8 年,100%；

距今 3~8 年,95%；

距今小于 3 年,90%。

3.第三方损坏指标

第三方损坏是指与管道无关人员的活动对管道造成的意外损坏,主要指第三方施工造成的管道损坏。第三方损坏是管道主要的危害因素之一,目前我国处于高速发展阶段,工程建设活动频繁,第三方损坏活动对管道的危害越来越大。影响第三方损坏的指标主要包括两个方面,即管道周边活动水平和第三方防护措施的有效性。

(1) 埋深(15 分)。

埋深得分按如下公式计算：

$$埋深评分＝(单位为 m 的该段埋深)×13.1 \tag{4-4-2}$$

此项最大分值为 15。

在钢管外加设钢筋混凝土涂层或加钢套管及其他保护措施,均对减少第三方损坏有利,可视同增加埋深考虑,保护措施相当于埋深增加值,如下：

警示带,相当于 0.15 m；

50 mm 厚水泥保护层,相当于 0.2 m；

100 mm 厚水泥保护层,相当于 0.3 m；

加强水泥盖板,相当于 0.6 m；

钢套管,相当于 0.6 m。

(2) 巡线(15 分)。

巡线得分为巡线概率得分与巡线效果得分之积。

巡线概率按以下评分：

每日巡查,15 分；

每周 4 次巡查,12 分；

每周 3 次巡查,10 分；

每周 2 次巡查,8 分；

每周 1 次巡查,6 分；

每月少于 4 次,而多于 1 次巡查,4 分；

每月少于 1 次巡查,2 分；

从不巡查,0 分。

巡线效果根据巡线工的培训与考核综合考虑,按以下评分：

优,1 分；

良,0.8 分；

中,0.5 分；

差,0 分。

(3) 公众宣传(5 分)。

多选,根据实施效果进行评分,无效果不得分,最大分值为 5,为以下各项评分之和：

定期公众宣传,2分;

与地方沟通,2分;

走访附近居民,2分;

无,0分。

(4)管道通行带与标识(5分)。

标志应清楚,以便第三方能明确知道管道的具体位置,防止其破坏管道,同时使巡线或检查人员能有效地检查,按以下评分:

优,5分;

良,3分;

中,2分;

差,0分。

(5)打孔盗油(气)(15分)。

根据发生历史、当地社会治安状况和周边环境等因素综合考虑,按以下评分:

可能性低,15分;

可能性中等,8分;

可能性高,0分。

(6)管道上方活动水平(15分)。

根据管道周围或上方开挖施工活动的频繁程度综合考虑,按以下评分:

基本无活动,15分;

低活动水平,12分;

中等活动水平,8分;

高活动水平,0分。

(7)管道定位与开挖响应(12分)。

多选,最大分值为12分,为以下各项评分之和:

安装了安全预警系统,2分;

管道准确定位,3分;

开挖响应,5分;

有地图和信息系统,4分;

有经证实的有效记录,2分;

无,0分。

(8)管道地面设施(8分)。

按以下评分:

无,8分;

有效防护,5分;

直接暴露,0分。

(9)公众保护态度(5分)。

根据管道沿线的公众对管道的保护态度综合考虑,按以下评分:

积极保护,5分;

一般,2分;

不积极,0分。

(10)政府态度(5分)。

根据沿线政府机关配合打击盗油(气)工作的积极性综合考虑,按以下评分:

积极保护,5分;

无所谓,2分;

抵触,0分。

4.制造与施工缺陷指标

制造与施工缺陷指标主要包括制造缺陷和施工缺陷,一般主要包括环向焊缝缺陷、轴向焊缝缺陷、凹陷缺陷等类型。同时制造与施工缺陷发生失效的过程与诱发因素相关,主要表现为内部压力、超压、疲劳、外部载荷的因素。内外部诱发因素会加速缺陷的失效。

(1)运行安全裕量(15分)。

此项评分时可按如下公式计算:

$$运行安全裕量评分＝(设计压力/最大正常运行压力－1)×30 \qquad (4\text{-}4\text{-}3)$$

此项最大分值为15。

(2)设计系数(10分)。

根据与地区等级对应的管道设计系数综合考虑,按以下评分:

0.4,10分;

0.5,9分;

0.6,8分;

0.72,7分;

0.8,1分。

(3)疲劳(10分)。

根据比较大的压力波动次数,如泵/压缩机的启停综合考虑,按以下评分:

小于1次/周,10分;

1～13次/周,8分;

13～26次/周,6分;

26～52次/周,4分;

大于52次/周,0分。

(4)水击危害(10分)。

根据保护装置、防水击规程、员工熟练操作程度综合考虑,按以下评分:

不可能,10分;

可能性小,5分;

可能性大,0分。

(5)压力试验系数(5分)。

指水压试验/打压的压力与设计压力的比值,按以下评分:

大于1.40,5分;

大于1.25且小于等于1.40,3分;

大于1.11且小于等于1.25,2分;

小于等于1.11,1分;

未进行压力试验,0分。

(6)轴向焊缝缺陷(20分)。

钢管在制管厂产生的缺陷,根据运营历史经验和内检测结果综合考虑,按以下评分:

无,20分;

轴向焊缝缺陷,15分;

严重轴向焊缝缺陷,0分。

(7)环向焊缝缺陷(20分)。

根据运营历史经验和内检测结果综合考虑,按以下评分:

无,20分;

环向焊缝缺陷,15分;

严重环向焊缝缺陷,0分。

(8)管体缺陷修复(10分)。

按以下评分:

及时修复,10分;

不需要修复,10分;

未及时修复,0分。

(9)内检测修正系数(100%)。

同腐蚀指标。

5.误操作

误操作指标是指人员失误造成的管道失效。输油(气)管道操作人员、运行人员、维修人员、管理人员等自身的错误行为是造成误操作的主要原因。误操作导致的失效一般发生在油气站场,由于操作失误导致油气管道泄漏,并进一步引发事故。

(1)危害识别(6分)。

根据站队的危险源辨识、风险评价、风险控制等风险管理情况综合考虑,按以下评分:

全面,6分;

一般,3分;

无,0分。

(2)达到MAOP的可能性(15分)。

根据管道运行过程中运行压力达到MAOP的可能性情况综合考虑,按以下评分:

不可能,15分;

极小可能,12分;

可能性小,5分;

可能性大,0分。

(3)安全保护系统(10分)。

按以下评分:

本质安全,10分;

两级或两级以上就地保护,8分;

远程监控,7分;

仅有单级就地保护,6分;

远程监测或超压报警,5分;

他方拥有,证明有效,3分;

他方拥有,无联系,1分;

无,0分。

(4) 规程与作业指导(15分)。

根据操作规程、作业指导书及执行情况综合考虑,按以下评分:

受控(工艺规程保持最新,执行良好),15分;

未受控(有工艺规程,但没有及时更新,或多版本共存,或没有认真执行),6分;

无相关记录,0分。

(5) SCADA通信与控制(5分)。

根据现场与调控中心之间的沟通核对工作方式综合考虑,按以下评分:

有沟通核对,5分;

无沟通核对,0分。

(6) 健康检查(2分)。

按以下评分:

有,2分;

无,0分。

(7) 员工培训(10分)。

多选,最大分值为10,为以下各项评分之和:

通用科目-产品特性,3分;

通用科目-维修维护,1分;

岗位操作规程,2分;

应急演练,1分;

通用科目-控制和操作,1分;

通用科目-管道腐蚀,1分;

通用科目-管材应力,1分;

定期再培训,1分;

测验考核,2分;

无,0分。

(8) 数据与资料管理(12分)。

根据保存管道和设备设施的资料数据管理系统情况综合考虑,按以下评分:

完善,12分;

有,6分;

无,0分。

(9) 维护计划执行(10分)。

按以下评分:

好,10分;

一般,5分;

差,0分。

（10）机械失误的防护(15 分)。

多选,最大分值为 15,为以下各项评分之和：

关键操作的计算机远程控制,10 分；

连锁旁通阀,6 分；

锁定装置,5 分；

关键操作的硬件逻辑控制,5 分；

关键设备操作的醒目标志,4 分；

无,0 分。

6.地质灾害

油气管道地质灾害风险主要包括岩土类、水利类和构造类三种,对管道危害最大的主要有滑坡、水毁、崩塌、地面塌陷等类型。

（1）已识别灾害点(100 分)。

已识别灾害点评分为以下三项得分的乘积。

① 已识别灾害点-灾害发生可能性。

潜在点发生地质灾害的可能性,如滑坡,应考虑发生滑动的可能性,按以下评分：

低,10 分；

较低,9 分；

中,8 分；

较高,7 分；

高,6 分。

② 已识别灾害点-管道失效可能性。

灾害发生后造成管道泄漏的可能性,按以下评分：

低,10 分；

较低,9 分；

中,8 分；

较高,7 分；

高,6 分。

③ 已识别灾害点-防治措施有效性。

按以下评分：

没有必要,100%；

防治工程合理有效,95%；

防治工程轻微破损,90%；

已有工程受损,但仍能正常起到保护作用,80%；

已有工程严重受损,或者存在设计缺陷,无法满足管道保护要求,60%；

无防治工程(包括保护措施,以下同)或防治工程完全毁损,50%。

（2）地形地貌(25 分)。

按以下评分：

平原,25 分；

沙漠,20 分；

中低山、丘陵,15 分;

黄土区、台田地,15 分;

高山,10 分。

(3) 降雨敏感性(10 分)。

根据降水导致的地质灾害的可能性综合考虑,按以下评分:

中,6 分;

低,10 分;

高,2 分。

(4) 土体类型(20 分)。

按以下评分:

完整基岩,20 分;

薄覆盖层(土层厚度大于等于 2 m),18 分;

薄覆盖层(土层厚度小于 2 m),12 分;

破碎基岩,10 分。

(5) 管道敷设方式(25 分)。

按以下评分:

无特殊敷设,25 分;

沿山脊敷设,22 分;

爬坡纵坡敷设,18 分;

在山前倾斜平原敷设,18 分;

在台田地敷设,18 分;

在湿陷性黄土区敷设,15 分;

切坡敷设,与伴行路平行,15 分;

穿越或短距离在季节性河床内敷设,15 分;

在季节性河流河床内敷设,10 分。

(6) 人类工程活动(15 分)。

根据人类工程对地质灾害的诱发性综合考虑,按以下评分:

无,15 分;

堆渣,12 分;

农田,12 分;

水利工程、挖砂活动,8 分;

取土采矿,8 分;

线路工程建设,8 分。

(7) 管道保护状况(5 分)。

按以下评分:

有硬覆盖、稳管等保护措施,5 分;

无额外保护措施,0 分。

7. 失效后果指标

失效后果指标是指管道泄漏后对周边人员、财产、环境产生的影响,失效后果严重程度与管道管径、压力、输送介质等多种因素有关。输油管道和输气管道后果影响不同,分别设置了评价指标。两种管道后果评价指标见表 4-4-2 和表 4-4-3。

表 4-4-2　输气管道后果评价指标

编　号	指　　标		最大分值
A	输送介质评分 (两者相加)	天然气介质危害性	9
		压　力	2
B	泄漏分值	泄漏分值	6
C	后果——影响对象 (两者相加)	人口密度	7
		特殊地区	2

表 4-4-3　输油管道后果评价指标

序　号	指　　标		最大分值
A	输送介质评分 (两者相加)	油品介质危害性	7~9
		压　力	2
B	泄漏分值	泄漏分值	6
C	后果——影响对象 (三者相加,不超过 10 分)	人口密度	5
		环境污染	5
		特殊地区	2

(1) 介质危害性(10 分)。

介质危害性为以下两项评分之和,最大分值为 10。

① 介质危害。

按以下评分:

天然气,9 分;

汽油,9 分;

原油,8 分;

煤油,8 分;

柴油,7 分。

② 介质危害修正。

a. 输气管道。

按以下评分:

内压大于 13 MPa,2 分;

内压大于 3.5 MPa 且小于 13 MPa,1 分;

内压大于 0 MPa 且小于 3.5 MPa,0 分。

b. 输油管道。

按以下评分:

内压大于 7 MPa,1 分;

内压大于 0 MPa 且小于 7 MPa,0 分。

（2）影响对象（10分）。

按输气管道和输油管道两种类型进行评分,最大分值为10。

① 输气管道。

输气管道的影响对象得分为以下两项评分之和。

a.人口密度。

按以下评分:

城市,7分;

特定场所,6分;

城镇,5分;

村屯,4分;

零星住户,3分;

其他,2分;

荒无人烟,1分。

b.其他影响。

按以下评分:

码头、机场,2分;

易燃易爆仓库,2分;

铁路、高速公路,2分;

军事设施,1.5分;

省道、国道,1.5分;

国家文物,1分;

其他油气管道,1分;

其他,1分;

保护区,0.5分;

无,0分。

② 输油管道。

输油管道得分为以下三项评分之和。

a.人口密度。

按以下评分:

城市,5分;

特定场所,4.5分;

城镇,4分;

村屯,3分;

零星住户,2分;

其他,1.5分;

荒无人烟,1分。

b.环境污染。

按以下评分:

饮用水源,5分;

常年有水河流,4分;

湿地,3分;

季节性河流,3分;

池塘、水渠,2.5分;

无,1分。

c.其他影响。

按以下评分:

易燃易爆仓库,2分;

码头、机场,2分;

铁路、高速公路,2分;

军事设施,1.5分;

国家文物,1分;

其他,1分;

无,0分。

(3)泄漏扩散影响系数(6分)。

泄漏扩散影响系数评分可根据表4-4-4进行插值计算。

表 4-4-4　泄漏扩散影响系数

泄漏值	分　值	泄漏值	分　值
24 370	6	7 762	3.2
13 357	5.5	7 057	2.9
12 412	5.1	6 756	2.8
12 143	5	5 431	2.2
11 746	4.8	4 789	2
11 349	4.7	4 481	1.8
10 747	4.4	1 288	0.5
10 018	4.1	949	0.4
8 966	3.7		

泄漏值根据介质不同,选择下列公式进行计算:

$$气体泄漏分值 = 0.474M\sqrt{d^2 p} \tag{4-4-4}$$

$$液体泄漏分值 = \frac{\log(1.102\,3m)}{\sqrt{9/5T+32}} \times 20\,000 \tag{4-4-5}$$

式中　m——最大泄漏量的液体质量,kg;

T——沸点(至少50%的馏点),℃;

d——管径,mm;

p——运行压力,MPa;

M——介质分子质量。

三、半定量风险评价方法

以肯特评分法为代表的半定量风险评价方法的优点是能够快速评价管道风险,然而随着风险评价工作的不断深化和管理要求的提高,肯特评分法本身存在的问题也开始暴露出来:

(1)肯特评分法假设影响管道安全的风险因素是相互独立的,没有考虑指标之间的相互影响关系。

(2)对于威胁因素和防护措施没有进行分类,没有建立明确的威胁因素和防护措施对应关系。

(3)肯特评分法采用简单加和的计算方法,忽略了各个风险因素之间的逻辑联系。

(4)外腐蚀和内腐蚀没有分开考虑,给内腐蚀风险因素分配的权重过小,不能有效识别和评价内腐蚀风险。

(5)对于管道全线采用统一的评价精细度,针对典型的风险点没有进一步采集数据,评价精细度需要进一步提升。

上述因素导致风险评价工作中,风险点识别不全面,部分风险点被遮蔽,风险分级比较困难,需要基于经验判断人工分级。

随着风险评价工作的推进,管道管理部门对于风险评价工作和结果提出了更高的要求:

(1)目前管道大部分开展了内检测工作,风险评价方法需要充分利用内外检测数据,分析和评价管道风险发展情况。

(2)针对不同风险因素采取的风险控制措施不同,需要对风险管控措施进行评价。

(3)实现管道全线的风险分级。

(4)实现评价数据的不断积累,宏观统计分析管道风险状况。

国际上,近年来风险评价技术也取得了一些新的进展,例如肯特评分法发布了第四版,对原有的方法进行了改进,加拿大 C-FER 公司提出了失效概率修正法和基于可靠性失效概率的计算方法。总体来看,管道风险评价取得了一定进展,随着管道企业风险管理需求的提高,亟须开展研究,提出改进深化后的管道风险评价方法,使之满足越来越高的生产实际需要。

第五节　管道风险评价软件与应用案例

一、管道风险评价软件介绍

(一)管道风险评价模型

国家管网研究总院经过多年风险评价经验的积累,借鉴国外最新技术进展,最终构建了基于威胁与防护的管道风险评价方法。为使方法更具有针对性,将管道失效限定为管道的泄漏,即指非预期的油气管道外泄。

此外,为解决原肯特评分法存在的问题,提出综合运用各种方法,吸纳其优点的思路。在建立模型时,借鉴可靠性模型,将威胁事件和防护有效性都限定在 0～1 之间;借鉴肯特评分法的评分方式,对每个因素都只进行 4 级分级,消除权重影响;利用故障树对评价因素进行梳理,建立逻辑计算模型;后果计算借鉴 Piramid 的修正法,以受体为主导,通过其他因素进行修正;充分利用矩阵法直观形象的特点进行风险分级。该方法综合考虑了导致管道失效的各种因素,梳理了各因素之间的逻辑关系,通过应用内外检测数据,使得评价结果更加符合实际情况。

将影响管道安全运行的各种因素分为第三方损坏、外腐蚀、内腐蚀、制造与施工缺陷、误操作、地质灾害以及泄漏后果影响等七个方面的指标,并分析各个指标之间的逻辑关系,对每个指标进行赋值评分,综合分析其引起管道泄漏的可能性及泄漏后的事故严重程度,最终得到管道沿线的风险大小。建立的管道风险评价模型如图 4-5-1 所示。

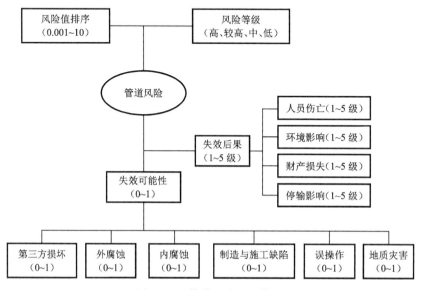

图 4-5-1　管道风险评价模型

第三方损坏和地质灾害指标从发生威胁可能性、导致管道泄漏可能性、防护措施有效性三个层次建立指标之间的计算关系;外腐蚀和内腐蚀指标从腐蚀速率、检测结果、剩余寿命与失效概率函数关系方面建立指标之间的计算关系;制造与施工缺陷、误操作指标从威胁因素发生可能性、诱发因素、防护措施三个层次建立指标之间的计算关系。根据不同风险因素特点设置指标架构,更符合管道真实失效过程,评价结果更加准确,在各个指标取值设置中,采用类似于肯特评分法的方法,将分值区间映射到 0~1 的区间。细化了评价场景,采用全线指标和风险点指标相结合的方式,设置全线指标 41 个,风险点指标 26 个,通过对风险点补充细化数据要求,使评价更加精细化。

(二) RiskScoreTP 油气管道风险评价系统

基于改进的技术模型研发了 RiskScoreTP 油气管道风险评价系统(如图 4-5-2 所示),用于对油气管道开展风险评价。通过采集管道基础属性、周边环境、监测检测、维修维护、生产运行等多源数据,获取管道风险综合指数,明确管道风险等级,确定管道高风险管段,以科学合理地制订管道维修维护计划。

该系统采用先进的基于危害与防护的管道风险评价模型评价第三方损坏、腐蚀、地质灾害、制造与施工缺陷等管道风险,系统包含四大功能模块,分别为数据管理、结果查询、风险管理和地图展示。

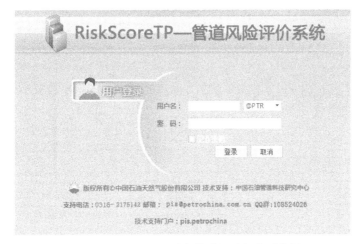

图 4-5-2　RiskScoreTP 油气管道风险评价系统界面

　　数据管理模块采集 41 类管道全线指标和 26 类风险场景指标,支持直接录入、从其他生产管理系统导入等多种数据采集方式,采用先进的分类线性数据管理技术,基于动态分段技术,全面细致地计算管道沿线风险综合指数,确定风险等级。结果查询模块评价结果直观,通过风险折线图、风险矩阵、统计图等形式显示管道风险。设置了风险因素、数据钻取等多种工具分析引起风险的根本原因,便于针对性制定风险控制措施。风险管理模块可生成高风险管段汇总表,明确各个风险管段的现状和管理要求。地图展示模块将管道风险评价与GIS 地图相结合,通过地图直观分析管道风险。该系统评价数据采用云端储存,积累了近 4万千米管道风险数据库,依据大数据分析,优化模型,打造智慧系统。

　　RiskScoreTP 油气管道风险评价系统是一款专业的管道风险评价软件,内置了典型的半定量管道风险评价方法,该方法采用了基于威胁与防护的逻辑评价模型,评价结果准确性比传统的评分法有很大提升。

　　RiskScoreTP 经过了大量管道实际应用的检验。RiskScoreTP 是管道管理者的强力助手,可以通过系统综合分析管道完整性相关的大量数据,计算得到管道全线风险水平分布,明确管道全线风险等级,找出管道高风险段和高风险因素,直接指导管道风险管控。

　　RiskScoreTP 采用 C/S 架构,用户下载安装客户端软件后,会自动连接服务器端。最新版的评价模型和用户数据都存储在服务器端,用户将服务器端数据下载到本地缓存,进行数据录入和风险计算后,自动上传服务器端。

　　管道风险评分系统主要分为三大功能区,分别是数据管理、结果查询和风险管理,结构如图 4-5-3 所示。

　　1. 数据管理功能介绍

　　数据管理模块主要是针对拟评价管道建立或选择评价项目,选择好相应管道后就开始录入属性数据,录入界面左上角是属性类型,下面是具体的属性名称,右侧是该属性的数据内容,下方有每个属性的描述。属性数据录入的过程中要参考属性描述中的解释,防止选错。录入数据的过程中,为了便于查找属性,可以通过属性类型的分类,如第三方损坏、地质灾害等快速找到要录入、修改的属性,如图 4-5-4 所示。

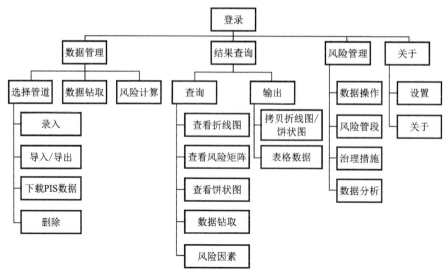

图 4-5-3　RiskScoreTP 功能结构

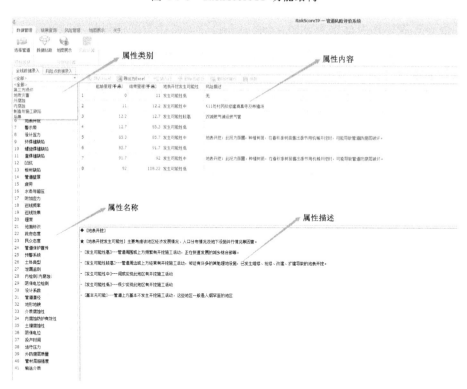

图 4-5-4　数据录入

数据录入可以选择里程模式录入和桩模式录入,里程模式为起始里程(千米)、结束里程(千米),桩模式为起始位置(桩号＋偏移量)、结束位置(桩号＋偏移量)。在软件录入界面右上方可以自由切换,红色表示目前的录入模式。

数据录入有三种方式:一种是在软件中逐条填入起始里程和数据内容,并保存;第二种是使用 Excel 表导入功能,点击"导入 Excel",然后选择要导入数据的 Excel 表,点击

"NEXT",调整源字段与目标字段对应后点击"NEXT",完成数据导入,如图 4-5-5 所示;第三种为从 PIS 系统下载数据,点击"下载 PIS 数据"。

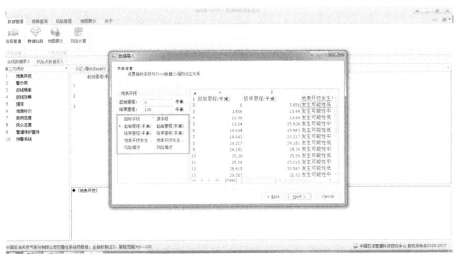

图 4-5-5　Excel 数据导入

数据录入过程中,如果要查看某条数据的管道周边环境,可选定该条数据,选定后点击软件上方的"地图展示"按钮,软件切换到地图模块,并定位到选定数据的位置,通过分析地图影像,确保数据录入位置和等级的准确性。

管段所有数据都录入后,就可以进行下一步风险计算,注意全线属性名称应变成黑色,以防计算报错。单击"风险计算"按钮,系统显示开始自动分段、计算,如图 4-5-6 所示。计算完成后界面会自动切换到结果查询部分。

图 4-5-6　风险计算

2.结果查询功能介绍

计算完毕界面会自动转向结果查询界面,如果是查看已计算好的结果,可以直接点击"结果查询",如图 4-5-7 所示。

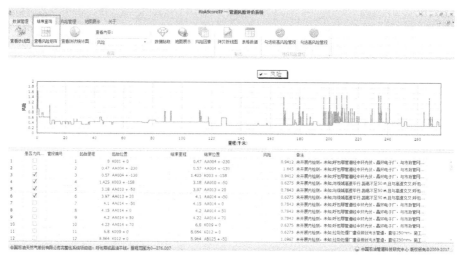

图 4-5-7 结果查询

结果查询部分可以选择查看折线图、查看风险矩阵和查看饼状统计图。地图展示功能基于管道完整性管理系统(PIS)数据库中的管道中心线位置,形成管道数字地图,可直观展示管道走向,重点分析管道风险点周边环境情况,方便管道风险评价数据录入和结果分析,如图 4-5-8 所示。

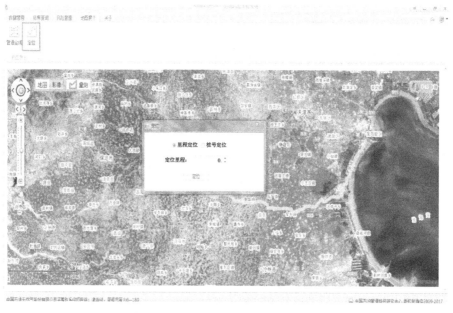

图 4-5-8 地图展示模块中的管道定位

3. 风险管理功能介绍

风险管理模块是根据管道风险计算结果,在软件中选出拟评价管道需要重点关注的风险段,并主要分析引起风险的原因,提出风险减缓措施。

应首先在结果查询下方的表格中勾选是否为风险管段。在风险矩阵中按风险等级排序,红色高风险和橙色较高风险的管段应划分为风险管段,并在"是否为风险管道"的框中打钩,如图 4-5-9 所示。如有特殊需要,也可以将部分中风险勾选。

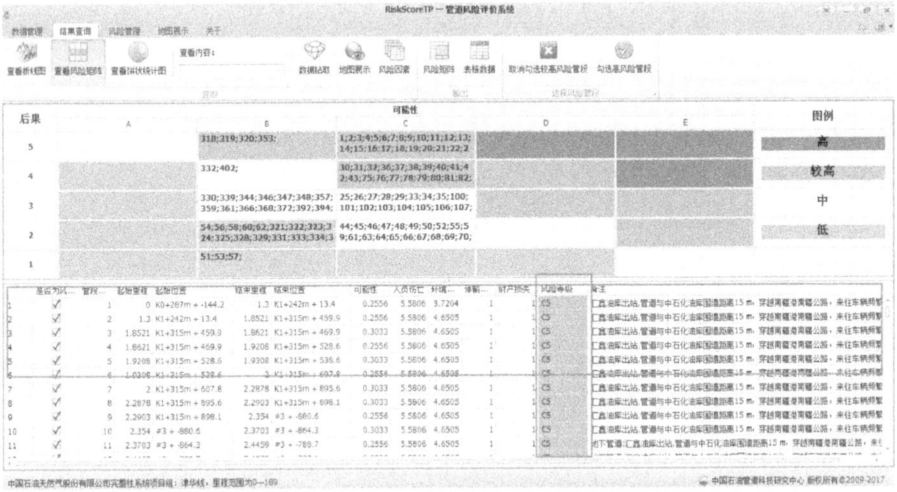

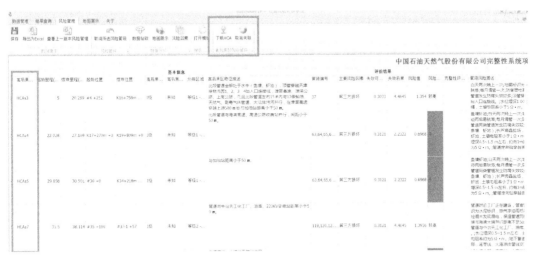

图 4-5-9　风险管段选取

风险管段会在风险管理中出现,风险管理管段中包括基本信息、评价结果、风险点、治理措施,通过左右移动风险管段,会出现治理措施的详细内容。

点击"保存"按钮保存已填写的措施内容,"导出 Excel"功能将治理措施导出为 Excel 表,"查看上一版本风险管理"可以查看上一次保存的风险管段,"取消所选风险管段"将已标记为风险管段的管段移除。数据钻取、地图展示、风险因素功能及用法与前面介绍的相同,具体界面如图 4-5-10 所示。

图 4-5-10　风险管段管理

4.软件应用情况

管道风险评价是实现风险管控的重要手段,2015 年发布的国家标准 GB 32167—2015《油气输送管道完整性管理规范》强制要求对高后果区管道开展风险评价,2017 年国家发展和改革委员会等五部委联合发文,要求管道企业开展完整性管理,将风险评价列为重点监管内容,中央和地方政府对管道企业风险评价提出了明确要求,未来管道风险评价技术市场需求强烈。

RiskScoreTP 油气管道风险评价系统是国内领先的风险评价软件,软件操作方便,有大规模应用基础,其核心技术形成了石油行业标准 SY/T 6891.1—2012《油气管道风险评价方法 第 1 部分:半定量评价法》。国家对于管道风险评价工作要求日益严格,RiskScoreTP 油气管道风险评价系统作为目前国内先进的风险评价软件,应用前景十分广阔。RiskScoreTP 油气管道风险评价系统应用里程如图 4-5-11 所示。

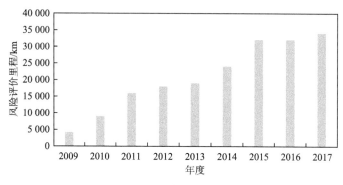

图 4-5-11　风险软件应用里程

二、应用案例分析

采用管道风险评价软件开展评价工作时,工作的主要内容是根据评价指标采集数据,根据风险计算结果开展结果分析和报告编制。以某管道风险评价报告为例,简要介绍风险评价工作过程和成果。

（一）评价过程和结果概述

某管道主要位于湖北和湖南境内,输送介质为原油,管道规格为 $\phi508\ \text{mm}\times7.1\ \text{mm}$,管材一般段采用 L415 螺旋缝埋弧焊钢管,穿越段采用 L415 直缝埋弧焊钢管,全长 206 km。评价工作历时 2 个月,具体工作过程为:6 月 3—15 日,现场踏勘、数据采集;6 月 15—30 日,数据整理录入与风险计算;7 月 1—10 日,风险分析与评价报告编制;7 月 20—30 日,风险评价报告审核与修改。

评价工作中将管道全线划分为 402 段,逐段进行了风险计算。通过风险矩阵将 402 个管段分为高、较高、中、低四个级别,其中高风险 0 段,较高风险 77 段,中风险 216 段,低风险 109 段。管道的风险评价结果显示:该管道高风险管段长度为 0%,较高风险管段长度为 7.26%,中风险管段长度为 27.42%,低风险管段长度为 65.32%。管道主要的风险因素是第三方损坏和外腐蚀。风险评价等级分布情况如图 4-5-12 所示。

（二）评价结果分析

管道风险评价结果分析主要包括的内容:总体风险折线分析、失效可能性折线分析、失效后果折线分析、风险矩阵分析四方面的内容。

风险折线的横坐标代表管道里程,纵坐标代表管道风险值,通过风险折线可以直观地分析管道风险沿着里程的变化情况。针对总体风险、失效可能性、后果、单项失效可能性等每个单项,除了采用折线反映整体变化趋势以外,还需要根据计算结果选取一些重点管段作为每个项筛选出的重点。

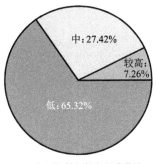
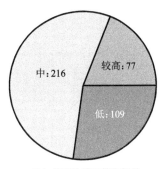

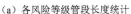

（a）各风险等级管段长度统计　　　　　（b）各风险等级管段数量

图 4-5-12　风险评价等级分布情况

　　管道全线风险折线图（如图 4-5-13 所示）反映了管道全线总体风险值随着里程变化的规律，风险值越大表示管道风险越大。

　　除了进行总体风险分析以外，还需要分别从失效可能性和失效后果两个角度评估管道风险。这是因为管道风险包括失效可能性和失效后果两个维度，有些管段失效可能性较高，但是失效后果非常低，从总体风险折线难以凸显风险，需要借助单项分析识别出单项重点管段。将不同类型的失效可能性放在同一张折线图进行综合分析，通过对比确定管道的主导风险因素。图 4-5-14 显示管道面临的主要风险是第三方损坏和外腐蚀。

　　对数据进一步进行分析，第三方损坏失效可能性较高的原因是，从管道起点 K1 到 K76 区间内，管道位于某市的开发区，建设活动和勘探活动频繁，同时在该区域，管道与地下管线交叉并行，易发生挖掘施工损伤。外腐蚀风险较高的原因是管道沿线环境腐蚀性强，地下水水位 0.5～1.5 m，根据国内类似管道防腐层补扣失效的案例，保温管道补口位置外防护层密封性差、防水性差，管道发生外腐蚀可能性较大。

　　管道失效后果从人员伤亡、环境影响、财产损失、停输影响四个方面进行评价，用于识别评价管道失效可能产生重大后果的区域。管道附近存在敏感水体或人口密度较高，一旦发生泄漏事故会造成严重的环境影响或人员伤亡。管道失效后果折线图如图 4-5-15 所示。

　　该管道出站位置紧邻渤海湾，穿越海河、独流减河等，距离入海口小于 1 km，一旦发生泄漏事故，会造成严重水体污染。

　　以第三方损坏为例简述单项风险因素分析过程：① 通过折线图分析第三方损坏总体风险情况；② 根据计算结果确定第三方损坏风险较高的管段；③ 进一步分析数据确定第三方损坏风险较高管段的具体风险原因；④ 提出针对风险的管控措施。

　　1.通过折线图分析第三方损坏总体风险情况

　　管道第三方损坏失效可能性评价结果如图 4-5-16，折线代表第三方损坏指标导致的失效可能性。

　　管道第三方损坏主要的危害形式有第三方施工、打孔盗油、勘探钻探、挖沙取土。该管道位于某市城乡接合部，建设活动较多，管道敷设于管廊带，多条管道交叉并行，易发生第三方交叉施工损坏。管道穿越的区域是打孔盗油易发区域，在管道投产以来，已发现建设期间的预埋盗油阀门，因此，打孔盗油是管道面临的重大风险。管道穿越沟渠，存在挖沙、取土、清淤的风险。

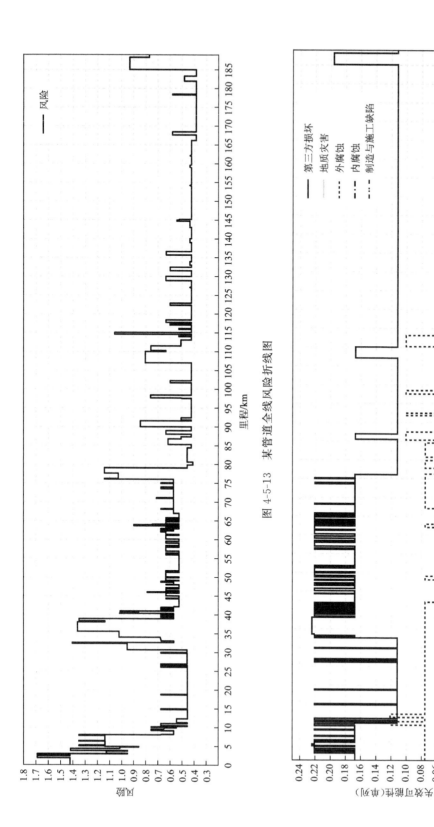

图 4-5-13　某管道全线风险折线图

图 4-5-14　各类失效可能性折线图

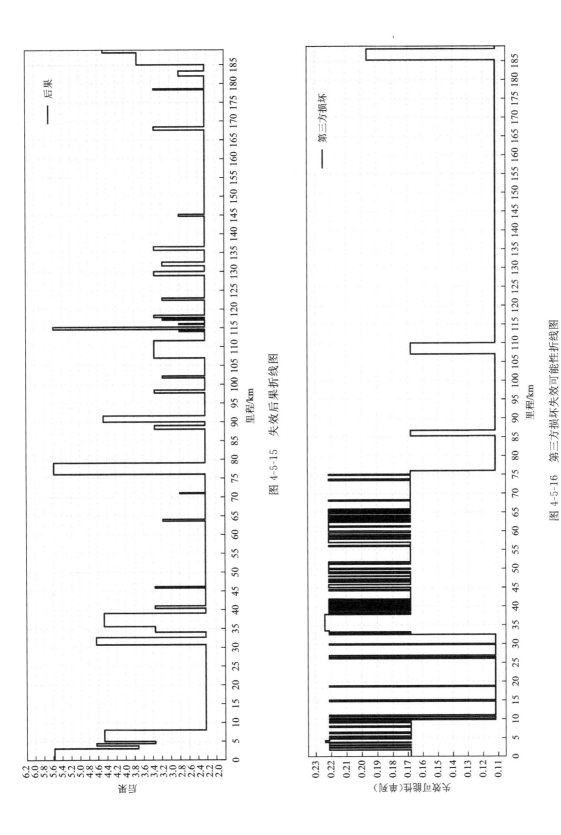

图 4-5-15　失效后果折线图

图 4-5-16　第三方损坏失效可能性折线图

2.根据计算结果确定第三方损坏风险较高的管段

管道第三方损坏失效可能性分值在 0.111 9～0.223 9 分之间,分值较高的管段见表 4-5-1,本节选取了部分管段。管段一般应标出位置、分值和风险原因,必要时应当列出建议风险管控措施。

表 4-5-1　第三方损坏高失效可能性管段

序　号	分段起始位置 /km	分段结束位置 /km	第三方损坏 失效可能性	原因描述
1	0	3.8	0.169 7	出站位置,管道在管廊带敷设,多条管道交叉并行
2	3.8	4.3	0.223 9	管道附近 250 m 左右有居民小区,城乡接合部内有待开发空地,发生施工活动的概率高;区域内与其他地下管线交叉
3	4.3	9.9	0.222 1	交通繁忙,多条油气管道并行
4	32.6	33.5	0.222 1	城乡接合部,管道与海滨大道并行距离不足 50 m,管道两侧 15 m 范围内与两条输油管道、一条输气管道并行;区域内与其他地下管线交叉
5	39	45	0.222 1	城乡接合部,其他管线交叉;与另一条间距不足 15 m 的输油管线和间距不足 50 m 的公路并行,与 6 条输油管线交叉
6	45.846	46.1	0.222 1	城乡接合部,此处管道油流方向左侧有两排房屋,为管道经过的三级地区;区域内与其他地下管线交叉

3.进一步分析数据确定第三方损坏风险较高管段的具体风险原因

分析不同位置风险的主要原因,对重点管段结合图片详细描述管道风险情况。管道第三方失效可能性较大的原因主要为第三方施工、打孔盗油、勘探钻探、挖沙清淤取土。针对上述每个类型至少选取一个典型的具体点结果现场图片分析风险原因。

4.提出针对风险的管控措施

进行每个单项分析时,应当提出针对性风险控制措施,便于根据风险评价报告开展风险管控。该案例中针对管道第三方损坏风险,建议采取如下控制措施:

(1)管道与其他管线交叉并行较多,交叉并行区域是第三方损坏易发区,应认真测绘管道中心数据,确保管道位置准确。对 400 多处与其他管线的交叉点应准确测量坐标信息,并详细记录每个交叉点管道交叉角度、埋深、垂直距离等信息。

(2)设置清晰、准确的管道标识,对于第三方损坏易发区域管段应设置加密桩、警示牌。目前管道标识为水泥桩喷刷油漆,雨季容易被冲刷,建议做好标识信息的维护,对于活动水平高的区域,设置字迹不易脱落的警示标识。

(3)新投产管道沿线民众对于管道知识、管道失效危害等不了解,管道投产后应着力组织管道保护宣传活动,走访沿线民众、企业,使其能熟悉管道,积极保护管道。

（4）管道穿越城乡接合部区域,有较多的待开发空地、管廊带等,针对上述区域,建议逐步收集沿线土地所有人信息,收集沿线交叉并行管道的管理单位信息,并与对方建立长久联系机制,防止对双方管道的危害。

（5）交叉施工严格执行施工管理程序。明确发现—报告—保护—关闭流程,明确流程中各方的职责,明确记录要求。一是从管道保护方案的审批、管道保护安全协议的签订到工程的验收、资料归档必须形成严密的全过程闭环;二是第三方施工关联管段的管道必须开挖验证,对于不能开挖验证的管段,必须采取物探等手段探明管道的位置,做到管道精确定位,设置必要的临时警示标志,管道两侧各 5 m 圈定警示范围,保证监护及警示措施的落实;三是第三方施工过程中必须做到 24 h 监护,监护人员必须明白所监护的关键内容,什么情况应予以制止、纠正,什么情况应向上级部门汇报。

（6）第三方损坏易发区域提高巡线的频率,新雇佣的巡线工对管道巡护要点和要求可能不熟悉,投产前期要加大对巡线工的培训力度。

（7）管道附近挖沙取土行为应坚决制止。

（三）风险管段与立项建议

风险评价结果中应包含风险管段汇总表,提出风险管控重点管段和初步的风险控制措施建议,并将汇总表作为风险评价的主要结果。风险管段汇总表是在对总体风险和各个分项分析的基础上得出的,风险管段汇总表应当明确列出需要立项治理的风险点,并列入下一年度风险治理立项建议。

第五章　管道定量风险评价及案例分析

第一节　概　述

近年来,我国油气管道运营管理中,对安全的需求不断增强,风险控制与管理被提到重要位置。油气管道周边环境复杂,不确定性因素众多,运行持续性要求高,通过科学合理的维护使其正常生产是管理者最大的挑战,而定量风险评价(Quantitative Risk Assessment, QRA)是风险控制的有效工具之一。定量风险评价从危害辨识、风险水平定量等方面成为现代企业安全管理的重要一环。定量风险评价是对某一设施或者作业活动中发生的事故的概率和后果进行表达的系统方法,也是一种对风险进行定量管理的技术手段。定量风险评价不仅要对事故的原因、过程、后果等进行定量分析,而且要对事故发生的概率和后果进行定量计算,并将计算的结果与风险可接受标准进行比较,判别风险的可接受性,提出降低风险的建议。

一、定量风险评价基本流程

在定量风险评价中,风险的表达见式(5-1-1)。式中,f_i表示事故发生的概率,c_i表示该事件产生的预期后果。

$$R = \sum_i (f_i c_i) \tag{5-1-1}$$

定量风险评价基本过程如图 5-1-1 所示,包括数据收集、管道分段、失效概率分析、失效后果分析、风险计算、风险可接受判定、报告编制等。

开始阶段进行工作准备和数据收集。具体工作包括组织人员成立评价团队,成员包括安全工程师、工艺工程师、设备工程师、工艺操作工程师等;收集评估相关的技术资料。

失效概率分析主要依据企业或者行业历史数据统计得出结果。失效概率分析分为两个部分:一是介质泄漏(LOC)的概率分析;二是泄漏后引起火灾、爆炸等事故的概率分析。前者可以预测现在或将来发生泄漏的概率,并作为基准概率供泄漏后引起用。后者一般采用事件树方法,利用发生泄漏的概率作为基准概率来分析泄漏后引起事故的概率。

失效后果分析是指预测事故的影响范围,使用的模型有泄漏源模型、扩散模型、爆炸模型、热辐射模型、火灾模型、事故影响模型 6 个方面,详情如下:

(1)泄漏量计算。主要涉及泄漏速率、泄漏持续时间、泄漏总量计算。

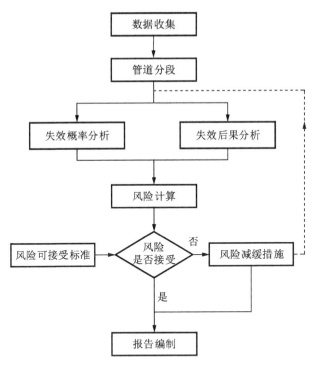

图 5-1-1　定量风险评价基本流程

（2）泄漏扩散计算。主要涉及泄漏物质蒸发计算、泄漏物质地面扩散计算以及泄漏物质气体扩散计算。

（3）火灾辐射计算。火灾根据泄漏的物质、点燃的时间、充满的区域和泄漏压力等分为3种类型：喷射火、池火和闪火。喷射火主要是气体或汽化的液体燃烧产生的，这些泄漏的气体或汽化的液体往往具有很高的动量。喷射火主要是高压设备的泄漏。池火主要是可燃液体或易熔可燃固体燃烧产生的。常见的池火有油罐池火、油井池火以及可燃液体或低熔点可燃固体泄漏到地面或水面遇到点火源形成的池火。闪火主要是泄漏物质泄漏后没有被立即点燃，经过一段时间，气体积聚后经点燃产生的。发生闪火时不会产生爆炸冲击波。

（4）爆炸。爆炸是能量的快速释放产生巨大的压力，从而导致巨大的破坏。蒸气云爆炸（VCE）主要来自可燃的蒸气云团，其与闪火的主要区别在于燃烧产生的超压、导致的破坏不同。当大量的可燃气体或蒸气泄漏到敞开空间以后，没有立即点火，而先在空气中扩散，与空气形成爆炸混合物，然后发生延迟点火，也可能发生爆炸。

（5）事故影响计算。主要是针对危险物质泄漏后引起的火灾、爆炸、毒性等对人和建筑物的影响进行分析。

在风险计算中，计算出个人风险和社会风险，并以相应图表描述出来。个人风险代表一个人死于意外事故的概率，且假定该人没有采取保护措施，个人风险在地形图上以等值线的形式给出。但实际上，人们关心的往往是整个事故对社会造成的后果。因此，一般情况下需要求出事故对整个社会的风险总和，即社会风险。社会风险代表有 N 个或更多人同时死亡的事故发生的概率。社会风险一般通过 $F\text{-}N$ 曲线表示，F 为概率，N 为伤亡人员数量。$F\text{-}N$

曲线表示可接受的风险水平——概率与事故引起的人员伤亡数量之间的关系,如图 5-1-2 所示。

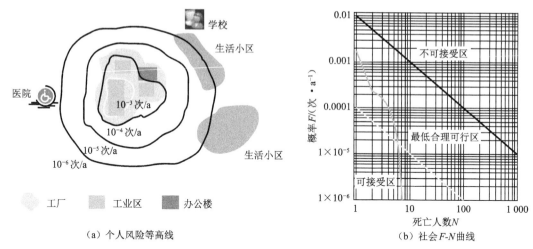

(a) 个人风险等高线   (b) 社会 F-N 曲线

图 5-1-2　个人风险与社会风险(彩图见附录)

最后,根据已设定的风险可接受标准衡量现有的风险是否可以接受,并提出降低风险的建议措施。

二、国内外技术发展

定量风险评价最早起源于 20 世纪 80 年代的核能、航空和电子工业,特别是在核能工业中广泛使用的概率风险分析(Probabilistic Risk Assessment,PRA)。美国核管理委员会在 1985 年出版的概率风险分析程序指南的基础上,结合化工行业的特点,开发了化工行业定量风险分析指南。自 1990 年以后,美国政府和一些国家行政机关开始关注定量风险评价技术,并逐步立法要求实施定量风险评价。英国、荷兰、德国、意大利、比利时等欧盟的成员国为了实施《Seveso Ⅱ指令》,都要求对工厂的重大危险源进行辨识和风险评价,提出相应的事故预防和应急措施计划。国际劳工组织支持印度、印度尼西亚、泰国、马来西亚等亚太地区的国家开展重大危险源辨识和逐步实施风险评价等活动。陶氏化学、BP、联合碳化学公司在 1995 年前后开始将定量风险评价列入公司的风险管理程序。

国外很多国家确定油气场站安全距离、选址、制订应急计划等都普遍要求采用定量风险评价技术。

英国:重大意外危害控制法令明确提出要应用定量风险评价技术。

荷兰:重大危险源评估明确采用定量风险评价技术。

挪威:1990 年正式发布风险分析法规要求,相关导则中提出的要求指向定量风险评价。

澳大利亚:在 1992 年提出安全专篇(safety cases)的法规要求。

新加坡:当进行土地规划时,定量风险评价是强制性的。

马来西亚:石油企业环境评价报告里,定量风险评价是强制性的。

在不断应用、实践的基础上,定量风险评价技术逐步发展完善,1989 年,美国化学工程协会出版了《化学过程定量风险分析》。1994 年,荷兰灾害预防委员会(CPR)出版了指导定量风险评价技术的报告《确定和处理可能性的方法》(简称"红皮书",CPR 12E)、《确定危险物质在环境中泄漏和扩散的模型》(简称"绿皮书",CPR 14E)、《物理影响的计算方法》(简称"黄皮书",CPR 16E)、《定量风险评价指南》(简称"紫皮书",CPR 18E)。这些都标志着定量风险评价技术走向了成熟。

我国风险技术研究起步于 20 世纪 80 年代,相继出台了一系列关于风险评价的法律、法规。1992 年,原化学工业部制定了《化工厂危险程度分析方法》。2011 年 8 月,原国家安全生产监督管理总局发布了《危险化学品重大危险源监督管理暂行规定》(安全生产监督管理总局令第 40 号),要求当构成一级或者二级重大危险源,且毒性气体实际存在(在线)量与其在《危险化学品重大危险源辨识》中规定的临界量比值之和大于或等于 1 的;或者构成一级重大危险源,且爆炸品或液化易燃气体实际存在(在线)量与其在《危险化学品重大危险源辨识》中规定的临界量比值之和大于或等于 1 的,应当按照有关标准的规定采用定量风险评价方法进行安全评估,确定个人和社会风险值,并在 2015 年对其部分内容进行了修改。

2013 年 6 月,原国家安全生产监督管理总局发布了 AQ/T 3046—2013《化工企业定量风险评价导则》,从数据采集、危险识别、单元选择、事故模式和风险度量等方面对定量风险评价进行了规范。

2014 年 5 月,原国家安全生产监督管理总局发布了《危险化学品生产、储存装置个人可接受风险标准和社会可接受风险标准(试行)》,提出了用于确定陆上危险化学品企业新建、改建、扩建和在役生产、储存装置的外部安全防护距离时的风险可接受标准。

2017 年 11 月,国家能源局发布 SY/T 7380—2017《输气管道高后果区完整性管理规范》,其中规定,与原设计相比高后果区等级升高 2 级或达到Ⅲ级高后果区的管道应进行定量风险评价,判定个人风险和社会风险是否可接受。

2018 年 11 月,国家市场监督管理总局和标准化管理委员会发布了 GB 36894—2018《危险化学品生产装置和储存设施风险基准》,并在 2019 年 2 月发布了 GB/T 37243—2019《危险化学品生产装置和储存设施外部安全防护距离确定方法》,均涵盖了量化风险评价的可接受准则及方法等内容。

为了推广易燃、易爆、有毒危险源的量化风险评价方法,国外开发了不少量化风险分析软件,并得到广泛应用。这些软件为工业选址与设计、区域与土地使用决策、运输方案确定、危险源辨识与评价提供了有力工具,例如 Safeti,RiskCurves,Save2,Shell 等,国内也陆续出现定量风险评价、后果模拟等相关软件。国内外定量风险评价软件见表 5-1-1。

表 5-1-1　定量风险评价软件

公　司	概率分析软件	后果模拟计算软件	风险分析软件
DNV	Leak	Phast	Safeti
Pipesafe Group		Pipesafe	
Shell Global Solutions		Scope Fred	Shepherd
Gexcon		Effects	RiskCurves
		Flacs	

公司	概率分析软件	后果模拟计算软件	风险分析软件
Compu-IT		Kfx	
中国安全生产科学研究院		CASST-QRA	
中石化安全工程研究院有限公司		Qdrise-QRA	
国家管网研究总院			RiskInsight

第二节　失效概率分析

失效概率分析是定量风险评价中的重要环节。失效概率分析分为两个部分：一是管道泄漏概率分析；二是管道泄漏后引起火灾爆炸等事故的概率分析。

一、失效场景

失效场景根据泄漏孔径大小分为破裂及孔泄漏两大类，有代表性的泄漏场景见表 5-2-1。当管道直径小于 150 mm 时，取小于管道直径的孔泄漏场景及完全破裂场景。

表 5-2-1　管道的失效场景

失效场景	泄漏孔径/mm	代表值/mm
小孔泄漏	0～5	5
中孔泄漏	5～50	25
大孔泄漏	50～150	100
完全破裂	>150	管道直径

注：① 当实际管道失效统计缺乏全部孔径失效统计数据时，可根据实际情况设置失效场景。

② 在管道定量风险评价中，应选择对风险有贡献的失效场景，失效场景满足以下两个条件时可不考虑。

——发生的频率（暂不考虑管道长度）小于 10^{-8} 次/a。

——导致小于 1% 的致死伤害概率。

③ 应沿管线选择一系列泄漏点，泄漏点的初始间距可取 50 m；泄漏点数量的选取应确保当增加泄漏点数量时，风险曲线不会显著变化。

二、管道泄漏概率确定方法

（一）指标体系法

指标体系法是一种将油气管道半定量风险评价中的失效可能性分值通过一系列的规则转化为定量的失效概率。肯特在第 3 版《管道风险管理手册：理念、技术及资源》中提供了一种简单的转化规则，其假定每个指标得分总和代表一个剩余完好率，即在一定时间内管段保持完好的概率，则失效概率分值（f）等于 1 减去不同失效模式的指数分值与总分值的比的乘积，见式（5-2-1）：

$$f = 1 - \prod I_i/100 \tag{5-2-1}$$

式中 $i=1\sim4$,代表管道不同失效模式。例如满分为 100 分的指标体系,如果第三方损坏得分为 60、腐蚀得分为 70、设计指数得分为 80、运行工艺得分为 70,只要有一种模式发生失效管道即失效,则该管段的失效概率为:$1-0.6\times0.7\times0.8\times0.7=76.48\%$。由于半定量的得分值仅是一个相对指示值,这些百分比并不能完全代表失效概率,这里提供的失效概率是一个相对的分值而不是实际概率。但较高的指数总和则意味着更低的风险和更高的完好率。

Hong Lu 依据这一思想,进一步给出了一种指数关系的失效概率分值和实际失效概率之间的转换关系,见式(5-2-2):

$$f=e^{K\times FPS} \tag{5-2-2}$$

式中 f——实际失效概率;

FPS——失效可能性得分值;

K——转换系数。

式(5-2-2)假定,当失效可能性得分值为 0 时,实际失效概率为 1;当失效可能性得分值为满分时,需要根据实际情况确定"有效零点",即实际失效概率的下限值,以此来获得转换系数。例如指标体系中的得分值为 0~400 时,假定当得分值为 0 时,失效概率为 1,当得分值为 400 即满分时,失效概率的下限值为 10^{-12},则依据式(5-2-2)可得,$K=-0.0691$,此时的转换关系如图 5-2-1 所示。

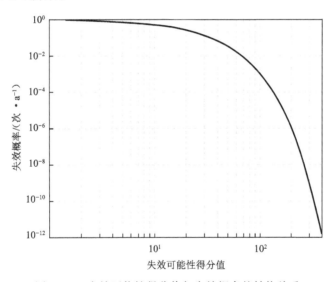

图 5-2-1 失效可能性得分值与失效概率的转换关系

张锦伟等基于模糊理论,将失效可能性得分值转化为模糊数,再将模糊数转化为模糊可能性得分值,并最终将模糊可能性得分值转换为指标的失效概率。David Mangold 简述了将管道威胁因素划分为发生的可能性、导致泄漏的可能性和减缓措施的有效性来量化管道失效可能性的方法并在 SemGroup 中进行应用。

(二)基于历史失效数据的统计修正法

基于历史失效数据的统计修正法,即首先确定油气管道的基础失效概率,再进行修正以符合特定管道的运行管理情况。

基础失效概率的确定多以失效数据库统计数据为准,目前国外已经建立了比较完备的失效数据库,例如美国管道和危险材料安全管理局(PHMSA)、加拿大国家能源局(NEB)、欧洲天然气管道事故组织(EGIG)、英国陆上管道运营协会(UKOPA)、欧洲空气与水保护组织(CONCAWE)等。原中石油管道有限责任公司也致力于所辖范围内油气管道失效数据的管理工作,并由国家管网研究总院于2009年建立了相应管道失效数据库,提出了管道线路失效定义及油气管道失效数据库界限,建立了具有自身特点的失效数据库构架。表5-2-2列出了挪威船级社(DNV)以及英国健康和安全执行局(HSE)在管道定量风险评价中失效概率的推荐值。

表 5-2-2　管道失效概率推荐值

挪威船级社(DNV)		
管道类型	描　述	失效概率/(次·km^{-1}·a^{-1})
海底管道	井流管道和其他含有未加工流体的管道	4.8×10^{-4}
		2.4×10^{-4}
		2.3×10^{-4}
	输送经处理的油气管道(管径小于 609.6 mm)	1.7×10^{-5}
	输送经处理的油气管道(管径大于 609.6 mm)	5.4×10^{-6}
	柔性管道	2.1×10^{-3}
陆上油品管道	管径小于 203.2 mm	8.5×10^{-4}
	管径 203.2～355.6 mm	5.4×10^{-4}
	管径 406.4～558.8 mm	3.1×10^{-4}
	管径 609.6～711.2 mm	2.0×10^{-4}
	管径大于等于 762 mm	2.0×10^{-4}
陆上气体和 CO_2 管道	壁厚小于等于 5 mm	2.7×10^{-4}
	壁厚 5～10 mm	1.5×10^{-4}
	壁厚 10～15 mm	4.5×10^{-5}
	壁厚 15～20 mm	1.8×10^{-5}
	壁厚 20～25 mm	1.7×10^{-5}
	壁厚大于 25 mm	1.1×10^{-5}
	管径小于等于 101.6 mm	3.6×10^{-4}
	管径 304.8～406.4 mm	2.3×10^{-4}
	管径 457.2～558.8 mm	1.5×10^{-4}
	管径 609.6～711.2 mm	2.0×10^{-4}
	管径 762～863.6 mm	7.5×10^{-5}
	管径 914.4～1016 mm	6.2×10^{-5}
	管径大于等于 1 066.8 mm	6.6×10^{-5}

英国健康和安全执行局(HSE)						
	管径/mm		泄漏类型			
			针孔(<25 mm)	小孔(25~75 mm)	大孔(75~110 mm)	破裂(>110 mm)
天然气管道			机械损伤失效概率/(次·km^{-1}·a^{-1})			
	<115		4.5×10^{-4}	1.0×10^{-8}	1.0×10^{-8}	1.0×10^{-8}
	127~273		1.5×10^{-4}	1.0×10^{-8}	1.0×10^{-8}	1.0×10^{-8}
	≥305		8.7×10^{-6}	1.0×10^{-8}	1.0×10^{-8}	1.0×10^{-8}
	所有管径	壁　厚	腐蚀失效概率/(次·km^{-1}·a^{-1})			
		<5 mm	3.1×10^{-4}	1.0×10^{-8}	1.0×10^{-8}	1.0×10^{-8}
		5~10 mm	3.3×10^{-5}	1.0×10^{-8}	1.0×10^{-8}	1.0×10^{-8}
		≥10 mm	1.0×10^{-7}	1.0×10^{-8}	1.0×10^{-8}	1.0×10^{-8}
	所有管径		地表移动失效概率/(次·km^{-1}·a^{-1})			
			1.2×10^{-5}	2.5×10^{-6}	1.5×10^{-7}	2.5×10^{-6}
	所有管径		第三方损坏失效概率/(次·km^{-1}·a^{-1})			
			2.2×10^{-5}	2.4×10^{-6}	1.0×10^{-7}	1.0×10^{-7}
原油管道	所有管径		机械损伤失效概率/(次·km^{-1}·a^{-1})			
			4.9×10^{-6}	7.3×10^{-6}	7.3×10^{-6}	2.4×10^{-5}
			腐蚀失效概率/(次·km^{-1}·a^{-1})			
			1.6×10^{-5}	1.4×10^{-5}	1.4×10^{-5}	5.4×10^{-7}
			地表移动失效概率/(次·km^{-1}·a^{-1})			
			1.2×10^{-5}	2.5×10^{-6}	1.5×10^{-7}	2.5×10^{-6}
			第三方损坏失效概率/(次·km^{-1}·a^{-1})			
			2.2×10^{-5}	2.4×10^{-6}	1.0×10^{-7}	1.4×10^{-7}
成品油管道	所有管径		机械损伤失效概率/(次·km^{-1}·a^{-1})			
			8.2×10^{-6}	1.0×10^{-5}	1.0×10^{-5}	4.1×10^{-6}
			腐蚀失效概率/(次·km^{-1}·a^{-1})			
			1.2×10^{-5}	1.2×10^{-5}	1.2×10^{-5}	2.1×10^{-6}
			地表移动失效概率/(次·km^{-1}·a^{-1})			
			1.2×10^{-5}	2.5×10^{-6}	1.5×10^{-7}	2.5×10^{-6}
			第三方损坏失效概率/(次·km^{-1}·a^{-1})			
			2.2×10^{-5}	2.4×10^{-6}	1.0×10^{-7}	1.0×10^{-7}

　　由于基础失效概率反映的是整体的平均统计情况,不具有个体性,因此需要根据特定管道的运行情况加以修正。失效概率的修正方法暂未统一,众多学者进行了研究,一类是引入修正因子,如张华兵基于失效数据库,结合具体评价目标管道的自身特点,建立了天然气管道失效概率计算模型,其中第三方损坏模型见式(5-2-3):

$$f = f_{\mathrm{g}} \prod B_j C_1 D/t \tag{5-2-3}$$

式中　　f——失效概率；

　　　　f_{g}——基础失效概率；

　　　　B_j——修正因子；

　　　　C_1——归一因子；

　　　　D——管径；

　　　　t——管道壁厚。

靳书斌提出了基于修正因子和通用失效概率主观修正的两种高压燃气管道第三方损坏失效概率计算模型，并比较采用两者较大值作为失效概率最终结果。王迎刚利用云模型的相关理论建立条件规则发生器和逆向云发生器，建立了基于肯特评分法的失效概率修正系数。

英国 BSI PD8010.3 提供了一种基于通用失效概率曲线确定失效概率，并用减缓因子修正的油气管道第三方损坏失效概率计算方法。

GB/T 34346—2017《基于风险的油气管道安全隐患分级导则》附录 C 通过管理措施因子（F_{M}）和损伤系数（F_{D}）两项进行修正，见式（5-2-4）和式（5-2-5）。

$$f = F_{\text{基础}} F_{\mathrm{M}} F_{\mathrm{D}} \tag{5-2-4}$$

$$F_{\mathrm{D}} = F_{\mathrm{C}} V_{\mathrm{C}} + F_{\mathrm{L}} V_{\mathrm{L}} + F_{\mathrm{V}} V_{\mathrm{V}} + F_{\mathrm{P}} V_{\mathrm{P}} + F_{\mathrm{F}} V_{\mathrm{F}} \tag{5-2-5}$$

式中　　f——管道失效概率；

　　　　$F_{\text{基础}}$——油气管道平均失效概率；

　　　　F_{M}——管理措施因子；

　　　　F_{D}——损伤系数；

　　　　$F_{\mathrm{C}}, F_{\mathrm{L}}, F_{\mathrm{V}}, F_{\mathrm{P}}, F_{\mathrm{F}}$——腐蚀环境因子、管道本体缺陷因子、第三方损坏因子、制造与施工因子、疲劳因子；

　　　　$V_{\mathrm{C}}, V_{\mathrm{L}}, V_{\mathrm{V}}, V_{\mathrm{P}}, V_{\mathrm{F}}$——上述各修正因子对应的权重，且满足五者之和为 1。

管理措施因子、损伤系数如图 5-2-2 所示。

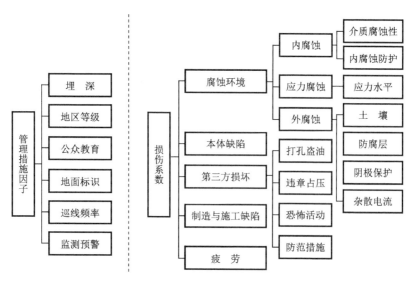

图 5-2-2　管理措施因子、损伤系数

另一类是利用已有的管道失效记录进行线性回归或利用数学模型进行预测,如王海清对 EGIG 失效数据进行了线性回归分析,并综合考虑管道环境和运行条件,提出了管道第三方损坏失效概率预测模型,见式(5-2-6):

$$f=(c_1 \mathrm{e}^{\alpha x_1}+c_2 \mathrm{e}^{\delta x_2}+c_3 \mathrm{e}^{\varphi x_3})F \tag{5-2-6}$$

式中　f——失效概率;

$c_1,c_2,c_3,\alpha,\delta,\varphi,x_1,x_2,x_3$——与管道直径、壁厚、埋深有关的系数;

F——考虑管道内外部环境的管理系数。

董保胜等依托现有管道第三方损坏失效数据,综合管道长度、沿线人口密度和人均国民生产总值等指标,对管道第三方损坏次数和概率进行了预测。胡生宝等将管道缺陷尺寸转变为断裂力学相关参数,使用 PIE 模型预测了管道所受机械挖掘的失效概率。孙传青等将信息扩散理论引入管道第三方损坏模型中,给出了第三方损坏发生次数的概率预测。

（三）数学分析法

数学分析法可分为三类,即结构可靠度、概率图谱(故障树、贝叶斯网络)和模糊逻辑。结构可靠度即依据强度-应力理论将管道的强度和应力视为随机变量,建立荷载与抗力的极限状态方程进行求解。国内外对此进行了大量研究,并相继出台了相应标准规范,如 GB/T 29167—2012(即 ISO 16708:2006)《石油天然气工业　管道输送系统　基于可靠性的极限状态方法》、CSA Z662—2007《油气管道系统》附录 O。

以管道腐蚀为例进行说明,腐蚀造成的管道最终失效形式有小孔泄漏、大孔泄漏、爆裂和破裂四种,应分类建立相应的极限状态方程。

1. 腐蚀导致小孔泄漏的极限状态方程

$$g_1=t-d_{\max} \tag{5-2-7}$$

式中　t——管道壁厚,mm;

$d_{\max}$——最大腐蚀深度,mm。

2. 腐蚀导致的非透壁缺陷破裂极限状态方程

腐蚀导致的非透壁缺陷破裂极限状态方程与管材屈服强度有关,应符合下列要求:

（1）屈服强度大于 241 MPa,极限状态方程应符合下列公式要求:

$$g_2=e_1 r_c+(1-e_1)r_0-e_2\sigma_u-p \tag{5-2-8}$$

$$r_c=r_0\left[\frac{1-d/t}{1-d/(t \cdot M_t)}\right] \tag{5-2-9}$$

$$r_0=\frac{1.8\sigma_u t}{D} \tag{5-2-10}$$

式中　r_c——管道预测破裂压力,MPa;

σ_u——材料的屈服强度,MPa;

L——缺陷的轴向长度,mm;

t——管道壁厚,mm;

p——管道内压,MPa;

d——平均腐蚀深度,mm;

D——管道外径,mm;

e_1——模型误差系数,为 1.04;

e_2——模型误差系数,平均值为-0.00056、标准偏差为0.001469的正态分布。

M_t是"Folias"系数,它是L,D和t的函数,由式(5-2-11)确定:

$$M_t = \begin{cases} \left[1+0.6275\dfrac{L^2}{Dt}-0.003375\dfrac{L^4}{D^2t^2}\right]^{1/2}, & \dfrac{L^2}{Dt}\leqslant 50 \\ 0.032\dfrac{L^2}{Dt}+3.3, & \dfrac{L^2}{Dt}>50 \end{cases} \tag{5-2-11}$$

(2)屈服强度小于 241 MPa,极限状态方程应符合下列公式要求:

$$g_3 = e_3 r_c + (1-e_4) r_0 - e_2 \sigma_y - p \tag{5-2-12}$$

$$r_0 = \frac{2.3\sigma_y t}{D} \tag{5-2-13}$$

式中　r_c——管道预测破裂压力,MPa;

　　　σ_y——材料的拉伸强度,MPa;

　　　e_3——模型误差系数,为 1.17;

　　　e_4——模型误差系数,平均值为-0.007655、标准偏差为0.006506的正态分布。

3.腐蚀导致的透壁缺陷破裂极限状态方程

腐蚀导致的透壁缺陷破裂极限状态方程应符合下列公式要求:

(1)屈服强度大于 241 MPa,极限状态方程应符合下列公式要求:

$$g_4 = \frac{1.8t\sigma_u}{M_t D} - p \tag{5-2-14}$$

(2)屈服强度小于 241 MPa,极限状态方程应符合下列公式要求:

$$g_5 = \frac{2.3t\sigma_y}{M_t D} - p \tag{5-2-15}$$

屈服强度大于 241 MPa,小孔泄漏定义为$(g_1<0)\bigcap(g_2>0)$,爆裂定义为$(g_1>0)\bigcap(g_2<0)$,大孔泄漏定义为$(g_1>0)\bigcap(g_2<0)\bigcap(g_4>0)$,破裂定义为$(g_1>0)\bigcap(g_2<0)\bigcap(g_4<0)$;屈服强度小于 241 MPa,小孔泄漏定义为$(g_1<0)\bigcap(g_3>0)$,爆裂定义为$(g_1>0)\bigcap(g_3<0)$,大孔泄漏定义为$(g_1>0)\bigcap(g_3<0)\bigcap(g_5>0)$,破裂定义为$(g_1>0)\bigcap(g_3<0)\bigcap(g_5<0)$。

Nessim 介绍了该方法中关键公式和参数的标准取值及安全系数的确定,并进行了评估。Jiang Lu 基于中国 4 家管道运营公司 13 900 km 管道数据样本,确定了管道遭受第三方损坏活动中冲击概率的基础数据和挖掘机可能施加的荷载。Geoffray、张振永、杨玉锋、张强也依据此方法对处于设计及在役期的管道可能遭受的第三方损坏活动进行了评估。

概率图谱表示影响管道运行安全各事件之间的逻辑关系,主要包括故障树和贝叶斯网络。两者的不同之处在于,故障树通过基本事件的与门、或门求解顶上事件发生的概率,贝叶斯网络则通过基本事件之间的条件概率确定顶上事件发生的概率,图 5-2-3 为管道外腐蚀贝叶斯网络模型架构图。

其他诸如 Qishi Chen 给出了一种综合考虑管道预防第三方损坏措施的具有 9 个层级 29 个基本事件的故障树模型。曹斌等针对川渝地区的输气管道,建立了管道第三方损坏故障树。杨印臣等结合故障树分析法与模糊综合评判法对城市燃气管道第三方损坏进行了评价。Smitha D. Koduru 提出了一种基于故障树的评估第三方损坏冲击概率的贝叶斯网络,阐述了故障树向贝叶斯网络转化的全过程。严亮提出了一种基于贝叶斯网络的陆上油气管

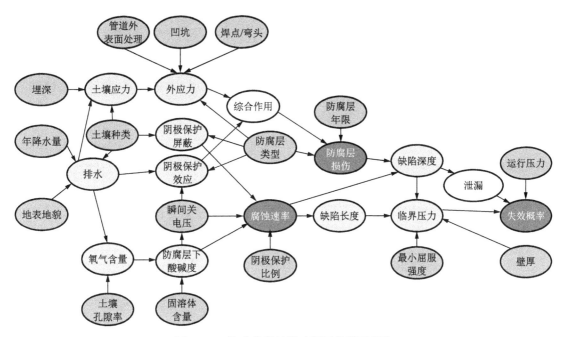

图 5-2-3　管道外腐蚀贝叶斯网络模型架构

道多因素多态失效风险分析方法。模糊逻辑的方法多与故障树联合起来使用,用于解决管道量化评价中的不确定性问题。如李军等基于层次分析法和模糊数学理论,计算了燃气管道第三方损坏风险的失效可能性。陈杨等建立了第三方损坏评价指标体系,采用专家评分法建立模糊评判矩阵,再由模糊评判原理得出埋地管道第三方损坏可能性等级。由于与概率分析模型相比,模糊评判理论并没有较大优势,因此目前该方法并未大规模推广应用。

三、管道泄漏后事故概率分析

(一)事件树

管道内介质泄漏造成各种意外事件,取决于是否存在立即点火或延迟点火,如图 5-2-4 所示。根据直接点火和在时间间隔 $0 \sim \Delta T$,$\Delta T \sim 2\Delta T$,…的延迟点火,ΔT 是指计算中使用的时间步长。事件树的可能结果为蒸气云爆炸、喷射火和池火、闪火、爆炸。

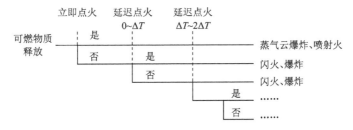

图 5-2-4　可燃物释放时实际点火源形成的事件树

输油管道泄漏事件树如图 5-2-5 所示。确定各分支事件的发生概率后,采用连乘的方式计算得到最终事件的发生概率。

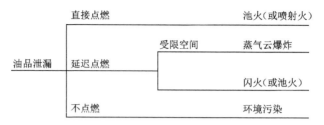

图 5-2-5　输油管道泄漏事件树

输气管道泄漏事件树如图 5-2-6 所示。确定各分支事件的发生概率后,采用连乘的方式计算得到最终事件的发生概率。

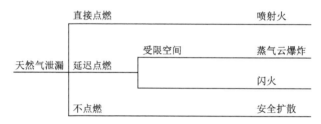

图 5-2-6　输气管道泄漏事件树

(二) 点火类型

点火类型分为立即点火和延迟点火。立即点火的点火概率应考虑设备类型、物质种类和泄漏类型(瞬时释放或者连续释放)。可根据数据库统计或通过概率模型计算获取。可燃物质分类、部分化学物质的活性分类、固定装置内可燃物质泄漏后立即点火概率见表 5-2-3 ～5-2-5。

表 5-2-3　可燃物质分类

物质类别	燃烧性	条　　　　件
类别 0	极度易燃	① 闪点小于 0 ℃,沸点低于等于 35 ℃的液体; ② 暴露于空气中,在正常温度和压力下可以点燃的气体
类别 1	高可燃性	闪点低于 21 ℃的液体,但不是极度易燃的
类别 2	可　燃	闪点高于等于 21 ℃且低于等于 55 ℃的液体
类别 3	可　燃	闪点高于 55 ℃且低于等于 100 ℃的液体
类别 4	可　燃	闪点高于 100 ℃的液体

注:对于类别 2,3,4 的物质,若操作温度高于闪点,则立即点火概率按照类别 1 进行考虑。

表 5-2-4　部分化学物质的活性分类

低活性	1-氯-2,3-环氧丙烷;1,3-二氯丙烷;3-氯-1-丙烯;氨;溴甲烷;一氧化碳;氯乙烷;氯甲烷;甲烷;四乙铅
中活性	1-丁烯;1,2-二氨基乙烷;乙醛;乙腈;丁烷;氯乙烷;二甲胺乙烷;乙基乙酰胺;甲酸;丙烷;丙烯
高活性	丁三醇＊、乙炔＊、苯＊、二硫化碳＊、乙硫醇＊、环氧乙烷、甲酸乙酯＊、甲醛＊、甲基丙烯酸酯＊、甲酸甲酯＊、甲基环氧乙烷＊、石脑油溶剂＊、四氢噻吩＊、乙烯基乙酸盐＊

注:标注＊的物质,化学物质活性信息非常少,可将此物质作为高活性物质。

表 5-2-5　固定装置内可燃物质泄漏后立即点火概率

物质分类	连续释放	瞬时释放	立即点火概率
类别 0(中/高活性)	<10 kg/s	<1 000 kg	0.2
	10～100 kg/s	1 000～10 000 kg	0.5
	>100 kg/s	>10 000 kg	0.7
类别 0(低活性)	<10 kg/s	<1 000 kg	0.02
	10～100 kg/s	1 000～10 000 kg	0.04
	>100 kg/s	>10 000 kg	0.09
类别 1	任意速率	任意量	0.065
类别 2	任意速率	任意量	0.01
类别 3,4	任意速率	任意量	0

延迟点火概率的计算方法不同。紫皮书中介绍了两种方法:一种方法通过实际点火源计算;另一种方法通过自由场计算。

定量风险评价可以通过企业内部或外部的已知点火源的特定位置计算得到。企业内部的点火源分布是已知或可以预见的。该计算方法用于计算社会风险,特殊情况下可用来计算个人风险。值得注意的是,如果仅存在少量(弱的)点火源,那么蒸气云的点火概率为0。

延迟点火的点火概率应考虑点火源特性、泄漏物特性以及泄漏发生时存在的点火源概率,可按式(5-2-16)计算:

$$P(t)=P_{\text{present}}(1-e^{-\omega t})\tag{5-2-16}$$

式中　$P(t)$——0～t 时间内发生点火的概率;

　　　P_{present}——存在点火源的概率;

　　　ω——点火效率,s^{-1},与点火源特性有关;

　　　t——时间,s。

点火效率可以根据点火源在一段时间内的点火概率计算得出。常见点火源在 1 min 内的点火概率见表 5-2-6。

表 5-2-6　点火源在 1 min 内的点火概率

点火源	1 min 内的点火概率	
点　源	机动车辆	0.4
	火　焰	1.0
	室外燃烧炉	0.9
	室内燃烧炉	0.45
	室外锅炉	0.45
	室内锅炉	0.23
	船	0.5
	危化品船	0.3
	捕鱼船	0.2

点火源	1 min 内的点火概率	
点　源	游　艇	0.1
	内燃机车	0.4
	电力机车	0.8
线　源	输电线路	0.2/100 m
	公　路	注 1
	铁　路	注 1
面　源	化工厂	0.9/座
	炼油厂	0.9/座
	重工业区	0.7/座
	轻工业区	按人口计算
人口活动	居　民	0.01/人
	工　人	0.01/人

注 1：发生泄漏事故地点周边的公路或铁路的点火概率与平均交通密度 d 有关。平均交通密度 d 的计算公式为：

$$d = NE/v$$

式中　N——每小时通过的汽车（机车）数量，辆/h；

E——道路或铁路的长度，km；

v——汽车（机车）平均速度，km/h。

如果 $d \leqslant 1$，则 d 的数值就是蒸气云通过时点火源存在的概率，此时

$$P(t) = d(1 - e^{\omega t})$$

式中　ω——单辆汽车（机车）的点火效率，s^{-1}。

如果 $d \geqslant 1$，则 d 表示当蒸气云经过时的平均点火源数目；则在 $0 \sim t$ 时间之间的点火概率为：

$$P(t) = 1 - e^{-d\omega t}$$

注 2：对某个居民区而言，$0 \sim t$ 时间内的点火概率可由下式给出：

$$P(t) = 1 - e^{-n\omega t}$$

式中　ω——每个人的点火效率，s^{-1}；

n——居民区中存在的平均人数。

注 3：如果其他模型中采用不随时间变化的点火概率，则该点火概率等于 1 min 内的点火概率。

第三节　失效后果分析

管道泄漏后果计算的目的在于定量描述油气管道泄漏扩散的危害程度，为管道管理者模拟事故后果。要对危害程度进行有效评价，必须建立管道泄漏扩散各过程相应的数学模型。这些模型通常是对特定事故场景在一系列理想化假设前提下，依据一定的数学、物理、化学原理建立的，模型的参数可由实验或数值分析等手段得到。

输油管道从发生泄漏扩散到造成危害一般包含以下过程：油品从管道的泄漏过程、油品在地面的扩散和土壤中的渗透以及向大气环境的蒸发过程、油蒸气在大气中的扩散以及可能造成的爆炸或燃烧的过程，如果在泄漏过程中油品扩散到水体中，还要对油品在水体中的

扩散过程进行研究。油品在常温常压下为液体,所以当其泄漏到大气后不会瞬间闪蒸成气体,而是在地面形成一定厚度的油池,在油池的形成过程中及油池形成后,油品以一定的方式蒸发为蒸气进入大气。因此油池面积的最终大小与泄漏量、地形、风速、温度以及蒸发过程等因素密切相关。成品油一般为连续泄漏,在假定液体扩散期间以泄漏点为中心沿光滑地表向外扩散。按事故的发展过程,输气管道事故后果危害定量分析主要涵盖五个方面的研究内容:泄漏阶段(泄漏速率和泄漏量)、气体扩散阶段(扩散范围)、气体燃烧阶段(热辐射影响范围)、气体爆炸阶段(超压冲击波影响)与事故伤害影响阶段(人员与建筑物),相对应的模型有管道泄漏模型、气体泄漏扩散模型、热辐射影响伤害模型、气云爆炸模型和事故伤害影响模型。

一、油品管道泄漏后果计算模型

(一) 泄漏模型

1. 小泄漏

因为小孔泄漏时的泄漏量比较小,对压力影响不大。可以认为关闭阀门之后,只有高程差导致油品外泄。

(1) 关阀前泄漏速率。

油品泄漏速率可以利用基于动力守恒的不可压缩稳态流动 Bernoulli 等式计算:

$$q_{s1} = C_d A_h \sqrt{2\rho_L (p_1 - p_a + \rho_L g H_1 - p_m)} \tag{5-3-1}$$

式中　q_{s1}——关阀前油品泄漏速率,kg/s;

　　　C_d——泄漏系数;

　　　A_h——油品泄漏孔径,m;

　　　ρ_L——输送介质密度,kg/m³;

　　　p_1——压力源压力,Pa;

　　　p_a——外部环境压力,取值 101 325 Pa;

　　　p_m——管道摩擦阻力,Pa;

　　　g——重力加速度,取值 9.8;

　　　H_1——泄漏点与压力源高程差,m,如图 5-3-1 所示。

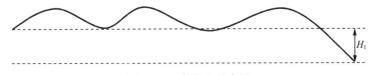

图 5-3-1　高程差示意图

(2) 关阀后泄漏速率。

$$q_{s2} = C_d A_h \sqrt{2\rho_L (p_2 - p_a + \rho_L g H_1 - p_m)} \tag{5-3-2}$$

式中　q_{s2}——关阀后油品泄漏速率,kg/s;

　　　p_2——管道内剩余压力,Pa。

由于关阀后没有压力源提供压力,压力随油品在管道内的流动不断减小(摩擦阻力的原因),计算过程中需要迭代。

（3）管道摩擦阻力的计算。

不可压缩黏性流体在粗糙管内定常流动时，沿管道的压降损失可用式(5-3-3)表示：

$$\Delta p = f_\mathrm{d}(\rho_\mathrm{L}/2)(u_\mathrm{f}^2 l_\mathrm{p}/d_\mathrm{p}) \tag{5-3-3}$$

① 首先忽略摩擦，计算泄漏速率：

$$q_\mathrm{s} = \frac{1}{4}C_\mathrm{d}\pi d_\mathrm{h}^2\sqrt{2\rho_\mathrm{L}(p_1 - p_\mathrm{a} + \rho_\mathrm{L}gH_1)} \tag{5-3-4}$$

② 计算雷诺数：

$$Re = 4q_\mathrm{s}/(\pi d_\mathrm{p}\eta) \tag{5-3-5}$$

③ 计算 Darcy 摩擦系数：

$$f_\mathrm{d} = \begin{cases} 64/Re, & Re < 2\,000（层流）\\ 0.316\,4Re^{-0.25}, & 4\,000 < Re < 10^5（湍流、光滑管道）\end{cases} \tag{5-3-6}$$

④ 计算压力损失：

$$\Delta p = f_\mathrm{d}(\rho_\mathrm{L}/2)(u_\mathrm{f}^2 l_\mathrm{p}/d_\mathrm{p})$$

$$u_\mathrm{f} = \frac{4q_\mathrm{s}}{\rho_\mathrm{L}\pi d_\mathrm{h}^2} \tag{5-3-7}$$

⑤ 回到步骤①，压力项中将压力损失扣除。反复迭代逼近，直到两次计算的泄漏速率相差不大。

式中　Δp——压头损失，Pa；

　　　d_h——泄漏孔径，m；

　　　d_p——管道直径，m；

　　　l_p——管道长度，m；

　　　u_f——管道内流体流速，m/s；

　　　f_d——摩擦系数；

　　　Re——雷诺数；

　　　η——油品动力黏度，Pa·s。

（4）泄漏量。

由于油品泄漏时，关阀前和关阀后泄漏速率的计算公式不同，因此泄漏量的计算也不同，采用下式计算：关阀前 $Q_\mathrm{s1} = \int_0^{T_1} q_\mathrm{s1}\mathrm{d}t$，关阀后 $Q_\mathrm{s2} = \int_0^{T_2} q_\mathrm{s2}\mathrm{d}t$，总泄漏量 $Q_\mathrm{s} = Q_\mathrm{s1} + Q_\mathrm{s2}$。

Q_s2 计算得到的泄漏量不能超过高程差内油品总量。T_1 由两部分组成，发现泄漏时间和关阀时间，关阀时间默认值见表 5-3-1。

表 5-3-1　关阀时间

关阀类型	手动控制	远程控制
关阀时间	30 min	15 min

注：在这里手动阀并不是单指靠人力驱动关闭的阀门，而是指借助手动、电力、液力或气力来操纵启闭的阀门，如闸阀、截止阀、节流阀、调节阀、蝶阀、球阀、旋塞阀等。按操纵方式，阀门可分为：

① 手动阀：借助手轮、手柄、杠杆或链轮等，由人力来操纵的阀门。当需传递较大的力矩时，可装圆柱直齿轮、圆锥直齿轮、蜗轮蜗杆等减速装置。

② 电动阀：用电动机、电磁或其他电气装置操纵的阀门。

③ 液压或气压传动阀：借助液体（水、油等液体介质）或空气操纵的阀门。

国内早期管道使用的几乎全都是手动关闭阀,发生泄漏后若不能及时发现,油品的损失十分巨大,对财产和生命安全都会造成巨大的影响,因此手动关闭阀的计算是很有必要的。

2.大泄漏及破裂

(1)关阀前泄漏速率。

关阀前泄漏速率按照式(5-3-1)计算,由于大泄漏后,站控内压力变化较大,因此大泄漏的发现时间较小泄漏要早很多,可以忽略。

(2)关闭后泄漏速率。

关阀后泄漏速率按照式(5-3-2)计算,式中 H_1 为最大高程差,由于管道发生大泄漏,且关阀后管道内油品不断减少,最大高程差随油品的减少不断变小,因此高程差需要不断迭代计算。

将抢修时间(T_2)分段为多个 t_i 进行迭代运算。管道内的动态压力按式(5-3-8)计算:

$$带入计算的 H_1 = (1-已经泄漏量/总量) \times 最初 H_1 \tag{5-3-8}$$

(3)泄漏量。

由于油品泄漏时,关阀前和关阀后泄漏速率的计算公式不同,因此泄漏量的计算也不同,关阀前 $Q_{s1} = \int_0^{T_1} q_{s1} \mathrm{d}t$,关阀后 $Q_{s2} = \int_0^{T_2} q_{s2} \mathrm{d}t$,总泄漏量 $Q_s = Q_{s1} + Q_{s2}$。

(二)扩散模型

油品在常温常压下为液体,所以当其泄漏到大气以后不会在瞬间闪蒸成气体,而是散落在地面形成油池。在油池未达到最大油池面积以前,即 t 时刻的泄漏速率大于 t 时刻的蒸发速率和渗透速率时,油池面积将不断增大,蒸发速率也不断增大。在此过程中油品会不断向大气中蒸发。如果泄漏的油品已经达到人工边界(如堤坝、围堰等),则油品面积即为人工边界围成的面积。如果泄漏的液体没有达到人工边界,则利用下面的公式计算液池面积。

考虑泄漏管道周围地面平坦,不存在围堰,则根据经验认为油池呈圆形在地面蔓延。图5-3-2 显示了周围不存在任何障碍物,油池在地面上的蔓延过程。在这种情况下,油池始终以圆形在地面上蔓延。

图 5-3-2　无围堰时油池的蔓延过程

1.油品的蒸发量计算

油蒸气扩散示意图如图 5-3-3 所示。

t 时刻油池的蒸发速率为:

$$Q_{vap} = f_v A_p(t) \tag{5-3-9}$$

式中　Q_{vap}——t 时刻油池质量蒸发速率,kg/s;

　　　f_v——单位面积质量蒸发速率,kg/(m² · s);

　　　$A_p(t)$——t 时刻油池面积,m²。

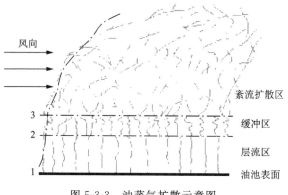

图 5-3-3 油蒸气扩散示意图

油池单位面积质量蒸发速率为：

$$f_v = 2.22 \times 10^{-5} u_{wind} [1 + 0.004\ 3(T_p - 273)] \frac{p_v}{68} \frac{M_w}{120} \tag{5-3-10}$$

式中 u_{wind}——风速，m/s；

       p_v——泄漏物质饱和蒸汽压，Pa；

       M_w——泄漏物质分子质量，kg/mol；

       T_p——油品温度，K。

知道了任意 t 时刻的蒸发速率，对时间 t 积分可以得到至 t 时刻末油池的蒸发总质量：

$$W_{vap}(t) = \int_0^t Q_{vap}(t)\mathrm{d}t \tag{5-3-11}$$

2.油品的渗漏量计算

油品在地面蔓延的同时，还在不断向地下渗漏。油品在地下的渗漏规律十分复杂，按圆形在平地面渗漏的油品 t 时刻单宽渗漏速率为：

$$q_{down}(t) = K \left(\sqrt{\frac{A_p(t)}{\pi}} + 2H_{min} \right) \tag{5-3-12}$$

式中 $q_{down}(t)$——t 时刻油池单宽渗漏速率，$m^3/(d \cdot m)$；

       K——渗透系数，不同土壤情况对应不同的渗透系数，m/d，见表 5-3-2；

       $A_p(t)$——t 时刻油池面积，m^2；

       H_{min}——最小油池厚度，m。

表 5-3-2   不同地面类型的最小油池厚度和渗透系数

表　面	粗糙的沙壤或砂地	农业用地或草地	平整的砂石地	石头地面或水泥地面
最小油池厚度/m	0.25	0.20	0.10	0.05
渗透系数 $K/(m \cdot d^{-1})$	50	0.5	20	0.005

油池 t 时刻的总渗漏速率为：

$$Q_{down}(t) = \frac{\rho q_{down}(t) \sqrt{\pi A_p(t)}}{3\ 600 \times 24} \tag{5-3-13}$$

式中 $Q_{down}(t)$——t 时刻油池的总渗漏速率，kg/d；

       $q_{down}(t)$——t 时刻油池单宽渗漏速率，$m^3/(d \cdot m)$；

ρ——油品密度，kg/m^3；

$A_p(t)$——t 时刻油池面积，m^2。

油池的总渗漏速率也是时间 t 的函数，对时间 t 积分可以得到至 t 时刻末油池的总渗漏量：

$$W_{down}(t) = \int_0^t Q_{down}(t)\,dt \qquad (5\text{-}3\text{-}14)$$

3. 油品的动态扩散模型

根据质量守恒定律，油池中剩余的油品质量等于泄漏油品的总质量减去蒸发的油品总质量和向地下渗漏的油品总质量，这就得到了平地面圆形扩散油池的动态蔓延蒸发渗漏模型。油池中剩余的油品将以油池所在地表情况对应的最小油池厚度存在，从而使油池趋于最大面积。利用循环迭代即可求出从 $0\sim t$ 时间任意时刻 t 的油池面积，进而求得对应时刻油池的蒸发速率和渗漏速率。当蒸发速率与渗漏速率的和等于泄漏速率时油池不再扩展，即达到最大油池面积。任意时刻 t 油池面积的计算公式为：

$$A_p(t) = \frac{W_{leak}(t) - \left[W_{vap}(t) + W_{down}(t) \right]}{\rho H_{min}} \qquad (5\text{-}3\text{-}15)$$

式中　$A_p(t)$——t 时刻圆形油池面积，m^2；

$W_{leak}(t)$——到 t 时刻末泄漏油品的总质量，kg；

$W_{vap}(t)$——到 t 时刻末蒸发油品的总质量，kg；

$W_{down}(t)$——到 t 时刻末渗漏油品的总质量，kg；

ρ——油品密度，kg/m^3；

H_{min}——对应于不同地面类型的最小油池厚度，m。

则 t 时刻油池直径 $D(t)$ 为：

$$D(t) = \sqrt{\frac{4A_p(t)}{\pi}} \qquad (5\text{-}3\text{-}16)$$

（三）池火模型

油品泄漏后流到地面形成油池，或流到水面并覆盖水面，遇到引火源燃烧而形成池火。火灾若发生在敞开环境中，由于空气充足，燃烧比较充分，生成的有毒、有害气体和烟尘较少，热辐射是人员伤亡和财产损失的主要原因；若发生在通风不充分的受限环境中，燃烧不完全，产生了有毒、有害气体和烟尘，在这种情况下，人员伤亡不但取决于热辐射，更取决于有害气体和烟尘的窒息作用。对于输油管道而言，其泄漏引起的火灾通常属于前一种情况。因此，对于输油管道泄漏引起的火灾危害评价，主要是计算火灾对于接受体的热辐射大小。

油池的几何形状可能多种多样，池的面积也可能随时间变化。为分析方便，假设油池是圆形的，池火火焰为圆柱形，火焰直径等于油池直径，无特殊要求下，忽略风对池火燃烧的影响，并针对有风和无风情况，分别定量计算池火的危害程度。池火模型计算步骤如图 5-3-4 所示。

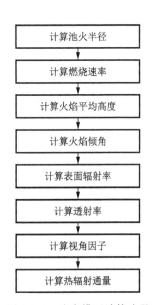

图 5-3-4　池火模型计算步骤

1. 油池直径

式(5-3-16)已经详细说明,此处不再赘述。

2. 燃烧速率

Babrauskas 在进行大规模池火实验的基础上,提出了适合于大直径池火的燃烧速率估算公式:

$$m'' = m_f(1 - e^{-k\beta D}) \tag{5-3-17}$$

式中 m''——质量燃烧速度,kg/(m² · s);

m_f——液体最大质量燃烧速度,kg/(m² · s),取值可参照表 5-3-3;

k——火焰吸收衰减系数,m⁻¹;

β——平均光线长度校正系数。

表 5-3-3   几种液体的燃烧参数

可燃液体	汽 油	煤 油
$\dot{m}_f/(\text{kg} \cdot \text{m}^{-2} \cdot \text{s}^{-1})$	0.055	0.039
$k\beta/\text{m}^{-1}$	2.1	3.5

3. 火焰半径与长度

火焰长度 L 为:

$$L = 55D \left(\frac{m''}{\rho_a \sqrt{gD}} \right)^{0.67} \left(\frac{u_w}{u_c} \right)^{0.21} \tag{5-3-18}$$

式中 D——液池直径,m;

ρ_a——周围空气密度,kg/m³;

g——重力加速度,9.8 m/s²;

u_w——10 m 高处的风速,m/s;

u_c——特征风速,$u_c = \left(\frac{gm''D}{\rho_a} \right)^{1/3}$,m/s。

由上述两式可以看出,油池直径越大火焰越长;有风时火焰长度有所减小,但是火焰向下风向倾斜,加重了下风向的热辐射危害,如图 5-3-5 所示。

火焰倾角用式(5-3-19)表示:

$$\frac{\tan \theta}{\cos \theta} = 0.666 \left(\frac{u_w}{gD} \right)^{0.333} \left(\frac{u_w D}{\upsilon} \right)^{0.117} \tag{5-3-19}$$

式中 υ——空气的运动黏度,m²/s。

火焰后拖量用式(5-3-20)表示:

$$D' = 1.5D \left(\frac{u_w^2}{gD} \right)^{0.069} - D \tag{5-3-20}$$

4. 热辐射通量

单位时间、单位火焰表面积辐射出的热能称为火焰表面热辐射通量。它与燃料性质、燃烧充分程度、火焰几何形状、尺寸及火焰表面位置等因素有关,准确值应该由实验确定。

池火的主要危害来自火焰的强烈热辐射危害,火灾持续时间一般较长,因而采用稳态火灾下的热辐射通量准则来确定人员伤亡及财产损失区域。设油池为一直径 D 的圆形池,则

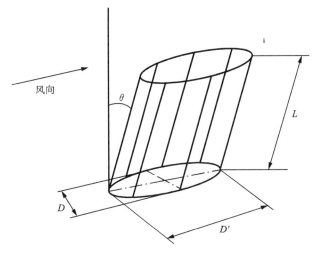

图 5-3-5　有风时池火示意图

可确定油池燃烧时放出的总热辐射通量。

当池火发生在平坦地方时,热辐射通量可用式(5-3-21)和式(5-3-22)计算:

$$SEP_{max} = F_s m'' H_c / (1 + 4L/D) \tag{5-3-21}$$

$$SEP_{act} = (1 - \varepsilon) SEP_{max} + \varepsilon SEP_{soot} \tag{5-3-22}$$

式中　F_s——火焰表面热辐射比率;

　　　SEP_{act}——池火表面热辐射通量,W/m²;

　　　SEP_{max}——池火表面最大热辐射通量,W/m²;

　　　SEP_{soot}——烟灰表面最大热辐射通量,约为 2×10^4 W/m²;

　　　ε——火焰表面被烟灰覆盖的比率;

　　　H_c——油品燃烧热值,J/kg;

　　　L——火焰高度,m。

则距池火中心 X 处的热辐射通量为:

$$q = SEP_{act} F_{view} \tau \tag{5-3-23}$$

式中　q——距池火中心 X 处的热辐射通量,W/m²;

　　　F_{view}——视角系数;

　　　τ——大气透射率,取为 1。

视角系数为接受体所能接受的发热体辐射能量的分数,大小取决于发热体和接受体的形状、距离、相对视角。

二、气体管道泄漏后果计算模型

(一) 泄漏模型

长输天然气管道发生泄漏后,模拟泄漏点上下游阀门之间封闭段(阀门关闭)内气体泄漏。对于孔径泄漏,将整个封闭管道作为一个容器考虑,为单一源泄漏,如图 5-3-6(a)所示。管道发生破裂后,则根据泄漏点上下游管道长度(L_p)分别模拟管道泄漏速率和泄漏量,为双源泄漏,如图 5-3-6(b)所示。为求解泄漏模型的数学解析解,假设管内气体为理想气体,并忽略管内摩擦。

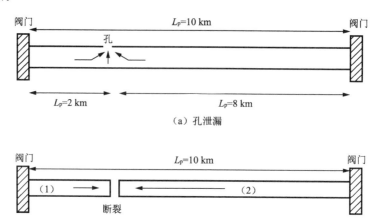

图 5-3-6　天然气管道泄漏模型示意图

1. 稳态泄漏

当上游阀门未关闭时,忽略管道内的摩擦损失,泄漏口处的气体状态(气体压力、温度、密度)与进气端相同,此时泄漏状态为稳态泄漏。根据管道内压与外界大气压的比值,将流动分为临界流和亚临界流,$p_2/p_a \geqslant \left(\dfrac{k+1}{2}\right)^{\frac{k}{k-1}}$ 时,泄漏速率等于当地声速,为临界流,否则为亚临界流。泄漏速率 $q_{s,0}$ 根据式(5-3-24)计算。

$$q_{s,0} = \begin{cases} \dfrac{\pi d_h^2}{4}\sqrt{\rho_2 p_2 k \left(\dfrac{2}{k+1}\right)^{\frac{k+1}{k-1}}}, & \dfrac{p_2}{p_a} \geqslant \left(\dfrac{k+1}{2}\right)^{\frac{k}{k-1}} \\[4mm] \dfrac{\pi d_h^2}{4} C_0 \sqrt{\rho_2 p_2 \dfrac{2k}{k-1}\left[\left(\dfrac{p_a}{p_2}\right)^{\frac{2}{k}} - \left(\dfrac{p_a}{p_2}\right)^{\frac{k+1}{k}}\right]}, & \dfrac{p_2}{p_a} < \left(\dfrac{k+1}{2}\right)^{\frac{k}{k-1}} \end{cases}$$

(5-3-24)

式中　d_h——泄漏孔直径,m;

　　　ρ_2——泄漏口处管内气体密度,kg/m³;

　　　p_2——泄漏口管道内压,Pa;

　　　p_a——外界大气压力,Pa;

　　　k——气体泊松比,理想气体取值 1.31;

　　　C_0——泄漏孔形状系数,取值 0.62。

结合理想气体状态方程 $pM = \rho ZRT$,得到气体泄漏速率 $q_{s,0}$ 的温度表示形式:

$$q_{s,0} = \begin{cases} \dfrac{\pi d_h^2 p_2}{4}\sqrt{\dfrac{kM}{ZRT_2}\left(\dfrac{2}{k+1}\right)^{\frac{k+1}{k-1}}}, & \text{临界流} \\[4mm] \dfrac{\pi d_h^2 p_2 C_0}{4}\sqrt{\dfrac{M}{ZRT_2}\dfrac{2k}{k-1}\left[\left(\dfrac{p_a}{p_2}\right)^{\frac{2}{k}} - \left(\dfrac{p_a}{p_2}\right)^{\frac{k+1}{k}}\right]}, & \text{亚临界流} \end{cases}$$

(5-3-25)

式中　M——气体摩尔质量,g/mol;

　　　R——气体常数,8.314 J/(mol·K);

　　　T——气体泄漏前的温度,K;

Z——气体的压缩因子，理想气体 $Z=1$。

2. 非稳态泄漏

当两端截断阀截断后，管道可视为卧式容器，体积足够大，并且各时刻管道内压力均匀。非稳态泄漏速率 $Q(t)$ 随时间逐渐降低：

$$Q(t) = \frac{\mathrm{d}m(t)}{\mathrm{d}t} = -\frac{V_{\mathrm{p}} \mathrm{d}\rho(t)}{\mathrm{d}t} \tag{5-3-26}$$

式中　$Q(t)$——泄漏速率，kg/s；

$m(t)$——管内气体质量，kg；

V_{p}——考查管段体积，m^3；

$\rho(t)$——管内气体密度，$\mathrm{kg/m}^3$。

若截断前泄漏状态为临界流，截断后，随着管道内压降低，则会慢慢转变为亚临界流。

由式(5-3-24)和(5-3-25)，对于临界流，有

$$t = -V_{\mathrm{p}} \int_{\bar{\rho}_0}^{\bar{\rho}} \frac{\mathrm{d}\rho(t)}{\frac{\pi d_{\mathrm{h}}^2}{4} \left[k p_2(t) \rho(t) \left(\frac{2}{k+1} \right)^{\frac{k+1}{k-1}} \right]^{1/2}} \tag{5-3-27}$$

对于亚临界流，有

$$t = -V_{\mathrm{p}} \int_{\bar{\rho}_0}^{\bar{\rho}} \frac{\mathrm{d}\rho(t)}{\frac{C_0 \pi d_{\mathrm{h}}^2 k}{4} \left\{ \frac{2k}{k-1} p_2(t) \rho(t) \left(\frac{p_{\mathrm{a}}}{p_2(t)} \right)^{\frac{2}{k}} \left[1 - \left(\frac{p_{\mathrm{a}}}{p_2(t)} \right)^{\frac{k+1}{k}} \right] \right\}^{1/2}} \tag{5-3-28}$$

对于绝热过程，有气体泊松方程：

$$p v^k = 常数 \tag{5-3-29}$$

式中　v——气体比体积，m^3/kg。

由气体泊松方程和气体状态方程可得如下关系：

$$\left[\frac{p_2(t)}{p_{20}} \right]^{\frac{1}{k}} = \left[\frac{T_2(t)}{T_{20}} \right]^{\frac{1}{k-1}} = \frac{\rho_2(t)}{\rho_{20}} \tag{5-3-30}$$

式中　$p_{20}, T_{20}, \rho_{20}$——泛指临界状态中各状态参数。

那么，临界流阶段，由式(5-3-27)和(5-3-30)，可得：

$$t = \frac{-m_0}{Q_0(k-1)} \int_1^{\frac{T_2(t)}{T_{20}}} X^{-3/2} \mathrm{d}X = \frac{2m_0}{Q_0(k-1)} \left[\left(\frac{T_2(t)}{T_{20}} \right)^{-\frac{1}{2}} - 1 \right] \tag{5-3-31}$$

由式(5-3-31)可得：

$$\left[\frac{T_2(t)}{T_{20}} \right]^{\frac{1}{2}} = \left[1 + \frac{(k-1)Q_0 t}{2m_0} \right]^{-1} = F(t) \tag{5-3-32}$$

由式(5-3-30)可得到临界流阶段任意时刻的各参数关系：

$$\frac{T_2(t)}{T_{20}} = [F(t)]^2, \quad \frac{p_2(t)}{p_{20}} = [F(t)]^{\frac{2k}{k-1}}, \quad \frac{\rho(t)}{\bar{\rho}_0} = [F(t)]^{\frac{2}{k-1}} \tag{5-3-33}$$

由式(5-3-33)和(5-3-26)积分整理可得：

$$Q(t) = Q_0 [F(t)]^{\frac{k+1}{k-1}} \tag{5-3-34}$$

从关闭阀门时刻起，经过 t 时间段所泄漏的气体质量为：

$$m(t) = \int_0^t Q(\lambda) \mathrm{d}\lambda = m_0 \left[1 - F(t)^{\frac{2}{k-1}} \right] \tag{5-3-35}$$

当泄漏状态为临界流时,有

$$\frac{p_a}{p_2}=\left(\frac{2}{k+1}\right)^{\frac{k}{k-1}}$$ (5-3-36)

由式(5-3-31)可得临界泄漏时间:

$$t_c=\frac{2m_0}{(k-1)Q_0}\left[\frac{1}{\left(\frac{k+1}{2}\right)^{1/2}\left(\frac{p_a}{p_{20}}\right)^{\frac{k-1}{2k}}}-1\right]$$ (5-3-37)

因此,临界流阶段的平均泄漏速率为:

$$\overline{Q}_c=\frac{m(t_c)}{t_c}$$ (5-3-38)

对于亚临界流阶段的泄漏速率,由式(5-3-33)和(5-3-28)可得 $p_2(t)$ 的一阶常微分方程:

$$\frac{dp_2(t)}{dt}=-\frac{kQ_{20sub}}{m_{20sub}}(p_{20sub})^{\frac{3-k}{2k}}p_2(t)^{\frac{k-1}{k}}\sqrt{\frac{p_2(t)^{\frac{k-1}{k}}-p_a^{\frac{k-1}{k}}}{1-\left(\frac{p_a}{p_{20sub}}\right)^{\frac{k-1}{k}}}}$$ (5-3-39)

式中 $p_{20sub},Q_{20sub},m_{20sub}$ ——泛指亚临界状态各参数的值。求解出 $p_2(t)$ 后,可通过式(5-3-33)来求解其他参数。

（二）扩散模型

天然气管道泄漏后未立即点燃,在风的作用下会发生扩散,形成预混的可燃云团。预测气体形成的扩散范围对于事故后果危害区域的划分及应急抢修具有实际意义。目前气体扩散模型中高斯模型通常被国内研究人员和工程人员用于模拟天然气的泄漏扩散。

1.高斯烟羽模型

由于天然气密度与空气相近,可用高斯烟羽模型来预测连续泄漏情况下气体扩散浓度分布(如图5-3-7所示)。天然气从管道或者容器中泄漏出来后会形成射流,在一定高度下射流受喷口产生的动量所控制,这一高度下的区域可称为射流控制区;超出一定高度后流动主要受风速和分子扩散影响,这个区域可称为扩散控制区。

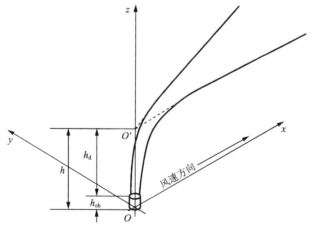

图 5-3-7 高斯烟羽模型示意图

高斯烟羽模型预测的区域是扩散控制区,模型假设扩散控制区的外边界延长线交于 O' 点,O' 点投影与射流中心 O 投影重合。高斯烟羽模型其他假设条件为:

（1）地面平坦无障碍物。

（2）气云化学与物理性质稳定。

（3）环境风速方向为水平，大小恒定且不小于 1 m/s，气云几何中心移动速度等于风速。

（4）气云浓度分布横截面服从正态分布。

建立如图 5-3-7 所示的坐标系，可得到空间中一点的天然气浓度为：

$$c(x,y,z)=\frac{\dot{Q}_{hole}}{u_a}F_y(x,y)F_z(x,z) \tag{5-3-40}$$

式中　$\dot{Q}_{hole}$——泄漏速率，kg/s；

u_a——风速，m/s；

$F_y(x,y)$——横向扩散项；

$F_z(x,z)$——垂直扩散项。

横向扩散项可通过以下公式求解：

$$F_y(x,y)=\frac{1}{\sqrt{2\pi}\sigma_y(x)}\exp\left[-\frac{y^2}{2\sigma_y^2(x)}\right] \tag{5-3-41}$$

$$\sigma_y(x)=C_{t'}ax^b \tag{5-3-42}$$

$$C_{t'}=\left(\frac{t'}{600}\right)^{0.2} \tag{5-3-43}$$

式中　$\sigma_y(x)$——横向扩散系数；

$C_{t'}$——羽流脉动修正系数，最小值不小于 0.5；

t'——修正羽流脉动采取的平均时间长度，s；

a,b——系数，取值参见 GB/T 3840—1991。

垂直扩散项通过以下公式求解：

$$F_z(x,z)=\frac{1}{\sqrt{2\pi}\sigma_z(x)}\left\{\exp\left[-\frac{(z-h)^2}{2\sigma_z^2(x)}\right]+\exp\left[-\frac{(z+h)^2}{2\sigma_z^2(x)}\right]\right\} \tag{5-3-44}$$

$$\sigma_z(x)=c'x^{d'} \tag{5-3-45}$$

$$c'=1.98^{\lg(10z_0)}c \tag{5-3-46}$$

$$d'=d-0.059\lg(10z_0) \tag{5-3-47}$$

$$h=h_d+h_{ob} \tag{5-3-48}$$

$$h_d=2.4v_{hole}\frac{d_{hole}}{u_a} \tag{5-3-49}$$

$$v_{hole}=\frac{4\dot{Q}_{hole}}{\pi d_{hole}^2\rho_{hole}} \tag{5-3-50}$$

式中　$\sigma_z(x)$——垂直扩散系数；

h——源高，m；

h_d——射流抬升高度，m；

h_{ob}——泄漏孔口高度，m；

c,d——系数，取值参见 GB/T 3840—1991；

z_0——地面粗糙度，m，取值见表 5-3-4；

v_{hole}——泄漏口气体速度，m/s；

d_{hole}——泄漏口直径,m;

ρ_{hole}——泄漏口处气体密度,kg/m³。

表 5-3-4 典型地面特征的地面粗糙度

地面类型	典型地面特征	粗糙度/m
平 地	树木较少的开垦地	0.03
农 田	树木较多的开垦地、机场	0.10
牧、耕地	植被茂盛的野外、零星分布房屋	0.30
住宅区	低矮房屋密集区、林区	1.0
城 区	高楼林立的城市	3.0

2.高斯烟团模型

当高压输气管道突然断裂并迅速关闭截断阀门时,大量气体会在短时间内释放到大气中形成气云团。气云团形成后会随时间推移逐渐扩散,扩散过程可采用高斯烟团模型来预测。

高斯烟团模型的假设条件为:

(1)地面平坦无障碍物。

(2)气云化学性质稳定。

(3)环境风速为水平,大小恒定且不小于 1 m/s,与高度、时间、地点等无关,气云几何中心移动速度等于风速。

(4)气云浓度分布横截面服从正态分布。

当发生瞬态泄漏时,空间中某一点 (x,y,z) 的天然气浓度为:

$$c(x,y,z,t) = Q_0 F_x(x,t) F_y(x,y) F_z(x,z) \tag{5-3-51}$$

式中 Q_0——泄漏气体总质量,kg;

$F_x(x,t)$——沿风速方向扩散项;

$F_y(x,y)$——横向扩散项;

$F_z(x,z)$——垂直扩散项;

t——扩散时间,s。

各方向的扩散项可按以下公式求解:

$$F_x(x,t) = \frac{1}{\sqrt{2\pi}\sigma_x(x)}\exp\left[-\frac{(x-u_a t)^2}{2\sigma_x^2(x)}\right] \tag{5-3-52}$$

$$F_y(x,y) = \frac{1}{\sqrt{2\pi}\sigma_y(x)}\exp\left[-\frac{y^2}{2\sigma_y^2(x)}\right] \tag{5-3-53}$$

$$F_z(x,z) = \frac{1}{\sqrt{2\pi}\sigma_z(x)}\left\{\exp\left[-\frac{(z-h)^2}{2\sigma_z^2(x)}\right]+\exp\left[-\frac{(z+h)^2}{2\sigma_z^2(x)}\right]\right\} \tag{5-3-54}$$

式中 $\sigma_x(x),\sigma_y(x),\sigma_z(x)$——分别沿下风向、横向、垂向的扩散系数;

u_a——风速,m/s;

h——源高,m。

各方向的扩散系数按以下公式求解:

$$\sigma_x(x) = e_1 x^{f_1} \tag{5-3-55}$$

$$\sigma_y(x)=a_{\mathrm{I}}x^{b_{\mathrm{I}}} \tag{5-3-56}$$

$$\sigma_z(x)=C_{z_0}c_{\mathrm{I}}x^{d_{\mathrm{I}}} \tag{5-3-57}$$

$$C_{z_0}=(10z_0)^{0.53x^{-0.22}} \tag{5-3-58}$$

$$\begin{cases} a_{\mathrm{I}}=a/2 \\ b_{\mathrm{I}}=b \\ c_{\mathrm{I}}=c \\ d_{\mathrm{I}}=1 \\ e_{\mathrm{I}}=0.13 \\ f_{\mathrm{I}}=1 \end{cases} \tag{5-3-59}$$

式中　C_{z_0}——与地面粗糙度有关；

　　a,b,c——与大气稳定度有关的系数，取值参见 GB/T 3840—1991。

（三）喷射火模型

高压输气管道失效泄漏时形成射流，如果在泄漏裂口处被点燃，则形成喷射火。喷射火模型一般分为三类：单点源模型、多点源模型和固体火焰模型。在固体火焰模型中，由 Kalghatgi 研究提出并由 Chamberlain 进一步发展的平截头圆锥体喷射火模型——Thornton 模型最为典型，模型得到了一系列风洞和场地实验的验证，并被相关研究机构的喷射火预测软件所采用，因此，项目采用 Thornton 模型作为研究喷射火的数理模型。

平截头圆锥体喷射火模型如图 5-3-8 所示。该模型将喷射火辐射通量的计算分为 5 个部分：计算扩张喷射的出口速率、计算火焰形状、计算表面辐射率、计算视角系数和计算某一距离的热辐射通量。

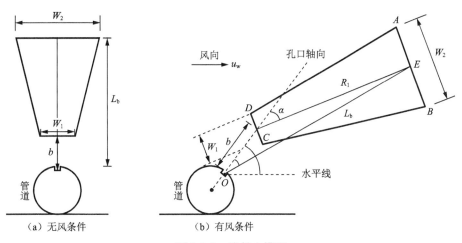

图 5-3-8　喷射火模型

喷射火模型的计算流程如图 5-3-9 所示。

1.扩张喷射的出口速度

输气管道发生泄漏后，在已知管内气体压力、温度和气体种类等参量时，可求解出泄漏口处的扩张喷射出口速度：

$$u_{\mathrm{j}}=M_{\mathrm{j}}(8.314kT_{\mathrm{j}}/W_{\mathrm{g}})^{1/2} \tag{5-3-60}$$

$$M_{\mathrm{j}}=\{[(k+1)(p_{\mathrm{c}}/p_0)^{(k-1)/k}-2]/(k-1)\}^{1/2} \tag{5-3-61}$$

$$T_j = T_s(p_0/p_{init})^{(k-1)/k} \tag{5-3-62}$$

$$p_c = p_{init}[2/(k+1)]^{k/(k-1)} \tag{5-3-63}$$

$$k = c_p/c_V \tag{5-3-64}$$

$$c_V = c_p - 8.314/W_g \tag{5-3-65}$$

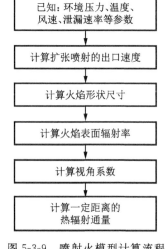

图 5-3-9　喷射火模型计算流程

式中　u_j——泄漏孔处气体流速，m/s；

$\quad M_j$——气体泄漏的马赫数；

$\quad T_j$——管道泄漏口处气体膨胀之前的温度，K；

$\quad p_c$——泄漏孔处的静态压力，Pa；

$\quad k$——气体泊松常数；

$\quad p_0$——大气压力，Pa；

$\quad p_{init}$——管道内气体的初始压力，Pa；

$\quad T_s$——管道内气体的初始温度，K；

$\quad c_V$——比定容热容，J/(kg·K)；

$\quad c_p$——比定压热容，J/(kg·K)；

$\quad W_g$——泄漏物质的摩尔质量，kg/mol。

2. 火焰形状尺寸

火焰形状的主要参数包括火焰长度、火焰顶端宽度、火焰底端宽度、火焰倾斜角和火焰体表面积等。

静止空气中的火焰长度为：

$$L_{bo} = YD_s \tag{5-3-66}$$

$$\begin{cases} C_a Y^{5/3} + C_b Y^{2/3} - C_c = 0 \\ C_a = 0.024(gD_s/u_j^2)^{1/3} \\ C_b = 0.2 \\ C_c = (2.85/W)^{2/3} \end{cases} \tag{5-3-67}$$

$$D_s = d_j(\rho_j/\rho_0)^{1/2} \quad 或 \quad D_s = [4m'/(\pi\rho_0 u_j)]^{1/2} \tag{5-3-68}$$

$$W = \frac{W_0}{15.816W_0 + 0.0395} \tag{5-3-69}$$

$$\rho_j = p_c W_0/(R_c T_0) \tag{5-3-70}$$

式中　L_{bo}——静止空气中的火焰长度，m；

$\quad Y$——无量纲参量，通过式(5-3-67)求解；

$\quad D_s$——泄漏源等效直径，m；

$\quad C_a,C_b$ 和 C_c——经验系数；

$\quad g$——重力加速度，m/s^2；

$\quad d_j$——泄漏口孔径，m；

$\quad \rho_j$——泄漏口处气体密度，kg/m^3；

$\quad \rho_0$——空气密度，kg/m^3；

$\quad m'$——气体泄漏速率，kg/s；

$\quad W$——与空气按化学当量比混合时可燃气体的质量分数；

$\quad W_0$——空气的摩尔质量，kg/mol；

R_c——气体常数,8.314 J/(mol・K);

T_0——大气温度。

火焰顶端到泄漏口中心的距离为:

$$L_b = L_{bo}(0.51e^{-0.4u_w} + 0.49)[1.0 - 0.006\,07(\theta_{jv} - 90°)] \tag{5-3-71}$$

式中　u_w——风速,m/s;

θ_{jv}——孔口轴线与水平面在风速方向之间的夹角,取值 0°~90°。

当 $R_w = u_w/u_j \leqslant 0.05$,火焰倾斜角为:

$$\alpha = (\theta_{jv} - 90°)(1 - e^{-25.6R_w}) + 8\,000R_w/R_i(L_{bo}) \tag{5-3-72}$$

当 $R_w = u_w/u_j > 0.05$,火焰倾斜角为:

$$\alpha = (\theta_{jv} - 90°)(1 - e^{-25.6R_w}) + [134 + 1\,726(R_w - 0.026)^{1/2}]/R_i(L_{bo}) \tag{5-3-73}$$

$$R_i(L_{bo}) = L_{bo}[g/(D_s^2 u_j^2)]^{1/3} \tag{5-3-74}$$

式中　α——火焰倾斜角;

$R_i(L_{bo})$——理查德森(Richardson)数。

当火焰倾斜角 $\alpha = 0°$ 时,火焰抬升距离为:

$$b = 0.2L_b \tag{5-3-75}$$

当火焰倾斜角 $\alpha = 180°$ 时,火焰抬升距离为:

$$b = 0.015L_b \tag{5-3-76}$$

当火焰倾斜角 $0° < \alpha < 180°$ 时,火焰抬升距离为:

$$b = \frac{\sin(K\alpha)}{\sin \alpha}L_b \tag{5-3-77}$$

$$K = 0.185e^{-20R_w} + 0.015 \tag{5-3-78}$$

式中　b——火焰抬升距离,m;

K——经验系数。

火焰长度可通过火焰顶端到泄漏口中心的距离、火焰抬升距离和火焰倾斜角计算得到:

$$R_1 = (L_b^2 - b^2\sin^2\alpha)^{1/2} - b\cos \alpha \tag{5-3-79}$$

式中　R_1——火焰长度。

火焰圆台体底端宽度(直径)为:

$$W_1 = D_s(13.5e^{-6R_w} + 1.5)\{1 - [1 - (\rho_0/\rho_j)^{1/2}/15]e^{[-70R_i(D_s)]^{C'R_w}}\} \tag{5-3-80}$$

$$R_i(D_s) = [g/(D_s^2 u_j^2)]^{1/3}D_s \tag{5-3-81}$$

$$C' = 1\,000e^{-100R_w} + 0.8 \tag{5-3-82}$$

式中　W_1——火焰圆台体底端宽度(直径),m;

$R_i(D_s)$——理查德森(Richardson)数;

C'——经验系数。

火焰圆台体顶端宽度(直径)为:

$$W_2 = L_b(0.18e^{-1.5R_w} + 0.31)(1 - 0.47e^{-25R_w}) \tag{5-3-83}$$

式中　W_2——火焰圆台体顶端宽度(直径),m。

火焰圆台体面积(包括顶端和底端)为:

$$A = \frac{\pi}{4}(W_1^2 + W_2^2) + \frac{\pi}{2}(W_1 + W_2)\left[R_1^2 + \left(\frac{W_2 - W_1}{2}\right)^2\right]^{1/2} \tag{5-3-84}$$

式中　A——火焰圆台体面积，m^2。

3.火焰表面辐射率

火焰表面辐射率可以通过火焰每秒燃烧释放的能量和火焰表面热辐射比率来计算：

$$SEP_{max} = F_s Q'/A \tag{5-3-85}$$

$$F_s = 0.21e^{-0.00323u_j} + 0.11 \tag{5-3-86}$$

$$Q' = m'H_c \tag{5-3-87}$$

式中　SEP_{max}——火焰表面辐射率，$J/(m^2 \cdot s)$；

　　　F_s——火焰表面热辐射比率；

　　　Q'——火焰每秒燃烧释放的能量，J/s；

　　　A——火焰表面积，m^2；

　　　H_c——燃烧热，J/kg；

　　　m'——气体泄漏速率，kg/s。

4.视角系数

视角系数的计算方法采用 Atallah 的计算方法，将火焰由圆台体等效成倾斜柱体火焰，如图 5-3-10 所示。

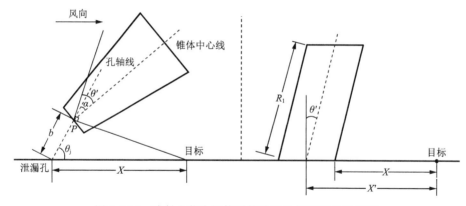

图 5-3-10　喷射火截头锥体到等效圆柱体的转换示意图

视角系数 F_{view} 的计算见式（5-3-88）～（5-3-95）。

$$F_{view} = F_{max} = \sqrt{F_v^2 + F_h^2} \tag{5-3-88}$$

$$\pi F_v = -E\arctan D + E\left[\frac{a'^2 + (b'+1)^2 - 2b'(1+a'\sin\theta')}{AB}\right]\arctan\left(\frac{AD}{B}\right)\frac{\cos\theta'}{C} +$$
$$\arctan\left[\frac{a'b' - F^2\sin\theta}{FC}\right] + \arctan\left(\frac{F\sin\theta'}{C}\right) \tag{5-3-89}$$

$$\pi F_h = \arctan\left(\frac{1}{D}\right) + \frac{\sin\theta'}{C}\left\{\arctan\left[\frac{a'b' - F^2\sin\theta'}{FC}\right] + \arctan\left(\frac{F\sin\theta'}{C}\right)\right\} -$$
$$\left[\frac{a'^2 + (b'+1)^2 - 2(b'+1+a'b'\sin\theta')}{AB}\right]\arctan\left(\frac{AD}{B}\right) \tag{5-3-90}$$

$$\begin{cases} A=\sqrt{a'^2+(b'+1)^2-2a(b'+1)\sin\theta'} \\ B=\sqrt{a'^2+(b'-1)^2-2a'(b'-1)\sin\theta'} \\ C=\sqrt{1+(b'^2-1)(\cos\theta')^2} \\ D=\sqrt{(b'-1)/(b'+1)} \\ E=(a'\cos\theta')/(b'-a'\sin\theta') \\ F=\sqrt{b'^2-1} \end{cases} \tag{5-3-91}$$

$$\begin{cases} a'=2R_1/R \\ b'=2X'/R \end{cases} \tag{5-3-92}$$

$$R=(W_1+W_2)/4 \tag{5-3-93}$$

$$X'=\sqrt{(b\sin\theta_j)^2+(X-b\cos\theta_j)^2} \tag{5-3-94}$$

$$\theta'=90°-\theta_j+\alpha-\arctan[b\sin\theta_j/(X-b\cos\theta_j)] \tag{5-3-95}$$

式中　F_{max}——距离火焰 X 处的视角系数；

F_v——视角系数垂直分量；

F_h——视角系数水平分量；

θ_j——泄漏孔轴线与观测点和泄漏孔连线的夹角，取值 $0°\sim90°$；

X'——火焰体底端平面中心到观测点距离，m；

X——观测点到泄漏孔的距离，m；

W_1——火焰底端宽度，m；

W_2——火焰顶端宽度，m。

采用 Atallah 方法得到的视角系数实际是假设火焰的偏移限制在泄漏孔轴线与观测点和泄漏孔连线这个平面上，而观测点是在下风方向。

5. 热辐射通量

靠近火焰一定距离处的热辐射通量可由火焰表面辐射率、视角系数和大气透射率计算：

$$q''(X)=SEP_{max}F_{view}\tau_a \tag{5-3-96}$$

$$\tau_a=c_7(p_wX)^{-0.08} \tag{5-3-97}$$

$$X=X'-(W_1+W_2)/4 \tag{5-3-98}$$

式中　$q''(X)$——距离火焰表面 X 处的热辐射通量，$J/(m^2\cdot s)$；

τ_a——透射率；

c_7——常数，取值 2.02，$(N/m)^{0.08}$；

p_w——环境温度 T_0 下水的分压力，Pa；

X——观测点距离火焰表面的距离。

（四）蒸气云爆炸模型

蒸气云爆炸的预测方法有 3 类，即数值模拟方法、物理模拟方法和基于实验的比例缩放模拟方法。目前，常被工程人员应用的有 TNT 当量法和 TNO（荷兰国家应用科学研究院）多能法（Multi-Energy Method，MEM）。TNO 多能法属于典型的比例缩放爆炸预测模型，是基于大量的实验和数值研究建立的蒸气云爆炸效应预测模型，能计算出爆炸产生的峰值侧向超压、动态压力和正相持续时间等参数，主要用于确定障碍空间（亦称"约束空间"）蒸气云爆炸特征。

TNO 多能法假设蒸气云内爆炸极限范围的气体等效为半球形气云(如图 5-3-11 所示),中心点火引起爆炸,爆炸能量与爆炸极限范围的气体质量有关;爆炸危害用爆炸产生的峰值侧向超压、动态压力和正相持续时间等参数表征,这些参数大小不仅与爆炸能量有关,而且与强度等级也有关系,而爆炸等级受初始点火能、气云区域障碍物情况和气云区域所受的约束或者限制等因素的影响。

基于以上特点,TNO 多能法被国外相关研究机构的气体扩散预测软件所采用,本书也将采用 TNO 多能法作为预测蒸气云爆炸的模型。

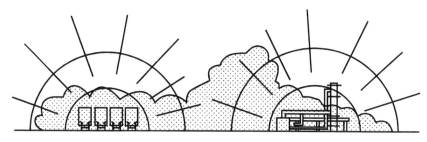

图 5-3-11 TNO 多能法等效半球形气云示意图

TNO 多能法求解蒸气云爆炸相关参数的总体流程如下:

(1)求解蒸气云初始参量:气云覆盖区、质量和体积等。

(2)分解蒸气云覆盖空间:障碍区、非障碍区。

(3)求解蒸气云爆炸能量和等效半径。

(4)求解蒸气云爆炸参数:通过爆炸能量求解无量纲距离;由图表查找无量纲距离下的无量纲峰值侧向超压、无量纲峰值动态压力和无量纲正相持续时间;再通过公式求解实际的峰值侧向超压、峰值动态压力和正相持续时间。

1. 蒸气云初始质量

天然气泄漏后会与空气混合形成气云,当天然气和空气的混合比例达到爆炸极限范围,即介于最低燃烧极限质量浓度(Low Flammability Limit,LFL)和最高燃烧极限质量浓度(Upper Flammability Limit,UFL)之间时,若点火将会产生爆炸。

蒸气云爆炸极限范围的质量、体积和覆盖区域可通过气体扩散模型来求解。

蒸气云爆炸极限范围的天然气质量为:

$$Q_{ex}(t) = \int_0^{x_{LFL}} \int_{-y_{LFL}}^{y_{LFL}} \int_0^{z_{LFL}} f(x,y,z,t) \mathrm{d}x \mathrm{d}y \mathrm{d}z \qquad (5\text{-}3\text{-}99)$$

式中 $Q_{ex}(t)$——t 时刻蒸气云介于 LFL 和 UFL 之间的气体质量,kg;

x_{LFL}——最低燃烧极限蒸气云在下风向的最大距离,m;

y_{LFL}——最低燃烧极限蒸气云的最大宽度,m;

z_{LFL}——最低燃烧极限蒸气云的最大高度,m;

$f(x,y,z,t)$——蒸气云的质量浓度函数,其值介于 LFL 和 UFL 之间,kg/m³。

转换成化学当量比下的空气-天然气蒸气云的气体体积为:

$$V_c = Q_{ex}/(\rho c_s) \qquad (5\text{-}3\text{-}100)$$

式中　V_c——质量浓度介于 LFL 和 UFL 之间的天然气质量转换为化学当量比下的空气-天然气蒸气云的气体体积，m^3；

　　　ρ——蒸气云（天然气）密度，kg/m^3；

　　　c_s——化学当量比下的蒸气体积分数，甲烷-空气的化学当量比体积分数为 9.5%。

　2. 蒸气云覆盖空间分解

在存在障碍阻挡的区域和开阔的非障碍区域两种环境下，蒸气云爆炸产生的超压是不同的，因此，需要将蒸气云覆盖空间分解为障碍区域和非障碍区域。

障碍区域箱体界定过程如下：

（1）将障碍物归类为几种基本几何结构：圆柱体，长度为 l_c，直径为 d_c；立方体，长、宽、高分别为 b_1，b_2，b_3；球体，直径为 d_s。

（2）构建障碍区域：点火位置指向障碍物的方向为火焰传播方向；障碍物垂直于火焰传播方向所在平面的最小尺寸为 D_1，平行于火焰传播方向的尺寸为 D_2；构建障碍区域时，应保证障碍区域任一障碍物中心与另一个障碍物中心的距离不小于 $10D_1$ 或者 $1.5D_2$，同时还应保证障碍区域外边界与界区外障碍物外边界的距离大于 15 m。

（3）构建障碍区域箱体，即划定障碍区域的外边界：应保证箱体表面与障碍物区域障碍物的距离小于 $10D_1$ 或者 $1.5D_2$。

（4）优化障碍区域箱体：当障碍区域箱体包含非障碍空间时，应将箱体进一步分解为多个直接相连的小箱体，以减少障碍区域的体积。

（5）附加障碍区域箱体：当一个障碍区域箱体不能包含蒸气云覆盖区域的所有障碍物时，应重复步骤（1）～（4）构建新的障碍区域箱体，直至蒸气云覆盖区域的所有障碍物都包含于各个障碍区域箱体中。

障碍区域箱体界定后，可求解蒸气云覆盖空间内障碍区域的箱体体积，假设有 n 个障碍区域箱体，则

$$V = \sum_{i=1}^{n} V_i \tag{5-3-101}$$

$$V_i = x_i y_i z_i \tag{5-3-102}$$

式中　V——蒸气云覆盖空间内所有障碍区域箱体体积之和，m^3；

　　　V_i——第 i 个障碍区域箱体体积，m^3；

　　　x_i，y_i，z_i——第 i 个障碍区域箱体的长、宽、高，m。

障碍区域的自由体积为：

$$V_r = V - V_z \tag{5-3-103}$$

式中　V_r——障碍区域自由体积，m^3；

　　　V_z——障碍区域箱体内所有障碍物体积之和，m^3。

这样，障碍区域和非障碍区域的蒸气云体积即可求解。当 $V_c > V_r$，则

$$V_{gr} = V_r \tag{5-3-104}$$

$$V_o = V_c - V_r \tag{5-3-105}$$

式中　V_{gr}——障碍区域的蒸气云体积，m^3；

　　　V_o——非障碍区域的蒸气云体积，m^3。

当 $V_c \leqslant V_r$，则

$$V_{gr} = V_c \tag{5-3-106}$$

$$V_o = 0 \tag{5-3-107}$$

3. 蒸气云爆炸能量和等效半径

蒸气云爆炸能量可由蒸气云体积和燃烧热求解，障碍区域蒸气云能量为：

$$E = V_{gr} E_v \tag{5-3-108}$$

式中　E——蒸气云能量，J；

E_v——化学当量浓度下的天然气-空气混合物的燃烧热，J/m³，甲烷-空气化学当量浓度下的燃烧热为 3 230 000 J/m³。

非障碍区域蒸气云能量为：

$$E = V_o E_v \tag{5-3-109}$$

蒸气云在空间分布是不规则的，TNO 多能法假设蒸气云等效为半球气云，等效半径为：

$$r_0 = \left[\frac{3}{2} E / (\pi E_v) \right]^{1/3} \tag{5-3-110}$$

应该指出的是，当蒸气云覆盖多个障碍区域或非障碍区域时，等效半球气云的球心应综合考虑各个障碍区域或非障碍区域的中心及其各自能量来确定。

4. 蒸气云爆炸参数

蒸气云爆炸参数包括峰值侧向超压、峰值动态压力、正相持续时间和超压正脉冲等。TNO 多能法采用无量纲距离下的无量纲峰值侧向超压、无量纲峰值动态压力和无量纲正相持续时间图来确定蒸气云爆炸参数。无量纲距离可由式(5-3-111)求解：

$$r' = r \cdot (p_a / E)^{1/3} \tag{5-3-111}$$

式中　r'——无量纲距离；

r——考查位置离爆炸中心距离，m；

p_a——大气压力，Pa。

TNO 多能法采用 Kinsella 的方法将爆炸强度分为 10 个等级，每个等级对应图 5-3-12～5-3-14 中的一条曲线。爆炸强度等级与点火能、障碍区域的阻塞程度和蒸气云所受约束有关，见表 5-3-5。点火能分为高、低两种情况：高点火能一般指封闭空间（如建筑内）爆炸作为蒸气云的初始点火能；低点火能一般指火星、火焰或者热表面等。障碍区域的阻塞程度分为高、低、无三种情况：当障碍物体积大于障碍区域体积的 30% 且障碍物之间的距离小于 3 m 时，阻塞程度为高；当障碍区域虽然存在障碍物，但不同时达到障碍物体积大于障碍区域体积的 30% 和障碍物之间的距离小于 3 m 两个条件时，阻塞程度为低；无障碍物时阻塞程度为无。蒸气云所受约束分为两种情况：蒸气云全部或部分被 2 个或 3 个固体表面（如地面、墙壁等）限制时为有约束；当蒸气云只有地面限制时为无约束。

当无量纲距离和爆炸强度等级已知时，便可通过图 5-3-12～5-3-14 得到无量纲峰值侧向超压 p_s'、无量纲峰值动态压力 p_{dyn}' 和无量纲正相持续时间 t_p'。

实际的峰值侧向超压 p_s（单位为 Pa）、峰值动态压力 p_{dyn}（单位为 Pa）和正相持续时间 t_p（单位为 s）可通过以下公式求解：

$$p_s = p_s' p_a \tag{5-3-112}$$

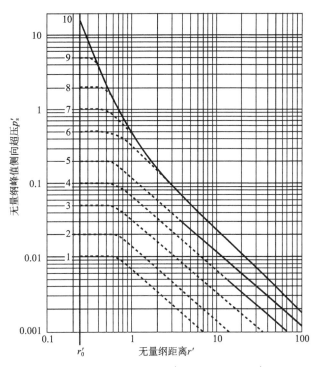

图 5-3-12　无量纲峰值侧向超压 p'_s 随无量纲距离 r' 的变化曲线

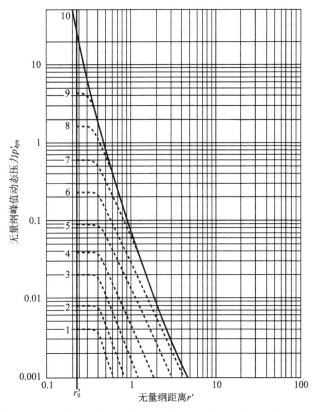

图 5-3-13　无量纲峰值动态压力 p'_{dyn} 随无量纲距离 r' 的变化曲线

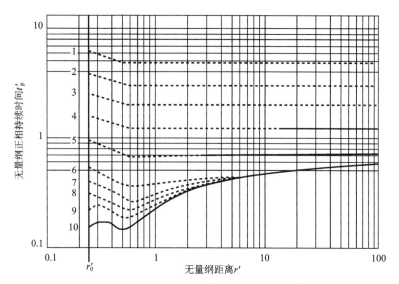

图 5-3-14 无量纲正相持续时间 t_p' 随无量纲距离 r' 的变化曲线

$$p_{dyn} = p_{dyn}' p_a \tag{5-3-113}$$

$$t_p = t_p' (E/p_a)^{1/3}/a_a \tag{5-3-114}$$

式中 a_a——大气中的声速,$a_a = 340 \text{ m/s}$。

超压正脉冲 i_s(单位为 Pa·s)通过峰值侧向超压和正相持续时间计算:

$$i_s = \frac{1}{2} p_s t_p \tag{5-3-115}$$

表 5-3-5 爆炸强度等级表

序 号	点火能		障碍区域阻塞程度			蒸气云所受约束		爆炸强度等级
	低(L)	高(H)	高(H)	低(L)	无(N)	平行板约束(C)	无约束(U)	
1		H	H			C		7~10
2		H	H				U	7~10
3	L					C		5~7
4		H		L		C		5~7
5		H		L			U	4~6
6		H			N	C		4~6
7	L		H				U	4~5
8		H			N			4~5
9	L			L		C		3~5
10	L			L			U	2~3
11	L				N	C		1~2
12	L				N		U	1

三、伤害准则

伤害后果大小的确定需要设定人员和设备能够承受的相关阈值。目前,国际上并没有统一的规定,各国家监管机构、评价单位等均给出了各自的伤害准则,表 5-3-6 为后果评价中采用的后果影响标准。

表 5-3-6　后果评价中采用的后果影响标准

后果形式	主要影响
池　火	热辐射
喷射火	热辐射
火　球	热辐射
闪　火	火焰覆盖(LFL 范围)
爆　炸	超压值

(一)热辐射伤害破坏准则

热辐射伤害破坏准则主要有热通量准则、热强度准则、热通量热强度准则、热通量热辐射作用时间准则与热强度热辐射作用时间准则。已知热通量、热强度与热辐射作用时间三个参数中的任意两个,可以计算出第三个参数。

1.热辐射对设备设施的破坏准则

一般按热通量准则判断热辐射对设备设施的破坏情况,不考虑其持续时间[主要是考虑发生火灾时,设备一直暴露在稳态火灾(指在较长时间内能够比较稳定地燃烧的火灾)的作用下]。

热通量准则以热通量作为衡量目标是否被破坏的唯一参数,当目标接收到的热通量大于或等于引起目标破坏所需的临界热通量时,目标被破坏;否则,目标不被破坏。热辐射对设备设施的破坏准则见表 5-3-7。

表 5-3-7　热辐射对设备设施的破坏准则

辐射热通量/$(kW \cdot m^{-2})$	破　坏　情　况
35	严重损坏工艺设备;连续暴露 30 min 以上,很可能造成钢结构断裂或坍塌
25.0	连续暴露 30 min 以上,造成钢结构表面严重脱色,油漆剥落,结构明显变形
12.5	对工艺设备有破坏作用;有明火时,木材点燃,塑料管熔化

2.热辐射对人的伤害准则

热辐射对人的伤害一般采用热通量热辐射作用时间判据准则,认为人是否受到伤害取决于热通量及热辐射作用时间(主要考虑人员在受到热辐射危害时有逃离时间)2 个参数。热辐射对人的伤害准则见表 5-3-8。

表 5-3-8　热辐射对人的伤害准则

辐射热通量/$(kW \cdot m^{-2})$	伤害情况	资料来源
10	人员暴露 60 s 内 100%死亡	ALOHA 手册
5	人员暴露 60 s 内二度烧伤	ALOHA 手册

辐射热通量/(kW·m⁻²)	伤害情况	资料来源
2	人员暴露 60 s 内轻微烧伤	ALOHA 手册
31.5	人员暴露 35 s 内 99％死亡	PIRAMID 手册
12.6	人员暴露 35 s 内 50％死亡	PIRAMID 手册

从表 5-3-8 可以看出,不同文献考虑的热辐射作用时间不同,因此得出临界热辐射通量值不同。

（二）超压伤害破坏准则

超压对设备设施的破坏情况见表 5-3-9。爆炸冲击波对建筑物的影响见表 5-3-10。超压对人员的伤害情况见表 5-3-11。

表 5-3-9　超压对设备设施的影响

超压/kPa	伤害情况	资料来源
55.16	建筑物被摧毁	ALOHA 手册
24.13	人员严重受伤	ALOHA 手册
20.68	造成钢框架建筑倒塌	ALOHA 手册
6.895	玻璃破碎	ALOHA 手册

表 5-3-10　超压对建筑物的影响

超压/kPa	影　响
0.14	令人厌恶的噪声(137 dB 或低频 10～15 Hz)
0.21	已经处于疲劳状态下的大玻璃偶尔破碎
0.28	产生大的噪声(143 dB)、玻璃破裂
0.69	处于压力应变状态的小玻璃破裂
1.03	玻璃破裂
2.07	安全距离(低于该值,不造成严重损坏的概率为 95％);抛射物限值;屋顶出现某些破坏;10％的窗户玻璃被打碎
2.76	有限的较小结构被破坏
3.4～6.9	大窗户和小窗户通常破碎;窗户框架偶尔遭到破坏
4.8	房屋建筑物受到较小的破坏
6.9	房屋部分破坏,不能居住
6.9～13.8	石棉板粉碎;钢板或铝板起皱,紧固失效;木板固定失效、吹落
9.0	钢结构的建筑物轻微变形
13.8	房屋的墙和屋顶局部坍塌
13.8～20.7	没有加固的混凝土墙毁坏
15.8	严重的结构破坏

超压/kPa	影　　响
17.2	50%砌砖房屋破坏
20.7	工厂建筑物内的重型机械(1 362 kg)轻微损坏;钢结构建筑变形并离开基础
20.7~27.6	自成构架的钢面板建筑破坏;油储罐破裂
27.6	轻工业建筑物的覆层破裂
34.5	木制的支撑柱折断;建筑物内高大液压机(18 160 kg)轻微破坏
34.5~48.2	房屋几乎完全破坏
48.2	装载货物的火车车厢倾翻
48.2~55.1	未加固的 203.2~304.8 mm 厚的砖板因剪切或弯曲导致失效
62.0	装载货物的火车货车车厢完全破坏
68.9	建筑物可能全部遭到破坏;重型机械工具(3 178 kg)移位并严重损坏,非常重的机械工具(5 448 kg)幸免

表 5-3-11　超压对人员的影响

超压/kPa	影　　响
>100	极严重,可能大部分死亡
50~100	内脏严重损伤或者死亡
30~50	人员严重伤害
20~30	人员轻微伤害

四、死亡概率计算

暴露影响与环境中的危险物质的释放和扩散有关。因为计算基于死亡概率,所以只研究致命暴露影响。给定致命暴露及影响因子,确定死亡概率。死亡概率函数用来计算在给定的环境中,由于暴露在有毒物质和热辐射下导致人员死亡的概率。

死亡概率 P_E 表示假设个人在室外并且没有衣服保护,因暴露在环境中而死亡的概率。 P_E 用于计算个人风险等值曲线。

人口死亡修正因子 F_E 表示在给定暴露下的死亡概率修正因子。由于部分人员在室内和穿着防护服而受到保护。因此,使用 $F_{E,in}$ 和 $F_{E,out}$ 分别表示室内和室外人员的死亡概率修正因子。 $F_{E,in}$ 和 $F_{E,out}$ 用于计算社会风险。

给定暴露下的死亡概率可采用概率函数法计算,死亡概率 P_E 与相应的概率 P_r 函数关系见式(5-3-116)和(5-3-117), P_E 和 P_r 的对应关系见表 5-3-12。

$$P_E = 0.5\left[1 + \mathrm{erf}\left(\frac{P_r - 5}{\sqrt{2}}\right)\right] \tag{5-3-116}$$

$$\mathrm{erf}(x) = \frac{2}{\sqrt{\pi}}\int_0^x \mathrm{e}^{-t^2}\,\mathrm{d}t \tag{5-3-117}$$

式中　t—暴露时间,s。

表 5-3-12 P_E 和 P_r 的对应关系

$P_E/\%$	P_r									
	0	1	2	3	4	5	6	7	8	9
0		2.67	2.95	3.12	3.25	3.36	3.45	3.52	3.59	3.66
10	3.72	3.77	3.82	3.87	3.92	3.96	4.01	4.05	4.08	4.12
20	4.16	4.19	4.23	4.26	4.29	4.33	4.36	4.39	4.42	4.45
30	4.48	4.50	4.53	4.56	4.59	4.61	4.64	4.67	4.69	4.72
40	4.75	4.77	4.80	4.82	4.85	4.87	4.90	4.92	4.95	4.97
50	5.00	5.03	5.05	5.08	5.10	5.13	5.15	5.18	5.20	5.23
60	5.25	5.28	5.31	5.33	5.36	5.39	5.41	5.44	5.47	5.50
70	5.52	5.55	5.58	5.61	5.64	5.67	5.71	5.74	5.77	5.81
80	5.84	5.88	5.92	5.95	5.99	6.04	6.08	6.13	6.18	6.23
90	6.28	6.34	6.41	6.48	6.55	6.64	6.75	6.88	7.05	7.33

（一）热辐射危害

火球、池火及喷射火的死亡概率可按式(5-3-118)计算：

$$P_{r热} = -36.38 + 2.56\ln(Q^{4/3}t) \tag{5-3-118}$$

式中 $P_{r热}$——热辐射暴露下的死亡概率；

Q——热辐射强度，W/m^2；

t——暴露时间，s，最大值为 20 s。

点火时，闪火的火焰外焰等于 LFL 等值线。暴露时间 t 等于火灾持续时间，最大值为 20 s。在计算热辐射暴露死亡概率时，处于火球、池火及喷射火火场中或热辐射强度不小于 37.5 kW/m^2 时，死亡概率为 100%。

（二）闪火和爆炸危害

闪火的火焰区域等于点燃时可燃云团 LFL 的范围。闪火火焰区域内，人员的死亡概率为 100%；闪火火焰区域外，人员的死亡概率为 0。

对于蒸气云爆炸，在 0.03 MPa 超压影响区域内，人员的死亡概率为 100%；在 0.01 MPa 超压影响区域外，人员的死亡概率为 0。

第四节   风险计算

一、个人风险计算

个人风险是指因危险化学品生产、储存装置各种潜在的火灾、爆炸、有毒气体泄漏事故造成区域内某一位置人员的个人死亡概率，即单位时间内（通常为一年）的个人死亡率。通常用个人风险等值线表示。

个人风险计算程序如图 5-4-1 所示，步骤如下：

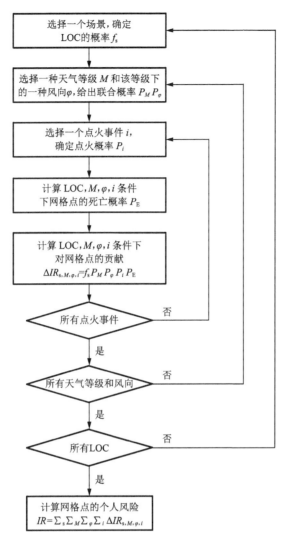

图 5-4-1　个人风险计算程序

（1）选择一个泄漏场景，确定化工装置失效（Loss of Containment events，LOC）的发生概率 f_s。

（2）选择一种天气等级 M 和该天气等级下的一种风向 φ，给出天气等级 M 和风向 φ 同时出现的联合概率 $P_M P_\varphi$。

（3）如果是可燃物释放，选择一个点火事件 i 并确定点火概率 P_i；如果考虑物质毒性影响，则不考虑点火事件。

（4）计算在特定的 LOC、天气等级 M、风向 φ 及点火事件 i（可燃物）条件下网格单元上的死亡概率 P_E，计算中参考高度取 1 m。

（5）计算 LOC，M,φ,i 条件下对网格单元个体风险的贡献。

$$\Delta IR_{s,M,\varphi,i} = f_s P_M P_\varphi P_i P_E \tag{5-4-1}$$

（6）对所有的点火事件，重复步骤（3）～（5）的计算；对所有的天气等级和风向，重复步骤（2）～（5）的计算；对所有的 LOC，重复步骤（1）～（5）的计算，则网格点处的个人风险由式

(5-4-2)计算：

$$IR = \sum_s \sum_M \sum_\varphi \sum_i \Delta IR_{s,M,\varphi,i} \tag{5-4-2}$$

个人风险和社会风险计算均从研究区域的网格划分开始。网格单元的中心作为网格点，分别计算每个网格点的个人风险。网格单元应该足够小，不影响计算结果，即一个网格单元内的个人风险相差不大。如果重要场景的影响距离小于或等于 300 m，那么每个网格单元不应大于 25 m×25 m。对于影响距离大于 300 m 的重要场景，网格单元可以为 100 m×100 m。如果相关的话，可以组合使用，即在计算中小网格最大可达 300 m，大网格最小为 30 m。

二、社会风险计算

社会风险是对个人风险的补充，指在确定个人风险的基础上，考虑到危险源周边区域的人口密度，避免发生超过公众可接受范围的群死群伤事故。通常用累计概率和死亡人数之间的关系曲线（$F\text{-}N$ 曲线）表示。

社会风险计算程序如图 5-4-2 所示，步骤如下：

（1）首先确定以下条件：

① 确定 LOC 及其发生概率 f_s。

② 选择一种天气等级 M 和该天气等级下的一种风向 φ，给出天气等级 M 和风向 φ 同时出现的联合概率 $P_M P_\varphi$。

③ 对于可燃物，选择点火事件 i，确定点火概率 P_i。

（2）选择一个网格单元，确定网格单元内的人数 N_{cell}。

（3）计算在特定的 LOC，M，φ 及 i 下，网格单元内社会风险的死亡概率修正因子 F_d，计算中参考高度取 1 m。

（4）计算在特定的 LOC，s，M，φ 及 i 下，网格单元的预期死亡人数 $\Delta N_{s,M,\varphi,i}$：

$$\Delta N_{s,M,\varphi,i} = F_d N_{cell} \tag{5-4-3}$$

网格单元的预期死亡人数不一定是整数。

（5）对所有网格单元，重复步骤（2）～（4）的计算。对于 LOC，M，φ 及 i，计算死亡总人数 $N_{s,M,\varphi,i}$：

$$N_{s,M,\varphi,i} = \sum_{\text{所有网格单元}} \Delta N_{s,M,\varphi,i} \tag{5-4-4}$$

（6）计算 LOC，s，M，φ 及 i 的联合概率 $f_{s,M,\varphi,i}$：

$$f_{s,M,\varphi,i} = f_s P_M P_\varphi P_i \tag{5-4-5}$$

（7）对所有的 LOC，s，M，φ 及 i，重复步骤（1）～（6）的计算，用累计死亡总人数 $N_{s,M,\varphi,i} \geqslant N$ 和所有事故发生的概率 $f_{s,M,\varphi,i}$ 绘制成 $F\text{-}N$ 曲线。

$$F_N = \sum_{s,M,\varphi,i} f_{s,M,\varphi,i}, N_{s,M,\varphi,i} \geqslant N \tag{5-4-6}$$

在 LOC，M，φ 及 i 的单一组合情况下，计算每个网格单元的预期死亡人数 $\Delta N_{s,M,\varphi,i}$。然后，分别计算每种 LOC，M，φ 及 i 组合下，每个网格单元的死亡人数 $N_{s,M,\varphi,i}$。最后，确定死亡人数超过 N 的累计概率。

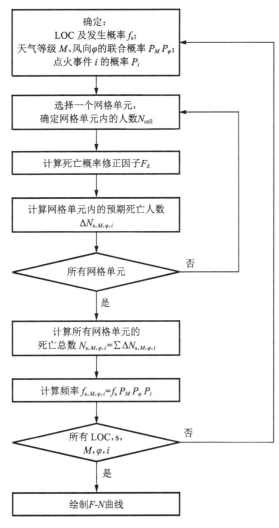

图 5-4-2　社会风险计算流程

第五节　风险可接受标准

一、ALARP 原则

风险可接受准则表示在规定时间内或某一行为阶段可接受的总体风险等级,它为风险评价以及制定减少风险的措施提供了参考依据,因此在进行风险评估之前应预先给出。此外,风险可接受准则应尽可能地反映安全目标的特点。风险可接受准则必须包括以下几点:

(1)风险可接受准则的制定应满足工程中的安全性要求。

(2)公认的行为标准。

(3)从自身活动和相关事故中得到的经验。

风险可接受准则的实质是社会或公司所能接受的可能发生事故的最大风险值,在风险低于此值时,并不意味着就不发生事故,而是发生事故的概率和后果可以被社会或公司接受和容忍。根据风险分析的目的和进行的程度,常用的风险可接受准则有风险矩阵和 ALARP 原则(最低合理可行原则)。在定量风险评价中,一般采用 ALARP 原则,如图 5-5-1 所示。

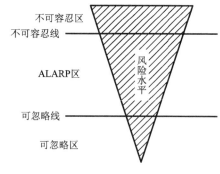

图 5-5-1　ALARP 原则

图 5-5-1 中,在不可容忍线以上的风险不能被接受,必须不计代价地立即采取措施降低;在可忽略线以下的风险对管道安全影响很小,可不采取措施;在两条线中间的区域,就是 ALARP 区,在这个区域内,需要考虑采取措施降低风险,但要同时考虑成本,如果花费较小的成本就可将风险降低到满意的程度,那么可以施行,但如果降低风险的代价超出了事故发生的损失,那么宁愿不采取措施而接受潜在的事故损失。

二、不同国家或机构的风险准则

一些国家和地区出于对人身安全的重视,建立了比较完备的个人风险可接受标准和社会风险可接受标准。个人风险可接受标准用于公司员工和公众,社会风险可接受标准用于对社会人群的风险衡量。由于公司员工具有规避危险的专业知识,因此个人风险可接受标准一般高于社会可接受标准1~2个数量级。表 5-5-1 和表 5-5-2 列出了界区内外个人风险标准。

表 5-5-1　界区内个人风险标准

国外政府机构和单位以及应用范围	不可接受风险/(次・a^{-1})	可接受风险/(次・a^{-1})
英国健康安全执行局(现有危险性设施)	1×10^{-3}	1×10^{-6}
壳牌石油公司(陆上和海上设施)	1×10^{-3}	1×10^{-6}
英国石油公司(陆上和海上设施)	1×10^{-3}	1×10^{-5}
Norsk Hydro 公司(陆上设施)	1×10^{-3}	—
ICI 公司(陆上设施)	—	3.3×10^{-5}
挪威石油公司(陆上设施)	—	8.8×10^{-5}
Rohm & Haas 公司(陆上设施)	—	1×10^{-7}

表 5-5-2　界区外个人风险标准

国家或地区以及应用范围	最大可忍受风险/(次・a^{-1})	可忽略的风险/(次・a^{-1})
荷兰(已建设施或结合新建设施)	1×10^{-6}	1×10^{-8}
英国(已建危险工业)	1×10^{-5}	1×10^{-8}
英国(新建核能发电厂)	1×10^{-4}	1×10^{-6}
英国(新建危险性物品运输)	1×10^{-5}	1×10^{-6}
英国(靠近已建设施的新民宅)	1×10^{-4}	1×10^{-6}

国家或地区以及应用范围	最大可忍受风险/(次·a^{-1})	可忽略的风险/(次·a^{-1})
中国香港特区（新建和已建设施）	3×10^{-6}	3×10^{-7}
新加坡（新建和已建设施）	1×10^{-5}	—
马来西亚（新建和已建设施）	1×10^{-5}	1×10^{-6}
文莱（已建设施）	1×10^{-4}	1×10^{-6}
文莱（新建设施）	1×10^{-5}	1×10^{-7}
澳大利亚西部（新建设施）	1×10^{-6}	—
美国加利福尼亚州（新建设施）	1×10^{-5}	1×10^{-7}

各国的社会风险可接受标准都是由政府制定的。表 5-5-3 给出了社会风险可接受标准。

表 5-5-3　社会风险标准

国家或地区	最大容许概率 N=1	可忽略风险概率 N=1	F-N 曲线斜率	边界点
荷　兰	1×10^{-3} 次/a	1×10^{-5} 次/a	−2	1 000 次/a
英　国	1×10^{-1} 次/a	1×10^{-4} 次/a	−1	—
丹　麦	1×10^{-2} 次/a	1×10^{-4} 次/a	−2	—
澳大利亚	1×10^{-2} 次/a	1×10^{-4} 次/a	−2	—
中国香港特区	1×10^{-3} 次/a	1×10^{-5} 次/a	−1	1 000 次/a

三、中国大陆油气管道风险准则

SY/T 6859—2020《油气输送管道风险评价导则》基于国内人员伤亡事故数据，提出个人风险和社会风险的可接受准则。

（一）个人风险

如果个人风险水平高于容许上限 1×10^{-4} 次/a，则风险不能接受。

如果个人风险水平低于容许下限 1×10^{-6} 次/a，则风险可以接受。

如果个人风险水平基于上限和下限之间，可考虑风险的成本与效应分析，采取降低风险的措施，使风险水平尽可能低。

（二）社会风险

社会风险的可接受准则 F-N 准则线如图 5-5-2 所示，直线上方为不可接受区，下方为可接受区。

图 5-5-2 表示每千米管道每年事故发生概率 F 和事故导致的死亡人数 N 之间的关系。用于管道时，需要确定所评价的管道长度，在该长度管道上发生的所有事故和后果都纳入评价当中。

管道企业可以根据自身情况，将现有准则线平行下移，两条直线中间的区域可以作为可容忍区，在可能的情况下尽量降低落入该区域的风险。

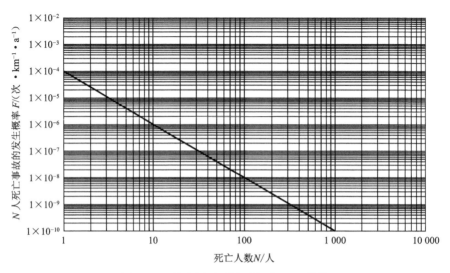

图 5-5-2   社会风险可接受标准 F-N 曲线

第六节   管道定量风险评价实施案例

一、某输气管道定量风险评价案例

（一）管道信息

某输气管道设计压力 10 MPa，设计输量为 40×10^8 m³/a，材质为 X65 级钢管，管道壁厚为 16 mm，平均埋深 1.5 m，穿过人口密集区域，评价管段如图 5-6-1 所示。

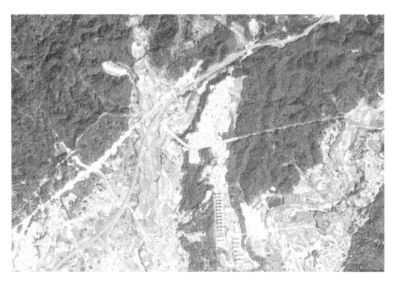

图 5-6-1   评价管段路径（彩图见附录）

评价管段参数见表 5-6-1。

表 5-6-1　评价管段参数

投产时间	2009 年	最小屈服强度 SMYS/MPa	450
管　材	X65	设计压力/MPa	10
防腐层类型	3 层 PE	运行压力/MPa	8
埋深/m	1.5	运行温度/℃	20
管外径/mm	610	输送介质	天然气
壁厚/mm	16	管段区间阀室间距/km	20
管道总长度/km	270	评价管段长度/m	1 000

(二)气象数据

管段所处区域的气象数据:年平均气温 22 ℃,白天平均气温 26 ℃,夜间平均气温 16 ℃,相对大气湿度 80%,平均大气压 1.015 1 bar,区域的风速、风频数据见表 5-6-2 和表 5-6-3,表头大写字母代表大气稳定度帕斯奎尔分级,数字代表风速,单位为 m/s。

表 5-6-2　白天风速、风频统计数据

风频/%　稳定度　风　向	B3	D1.5	D5	D9
0°	1.17	1.18	1.51	0.84
30°	2.09	1.49	1.39	0.65
60°	3.21	1.57	2.14	1.64
90°	2.89	1.17	1.92	1.63
120°	2.07	0.91	1.41	0.77
150°	1.88	1.27	2.07	1.23
180°	1.36	1.53	2.67	2.07
210°	1.60	1.89	4.64	4.48
240°	1.66	1.76	4.87	6.39
270°	1.09	1.39	3.63	5.01
300°	1.20	1.26	3.07	3.42
330°	1.32	1.20	2.13	2.30

表 5-6-3　夜间风速、风频统计数据

风频/%　稳定度　风　向	D1.5	D5	D9	E5	F1.5
0°	1.37	0.71	0.19	0.30	2.35
30°	1.50	1.10	0.47	0.64	2.76
60°	1.84	2.68	1.45	2.18	3.35
90°	1.38	2.27	1.01	1.73	3.49

风频/% 稳定度 风 向	D1.5	D5	D9	E5	F1.5
120°	1.66	1.51	0.41	1.23	4.20
150°	1.54	1.88	1.04	0.62	2.39
180°	1.72	2.28	1.75	0.45	1.53
210°	2.12	3.76	3.49	0.87	2.13
240°	1.97	3.74	4.26	0.80	1.69
270°	1.60	2.55	2.26	0.61	1.38
300°	1.37	1.32	0.99	0.29	1.20
330°	1.33	0.92	0.42	0.21	1.78

(三)危险识别

1.介质属性

管输天然气的主要成分是甲烷,成分组成见表 5-6-4。

表 5-6-4　输送介质成分

成　分	体积分数/%
甲　烷	95.73
乙　烷	2.02
丙　烷	0.47
正丁烷	0
正戊烷	0
戊　烷	0
己　烷	0
氮	1.23
二氧化碳	0.55
总　计	100

甲烷属性见表 5-6-5。

表 5-6-5　甲烷属性

分子质量	17 g/mol
相对密度(273.15 K,101 325 Pa)	0.6
热　值	50 MJ/kg
燃烧范围	5%～15%
质量热容比(c_p/c_V)	1.31
闪　点	−218 ℃

2. 管道泄漏

管输天然气泄漏会对周边人员和财产造成伤害,根据输气管道历史事故统计,将管道泄漏的泄漏孔径分为满孔破裂和孔径泄漏两种类型,孔径尺寸见表5-6-6。

表5-6-6　泄漏孔径

孔径分类		尺　　寸
满孔破裂		全口径
孔径泄漏	小　孔	5 mm
	中　孔	25 mm
	大　孔	100 mm

泄漏天然气遇到点火源会发生火灾或爆炸,在不同点燃情况下,表现出不同的伤害形式。将点燃事件按时间划分为立即点燃和延迟点燃,立即点燃指泄漏30 s之内的点燃,延迟点燃指泄漏30 s之后的点燃。

(1)发生立即点燃情况下,满孔破裂的主要伤害是火球,并伴有喷射火,火球的持续时间取值30 s。孔径泄漏的主要伤害是喷射火。

(2)发生延迟点燃情况下,泄漏天然气的点燃伤害主要是爆炸或闪火以及喷射火。天然气主要成分甲烷的相对密度为0.6,轻于空气,未点燃情况下,在开放空间会迅速上升扩散,只有在较为封闭的空间才有可能发生爆炸或闪火。不含硫天然气不具有毒性,有窒息危险,但因为轻于空气,泄漏天然气很快上升扩散,窒息危险很低。基于管段所在区域的周边环境,将不同场景下的延迟点燃伤害设定为喷射火。

(3)未点燃情况下,高压输气管道的意外泄漏导致的物理爆炸会对管段上方近距离人员造成伤害,但发生概率和后果很低,低于火灾导致的伤害。扑救火灾用水的处理不当会引起环境风险,但不会直接导致人员的伤亡。本节定量风险评价不考虑未点燃情况下的伤害后果,未点燃泄漏气体会扩散稀释,不引起人员伤害。

(四)失效概率

选择适合管段特征的失效概率数据,评价管段发生失效的概率采用EGIG数据库2010—2019年统计结果见表5-6-7。本节定量风险评价选择管径610 mm(24 in)的失效概率0.08次/(1 000 km · a)。

表5-6-7　EGIG 2010—2019年管道失效概率

管径d	失效概率/(次 · 10^{-3} km^{-1} · a^{-1})			
	未　知	小孔($d \leqslant 20$ mm)	孔(20 mm$<d \leqslant D$)	破裂($d>D$)
$d<5$ in	0.007	0.367	0.049	0.049
5 in$\leqslant d<11$ in	0.006	0.117	0.050	0.023
11 in$\leqslant d<17$ in	0.009	0.070	0.017	0.013
17 in$\leqslant d<23$ in	0.007	0.040	0.007	0.000
23 in$\leqslant d<29$ in	0.000	0.047	0.020	0.013

管径 d	失效概率/(次 • 10⁻³ km⁻¹ • a⁻¹)			
	未 知	小孔(d≤20 mm)	孔(20 mm<d≤D)	破裂(d>D)
29 in≤d<35 in	0.000	0.011	0.00	0.011
35 in≤d<41 in	0.000	0.013	0.00	0.000
41 in≤d<47 in	0.000	0.000	0.00	0.000
d≥47 in	0.000	0.009	0.00	0.000

按照输气管道泄漏的不同孔径场景,依据比例分配不同泄漏孔径和泄漏方向的发生概率见表 5-6-8。

表 5-6-8　不同场景失效概率　　　　　　　　　　次/(1 000 km • a)

孔　径		比　例	方　向	
			垂直90°	倾斜45°
			50%	50%
满孔破裂	全口径	10%	0.004	0.004
孔径泄漏	5 mm	62.5%	0.025	0.025
	25 mm	15%	0.006	0.006
	100 mm	12.5%	0.005	0.005

管输天然气泄漏立即点燃概率见表 5-6-9。

表 5-6-9　管输天然气泄漏立即点燃概率

连续泄漏量/(kg • s⁻¹)	瞬时泄漏量/kg	立即点燃概率/%
<10	<1 000	0.02
10~100	1 000~10 000	0.04
>100	>10 000	0.3

管输天然气泄漏的延迟点燃概率采用总点燃概率和立即点燃概率的差值,总点燃概率由式(5-6-1)和(5-6-2)计算。

(1)满孔破裂总点燃概率。

$$P_{\text{ign}} = \begin{cases} 0.055\ 5 + 0.013\ 7pd^2, & 0 \leqslant pd^2 \leqslant 57 \\ 0.81, & pd^2 > 57 \end{cases} \tag{5-6-1}$$

(2)孔径泄漏总点燃概率。

$$P_{\text{ign}} = \begin{cases} 0.055\ 5 + 0.013\ 7(0.5pd^2), & 0 \leqslant 0.5pd^2 \leqslant 57 \\ 0.81, & 0.5pd^2 > 57 \end{cases} \tag{5-6-2}$$

式中　P_{ign}——总点燃概率;

　　　p——管道运行压力,bar;

d——孔径,m(满孔破裂取值管道直径,孔径泄漏取值代表孔径)。

所评价管段不同泄漏孔径的点燃概率见表 5-6-10。

表 5-6-10　管道泄漏点燃概率

孔　径		点　燃　概　率			
		立即点燃/%		延迟点燃/%	
满孔破裂	全口径	火球+喷射火	0.3	喷射火	0.16
孔径泄漏	5 mm	喷射火	0.02	喷射火	0.04
	25 mm		0.02		0.04
	100 mm		0.04		0.02

(五) 后果计算

不同场景下管输天然气泄漏的速率和质量计算值见表 5-6-11。满孔破裂计算前 30 s 内泄漏总天然气质量,泄漏速率采用泄漏 30 s 后的最大速率。

表 5-6-11　泄漏数据

孔　径　泄　漏			满　孔　破　裂	
5 mm	25 mm	100 mm	前 30 s	30 s 后
0.180 82 kg/s	4.508 7 kg/s	69.668 kg/s	79 471.125 kg	1 116.9 kg/s

火灾热辐射对人员的伤害取决于接受的辐射强度和持续时间,不同辐射强度对人员的伤害见表 5-6-12。

表 5-6-12　热辐射对人员的伤害

热辐射强度/(kW · m^{-2})	人员伤害
37.5	1%死亡(10 s);100%死亡(1 min)
12.5	1 度烧伤(10 s);1%死亡(1 min)
4	人员感到疼痛,可能烧伤,无人员伤亡(20 s 以上)

根据表 5-6-12,在大气稳定度 D,风速 1.5 m/s 的条件下,不同泄漏场景下的火灾热辐射距离见表 5-6-13。

表 5-6-13　热辐射距离

孔　　径		方　　向	火灾热辐射距离/m		
			4 kW/m^2	12.5 kW/m^2	37.5 kW/m^2
孔径泄漏	5 mm	45°	7	5	3
		90°	5	2	1
	25 mm	45°	29	19	7
		90°	20	9	2

孔　　径		方　　向	火灾热辐射距离/m		
			4 kW/m²	12.5 kW/m²	37.5 kW/m²
孔径泄漏	100 mm	45°	106	65	25
		90°	77	36	6
满孔破裂	火　球	—	699	409	231
	全口径	45°	363	231	122
		90°	264	129	23

图 5-6-2、图 5-6-3 是不同泄漏场景下,火灾热辐射与管道距离的曲线图。

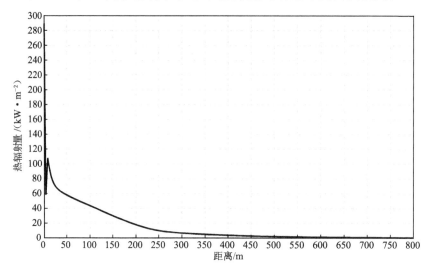

图 5-6-2　满孔破裂喷射火(D1.5,45°)下风向热辐射量随距离的变化

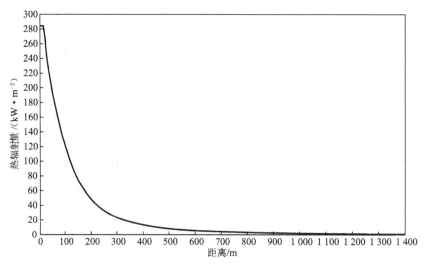

图 5-6-3　满孔破裂火球(D1.5)热辐射量随距离的变化

（六）风险结果

1. 个人风险

评价管段的个人风险等值线如图 5-6-4 所示,沿管道两侧人口区域的个人风险横截面如图 5-6-5 所示,管道两侧附近人员的个人风险处于标准 SY/T 6859—2020 规定的个人风险准则的上限和下限之间,即 ALARP 区域,应采取降低风险的措施,使风险水平尽可能低。

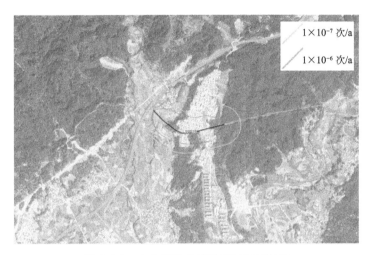

图 5-6-4　个人风险等值线（彩图见附录）

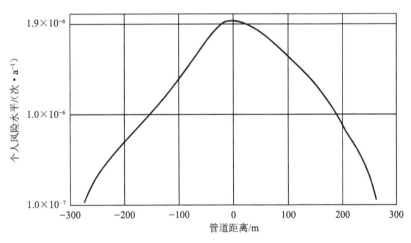

图 5-6-5　管道两侧人口区域的个人风险

2. 社会风险

评价管段定量风险评价的社会风险 F-N 曲线如图 5-6-6 所示,依据标准 SY/T 6859—2020 规定的社会风险准则,社会风险不可接受。

评价管段定量风险评价结果显示,管段的风险不可接受,应及时采取预防和减缓措施,将风险降低到可接受的水平。

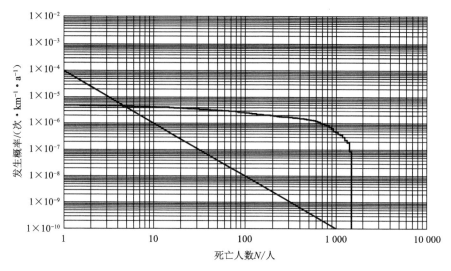

图 5-6-6　社会风险 F-N 曲线

二、某输油管道定量风险评价案例

(一) 管道信息

某输油管道全长 927 km,管径 ϕ811 mm,壁厚 11~17.5 mm,全线采用常温密闭输送工艺,管道材质选用 L450 级钢,设计压力 8.0 MPa(局部 8.5~10 MPa),设计输量 $1\ 500\times10^4$ t/a。经过人口密集区自北向南通过电厂家属区,管道左侧有住户 120 户,包括四层楼房 2 栋,三层楼房 3 栋,最近处距管道 75 m。评价管段起点距离 6 号 RTU 阀室 0 km,终点距离××站 RTU 阀室 2.4 km。评价管段路由走向如图 5-6-7 所示。

图 5-6-7　评价管段路由走向(彩图见附录)

评价管段参数见表 5-6-14。

表 5-6-14 评价管段参数

投产时间	2011 年 1 月	防腐层类型	3 层 PE
管 材	L450	保 温	无保温层
外径/mm	813	管道长度/km	363.19
壁厚/mm	11～17.5	设计压力/MPa	8
最小屈服强度 SMYS/MPa	450	设计输量	$1\,500\times10^4$ t/a(增输工程改造
输送介质	原 油		后,输送量为 $2\,000\times10^4$ t/a)

(二) 气象条件

评价管段地处北温带,属寒温带大陆性气候,由于受大陆和海洋季风交替的影响,气候变化显著,冬季漫长干燥而寒冷,夏季短暂而湿热,春季多大风而少雨。根据当地气象观测站近 20 年累计资料(1997—2016 年)统计表明,当地多年平均气温 $-2.2\,℃$,7 月气温最高(19.25 ℃),1 月气温最低(-25.31 ℃),多年极端最高气温 34.2 ℃,多年极端最低气温 $-41.7\,℃$。多年平均降水量 474.8 mm,7 月降水量最大(140.16 mm),2 月降水量最小(3.49 mm),极端最大日降水 100.9 mm。全年主导风向为 NW 风、WNW 风、W 风,全年平均风速 2.3 m/s,极端最大风速 8.2 m/s。多年平均气压 96.97 kPa,多年平均相对湿度66.9%。

(三) 失效概率

基础失效概率的确定多以失效数据库统计为主,该管道公司历年失效数据如图 5-6-8 所示。采用近 3 年的移动平均失效概率作为该输油管道的失效概率[0.49 次/(1 000 km • a)]。

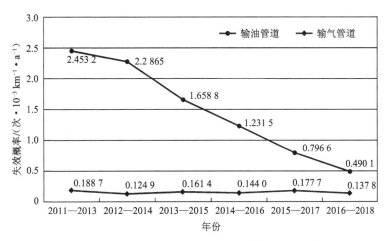

图 5-6-8 该企业 2011—2018 年每 3 年移动平均失效概率

(四) 失效场景

管道的失效情景设置可选用:① 采用典型失效场景即管道发生孔泄漏(小孔、中孔、大孔)和破裂两种情况。② 根据实际情况设置失效场景。本次评价采用第一种泄漏场景,各场景比例设置为 1∶1。不同泄漏类型的失效概率见表 5-6-15。

表 5-6-15   不同泄漏类型比例及失效概率

泄漏类型	小孔(5 mm)	中孔(25 mm)	大孔(100 mm)	破 裂
比 例	0.4	0.4	0.1	0.1
失效概率/(次·10^{-3} km^{-1}·a^{-1})	0.196	0.196	0.049	0.049

管道泄漏事件树如图 5-6-9 所示。

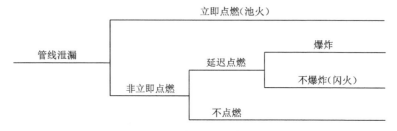

图 5-6-9   管道泄漏事件树

油品泄漏后主要的灾害场景为池火,根据 AQ/T 3046—2013《化工企业定量风险评价导则》,油品泄漏立即点燃概率为 6.5%。各灾害场景的失效概率见表 5-6-16。

表 5-6-16   各灾害场景的失效概率

泄漏场景	立即点火/%	灾害场景的失效概率/(次·10^{-3} km^{-1}·a^{-1})
		池 火
小孔(5 mm)	0.065	0.012 7
中孔(25 mm)	0.065	0.012 7
大孔(100 mm)	0.065	0.003 18
破 裂	0.065	0.003 18

(五) 失效后果

1. 泄漏速率和泄漏量

阀门关闭前,泄漏主要受管道输送压力、孔径、介质物性等参数的影响,可采用伯努利方程计算粗略的泄漏量。

阀门关闭后,泄漏量主要受泄漏点所处高程的影响,可粗略估算为泄漏点上下游截断阀之间高程大于泄漏点的管道内的储存油量。

输油管道发生小孔泄漏时,由于其泄漏孔径较小,泄漏过程中压力变化较小,不易发现,不考虑关阀后泄漏,据经验判断,从发现管线压力异常到排查出泄漏点的时间为 1 800 s。

输油管道发生大孔泄漏及破裂时,由于泄漏量较大,管道内压力变化明显,管道两端截断阀会关闭,阀门动作延迟时间为 180 s,以减小事故损失。

关阀前泄漏时间:小孔(5 mm)泄漏为 30 min,中孔(25 mm)泄漏为 15 min,大孔(100 mm)泄漏为 15 min,破裂(D)为 3 min。

关阀后泄漏时间:可以按照距离维抢修中心的距离来算。车速 60 km/h,加上抢修作业时间 1 h。但泄漏总量不超过最高高程点与本段中点的距离内的油品总量。除小孔泄漏不考虑关阀后泄漏时间,其他泄漏场景关阀后泄漏量考虑两个高程点与本段中点的距离内的全部油品量。评价管道两截断阀沿线高程如图 5-6-10 所示。

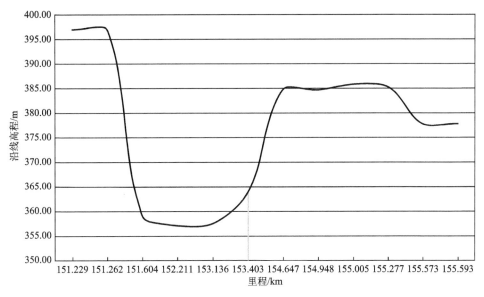

图 5-6-10　评价管道两截断阀沿线高程

不同泄漏场景的泄漏速率及泄漏量见表 5-6-17。

表 5-6-17　不同泄漏场景的泄漏速率及泄漏量

泄漏场景	泄漏速率/(kg·s⁻¹)	泄漏量/kg		
		关阀前	关阀后	总　量
小孔(5 mm)	0.844 675 094	1 520.415 17	0	1 520.415 17
中孔(25 mm)	21.116 877 36	19 005.189 62	1 487 332.098	1 506 337.288
大孔(100 mm)	337.870 037 7	60 816.606 79	1 487 332.098	1 548 148.705
破裂(D)	727.513 227 5	130 952.381	1 487 332.098	1 618 284.479

2. 火灾热辐射

在常温常压下,油品散落在地面形成油池,风速 2.3 m/s 时的热辐射影响距离见表 5-6-18。

表 5-6-18　热辐射影响距离

泄漏场景	油池直径/m	池火热辐射距离/m		
		4 kW/m²	12.5 kW/m²	37.5 kW/m²
小孔(5 mm)	11.405	37.04	22.951	11.374
中孔(25 mm)	40.305	109.93	69.026	33.583
大孔(100 mm)	71.931	182.64	115.96	59.736
破裂(D)	105.23	255.34	163.09	87.951

（六）风险结果

根据上述气象数据、泄漏概率和泄漏后果，结合周边人口分布情况，采用油气管道定量风险评价软件 RiskInsight 软件进行定量风险计算，得出了管道的个人风险和社会风险。

1. 个人风险

评价管段个人风险等值线如图 5-6-11 所示。

图 5-6-11　个人风险等值线分布图（彩图见附录）

根据《危险化学品生产、储存装置个人可接受风险标准和社会可接受风险标准（试行）》（安监总局 2014 年第 13 号），对评价管段整体风险等值线的分析可以看出，评价管段未产生 3×10^{-5} 次/a、1×10^{-5} 次/a 个人风险等高线，3×10^{-6} 次/a 个人风险等高线为 78 m，该范围内无高敏感场所、重要目标及特殊高密度场所，因此，综合判断，评价管段的个人风险是可接受的。

2. 社会风险

评价管段高后果区管段社会风险 $F\text{-}N$ 曲线如图 5-6-12 所示。

社会风险 $F\text{-}N$ 曲线显示，评价管段的社会风险是可接受的，但基本都处在 ALARP 区域内。还应进一步分析，使评价管段风险下降至可忽略的风险区域。

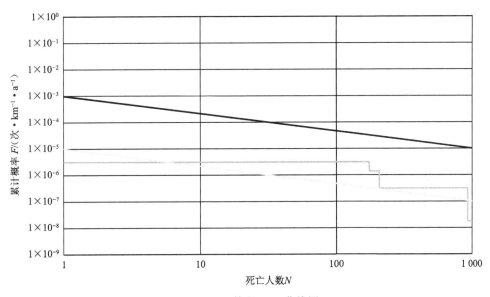

图 5-6-12　管段 F-N 曲线图

第六章　管道专项风险评价

第一节　油气管道环焊缝风险评估

管道环焊缝一直是影响管道安全运行的薄弱环节。近年来,国内外发生多起环焊缝失效事故,造成严重后果,引起了社会广泛关注。美国在 2008 年和 2009 年较集中地建设了一批高钢级管道(每年大约建设 6 400 km),在打压过程中发现了管材和环焊缝的质量问题,出现了管道压力试验中的鼓胀变形、开裂和环焊缝的泄漏,随后在役管道也出现了环焊缝的开裂事故。国内也先后发生了"7·2""6·10""3·20"等管道环焊缝开裂事故。从 2017 年开始,原中国石油天然气股份有限公司管道分公司组织各成员企业开展了环焊缝质量风险排查,发现并处置了一批环焊缝质量隐患。随着环焊缝排查工作的深入,如果将所有的存疑焊口都进行开挖验证,不但浪费大量人力、物力,而且会导致管道无法运行,消耗大量资源。如何在大量的环焊缝中精准确定存在隐患的环焊缝并精准开挖,提高隐患排查成功率,那么通过识别管道环焊缝全生命周期内失效风险因素,建立环焊缝风险评估模型,评估环焊缝风险并进行风险排序是一种科学合理的解决方法。

一、环焊缝风险因素

根据管道断裂力学理论,管道环焊缝失效主要与管道焊缝材料的力学性能(焊缝强度与断裂韧性)、缺陷(缺陷类型与尺寸大小)以及管道载荷(内压、焊接残余应力、组装应力、位移应力)相关,如图 6-1-1 所示。

结合近年来高强度钢管道失效事故的统计分析,发现存在以下规律:

(1)多数事故发生在新建投产的大口径高强钢输气管线上。

(2)失效焊口多为变壁厚连接、返修口或者连头口。

(3)失效形式以脆性断裂为主。

(4)环焊缝失效多与建设期质量管控相关,表现为存在超标缺陷、组对不规范、焊口韧性不达标或者不均匀、存在过大的附加应力等。

(5)部分失效引发爆炸,后期抢修困难,失效后果严重。

基于以上分析,将环焊缝失效因素分为焊接缺陷、材料性能、载荷与施工质量管理四个大类。

图 6-1-1　缺陷失效的致因要素

（一）焊接缺陷

焊接缺陷包括未焊透、未熔合（如图 6-1-2 所示）、裂纹、咬边、气孔、夹渣等。焊接缺陷为开裂起裂点，在外部载荷作用下缺陷失稳扩展，最终导致环焊缝开裂，是引起环焊缝失效的主要原因。焊接缺陷按照形貌可分为体积型缺陷和平面型（裂纹型）缺陷两种类型。

在所有类型焊口中，最容易出现的焊接缺陷是气孔类缺陷。气孔、条孔缺陷产生的最常见原因包括焊接作业中防风措施不到位、保护气体流量控制不良（过大或过小）、飞溅堵塞焊枪喷嘴且未及时清理、坡口两侧有污染等。圆缺、条孔缺陷主要是由于气体未及时排出造成的。"三口"发生未熔合、未焊透等危害性缺陷的概率高于普通焊口。未熔合缺陷与坡口表面清洁度、焊接热输入量及焊接角度等因素有关。同等条件下，未熔合缺陷的数量可以间接证明焊接作业的质量管控水平。连头口、金口组对时不容易控制对口间隙，实际作业中为了工程进度，往往存在不严格执行工艺的情况，导致产生焊接缺陷的概率增大。

图 6-1-2　根部未熔合射线底片影像（左）和焊缝表面形貌（右）

内凹、烧穿、咬边缺陷易见于金口、连头口。相对于普通焊口，此类焊口组对困难、焊接位置不利于操作。组对间隙不合适容易导致电弧偏吹，坡口发生变化，出现各种形式的熔池，在此状况下，焊工作业时不易掌控焊接停留时间，从而产生内凹、烧穿或咬边缺陷。同时，高钢级、大管径管线容易出现裂纹类焊接缺陷。

环焊缝缺陷排查与识别的主要技术手段为环焊缝射线底片识别复核＋漏磁内检测信号复核。基于射线底片的焊缝缺陷识别判定，通过组织无损检测专业技术人员，按照工程建设期间管道安装和无损检测标准，对底片（AUT 扫查图）进行复核，分析质量隐患，给出处置建议。依据漏磁信号强度与形貌等，可将环焊缝异常的严重程度分为轻、中和重三个等级。由于检测原理不同，漏磁内检测与环焊缝射线底片识别检出的焊缝缺陷尺寸和位置等相互验证符合性还有待提高。漏磁内检测技术目前仅针对缺陷而言，其设计初衷是解决管体内外腐蚀、机械划伤等金属缺失，而不是针对焊缝。由于技术原理限制和环焊缝现场全位置焊接使得焊缝区金属成型不规则性，在役管道漏磁检测技术很难检出裂纹、未焊透、未熔合等威胁较大的平面型缺陷，也较难对内凹、打磨等体积性金属缺失类缺陷进行识别和定量。

漏磁内检测的结果按照重度缺陷、中度缺陷、轻度缺陷和无缺陷分类。环焊缝射线底片识别可以给出缺陷的长度，但无法给出缺陷的深度。对于缺少底片或底片质量无法复评的焊口，存在缺陷漏检的风险。

（二）材料性能

环焊缝材料性能的关键指标是整个焊口的韧性指标和均匀性问题，环焊缝存在冲击功分布离散且部分点位不达标的问题，投运后很难进行在线检测。

国产 X80 钢含碳量低,但为提高钢的强度和韧性,添加了 Cu,Ni,Cr,Mo 等合金化元素,这间接地导致碳当量增大,焊接性变差,出现环焊缝缺陷、强度或韧性不达标的可能性增大。同时,焊缝强度或韧性分布往往不均匀,不同部分力学性能分散性较大。X80 钢材料性能测试后显示冲击功和强度分散性较大,如图 6-1-3 和 6-1-4 所示。API 1104—2013《管道和相关设施的焊接》规定:进行焊接工艺评定时,焊缝的拉伸强度应大于管材名义最小抗拉强度。由于管材的实际抗拉强度波动范围较大,高达 200 MPa,因此,这是名义的高强匹配,而非实际高强匹配,实际焊缝金属的抗拉强度可能高于母材的抗拉强度,也可能低于母材的抗拉强度,只是所占比例不同。加拿大学者采用熔化极气体保护焊工艺,在实验室内研究了过强匹配、等强匹配、低强匹配等 3 种环焊缝试样的拉伸变形行为。过强匹配和等强匹配条件下,断裂发生在母材。低强匹配条件下,断裂发生在环焊缝。部分管道环焊缝相对于管体低强匹配,热影响区软化,焊缝冲击韧性不符合要求,焊缝断裂韧性较低,容易导致环焊缝应变集中而失效,发生脆性断裂。

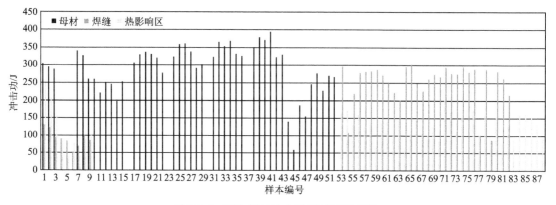

图 6-1-3　X80 管材冲击功测试结果统计

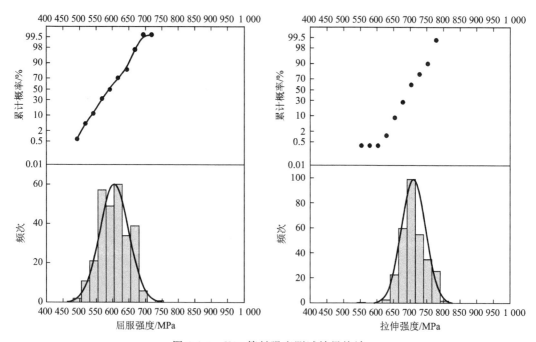

图 6-1-4　X80 管材强度测试结果统计

部分焊缝材料韧性值偏低,导致管道失效,如中国石油天然气管道科学研究院根据中缅天然气管道(国内段)现场切割的焊接施工编号为 CPP306-QBC011+048-MR 的焊口,按照相关标准和规范开展性能试验,焊接接头的夏比冲击试验结果见表 6-1-1,焊缝和热影响区冲击韧性未达到标准要求(平均值不小于 80 J,单值不小于 60 J)。

表 6-1-1　现场切割焊口冲击试验结果

试样编号	取样位置	缺口类型	试件尺寸/mm	缺口位置	试验温度/℃	编号	冲击吸收功单值/J	冲击吸收功平均值/J
CPP306-QBC011+048-MR-C1	平　焊	V	7.5×10×55	焊缝中心	−10	1	112.0	89.3
						2	83.5	
						3	72.5	
CPP306-QBC011+048-MR-C2	平　焊	V	7.5×10×55	熔合线	−10	4	38.5	59.5
						5	27.5	
						6	112.5	
CPP306-QBC011+048-MR-C3	立　焊	V	7.5×10×55	焊缝中心	−10	7	98.5	61.5
						8	22.0	
						9	64.0	
CPP306-QBC011+048-MR-C4	立　焊	V	7.5×10×55	熔合线	−10	10	205.0	125.5
						11	111.5	
						12	60.0	
技术条件要求	每个 10 mm×10 mm×55 mm 夏比冲击试样−10 ℃冲击吸收功单值不小于 60 J,每组 3 个冲击试样平均值不小于 80 J。 根据折算,每个 7.5 mm×10 mm×55 mm 夏比冲击试样−10 ℃冲击吸收功单值不小于 45 J,每组 3 个冲击试样平均值不小于 60 J								
结　论	不合格								

通常情况下,如果环焊缝只在内压作用下,并且材料性能达标,那么即使出现贯穿性缺陷,焊缝也有足够的韧性防止缺陷发生不稳定扩展,失效形式主要为泄漏,而非开裂形式。随着管道用钢等级的提高,即使焊接缺陷评判为Ⅱ级合格,但材料韧性偏低,在附加载荷的作用下焊缝也有可能发生开裂。焊缝返修质量控制不严格也会导致焊缝质量差,造成焊缝组织粗大,韧性值较低等。

分析认为,冲击性能(如冲击功)、焊缝与母材强度比值、焊接层数等因素是衡量焊缝材料性能的关键指标,但该数据只有经过对每道焊缝开展试验才能获取。鉴于焊缝性能无法在线检测,在无法获知焊缝实际材料性能的情况下,评估焊工技能水平、焊接工艺执行情况、是否有分包以及焊接机组能力水平(存疑焊口比例和二级片比例等)是衡量材料性能高低的一种间接方式。

(三)载荷

管道除承受内压外,还承受其他外部载荷,如施工装配及焊接过程中产生的装配应力、运行过程中的位移应力等。这些附加载荷产生的原因包括焊接时根焊完成后移除对管器、管段抬升、强力组对、下沟过程弯曲,地质情况变化,堆积重物,沉降、碾压,不规范施工造成应力集中等。附加载荷会导致管道环焊缝承受的轴向应力大大增加,易在焊缝根部或近焊缝区域发生开裂。外部载荷也降低了环焊缝对缺陷的承载能力,在正常受力情况下可接受的环焊缝缺陷,当存在外部载荷时往往变成不可接受缺陷。

近年来几次环焊缝失效事故中,失效环焊缝断口切割后管段两端发生错位,如图 6-1-5 所示,表明失效位置存在附加外载,导致接头的承载能力降低。

图 6-1-5   近年来几次环焊缝失效事故中焊缝切口发生错位

在实际工作中难以直接测定环焊缝位置的应力水平,通常采用中心线内检测(IMU)和应力监测(应力应变片)等手段评估和监测应力水平。但存在以下局限:

(1)中心线内检测需要开展 2 次并进行数据对比分析,通过数据的变化反推管道承受的弯曲应变,但无法评估管道轴向应变。

(2)无法衡量管道环焊缝位置的残余应力。

(3)应力监测主要针对服役后(安装监测装置后)管道承受的应力变化,建设期的管道应力变化状态不清楚。

(4)对于连头口、强组对等应力分布情况,尚未开展针对性工作,未总结出规律,未形成数据分析方法。

(5)应力监测选点非常有限,选点原则尚需完善,选择有代表性的高应力变化的位置概率低。

因此,对管道环焊缝承受载荷的评估需要考虑以下因素:

(1)管道运行压力、设计压力的比值。

(2)地质灾害区域对管道位移载荷的影响。

(3)焊接接头错边量大将导致接头有效壁厚减小并形成应力集中,承压能力降低。

(4)焊接接头存在斜接,易产生局部弯曲载荷。

(5)当上下游环焊缝之间存在几何检测报告阈值以上的椭圆变形或凹陷时,会导致管道承受横向载荷。

(6)弯头连接作为管道上主要的载荷承受点,其连接口所受应力较大。

(7)中心线内检测(IMU)识别的弯曲应变区域一般是管道发生位移变化的位置,存在较大横向载荷。

(8)金口、连头口存在着强行组对的可能;金口未进行水压试验,残余应力水平较大。

（9）短节增加了焊缝数量，增加了应力集中点。

（10）变壁厚连接。

（11）返修口。

（12）其他需要考虑的因素。

另外，有多起事故发生在试压阶段，这表明管道试压时，可以消除部分较为严重的焊接缺陷失效风险，但由于内压作用在焊缝的轴向应力水平较低，因此不能完全消除焊缝失效风险。对于运行期管道，环焊缝失效通常在多种因素同时出现的情况下发生。

（四）施工质量

对近年来失效事故的分析表明大多数焊接质量问题都是由于现场焊接质量管控环节出现问题所导致的，如不按照焊接工艺规程进行焊接，焊接质量差；施工单位私割私改管道，隐瞒不报，造成黑口的存在；施工方与检测方沟通不足，导致焊口漏检；施工过程中存在着未经监管的自行返修情况等。其中，自行返修的潜在危害较大，返修次数无法追踪和确认，可能存在超次返修情况，也有可能随意使用焊接工艺，而不是返修工艺（比如打磨至根部的全壁厚返修，根焊未采用上向焊工艺）。

对于施工记录中存在的检测时间早于焊接时间的，认为存在后期返修未重新做无损检测或使用公口底片的可能，焊口存在较大安全隐患。

此外，应校核管道施工与设计的符合性情况，当采用不符合壁厚设计要求的管道时，应重点关注。

综上所述，可结合图 6-1-6 中的因素综合考虑环焊缝面临的风险。

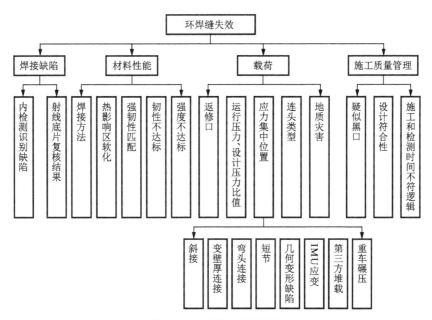

图 6-1-6　环焊缝失效因素

（五）失效后果

环焊缝失效后果严重，已成为威胁管道安全运行的一个重要因素，几起焊缝失效事故如图 6-1-7 所示。管道泄漏失效后可能引发火灾、爆炸等次生灾害，对周边人员安全造成不利影响,根据 GB 32167—2015《油气输送管道完整性管理规范》中的规定,失效后果应考虑人员伤亡、环境影响、财产损失、停输影响四个方面。

图 6-1-7　几起焊缝失效事故后果案例

评估方法重点考虑人员密集型高后果区管道环焊缝质量问题及周边人员分布密度对管道泄漏失效导致人员死亡风险的影响,以期快速、精准地实现重点风险管控,实现"杜绝亡人事故"的目标。

二、环焊缝评估模型

该方法将影响管道环焊缝安全的指标分为环焊缝缺陷、载荷、材料性能、施工质量管理四大类,并分析各个指标之间的逻辑关系,综合分析其引起管道泄漏的可能性。对位于高后果区内环焊缝的分值,通过乘以安全系数来评估泄漏后的事故严重程度,最终得到管道沿线的风险大小。管道环焊缝风险评价模型如图 6-1-8 所示。

根据管道环焊缝风险评价模型中的风险因素类型设置了风险评价指标,风险评价指标见表 6-1-2。

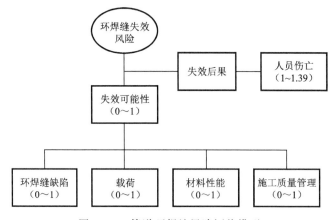

图 6-1-8　管道环焊缝风险评价模型

表 6-1-2　风险评价指标

序　号	编　号	分　类	指　标
1	A.1	环焊缝缺陷	内检测识别缺陷
2	A.2		射线底片复核结果

序　号	编　号	分　类	指　标		
3	B.1	载　荷	运行压力、设计压力比值		
4	B.2		地质灾害		
5			连接头类型	金　口	
6	B.3			连头口	
7				普通口	
8			应力集中位置	斜　接	
9				短　节	
10	B.4			变壁厚连接	
11				弯头连接	
12				几何变形缺陷	
13				第三方损坏(堆载、重车碾压)	
14	B.5		返修口		
15	C.1	材料性能	参建单位焊接机组能力评估水平		
16	D.1	施工质量管理	疑似黑口(缺失底片)		
17	D.2		设计符合性		
18	D.3		施工和检测时间不符逻辑		
19	E.1	失效后果	高后果区		

针对表 6-1-2 中的评价指标制定了详细的评分细则,用以指导对环焊缝的评分工作。其中环焊缝缺陷、载荷、材料性能、施工质量管理为失效可能性指标,高后果区为失效后果指标。

(一) 环焊缝缺陷

1.内检测识别缺陷(A.1)

单选指标,根据内检测结果数据确定该指标的评分。环焊缝存在多处缺陷的,按照最严重缺陷进行评分。

内检测结果数据为缺陷严重程度时,评分如下:

内检测识别环焊缝无缺陷,0.01分;

内检测识别环焊缝轻度缺陷,0.05分;

内检测识别环焊缝中度缺陷,0.25分;

内检测识别环焊缝重度缺陷,0.5分。

内检测结果数据为缺陷深度时,评分如下:

缺陷深度为 0,0.01分;

缺陷深度小于壁厚的 20%,0.05分;

缺陷深度为壁厚的 20%~40%,0.25分;

缺陷深度大于等于壁厚的 40%,0.5分。

2.射线底片复核结果(A.2)

单选指标,依据射线底片复核结果进行评分,复核结果为"空白、0、\ / "等未知符号时,按照无复核结果处理：

环焊缝排查底片复核Ⅰ级片，0.01分；

环焊缝排查底片复核Ⅱ级片，0.05分；

环焊缝排查底片复核Ⅲ级片，0.5分；

环焊缝排查底片复核Ⅳ级片，0.9分；

无复核结果（缺少底片或底片质量无法复评），0.5分。

（二）载荷

1.运行压力、设计压力比值（B.1）

单选指标，用运行压力和设计压力做除法运算，根据计算结果区间进行评分：

比值0.8～1，0.15分；

比值0.6～0.8，0.1分；

比值0.6以下，0.05分。

2.地质灾害（B.2）

单选指标，根据地质灾害类型进行评分，重点考虑滑坡、地面沉降等土体类地质灾害，没有地质灾害数据按照"无"赋值：

滑坡、不稳定边坡、不稳定斜坡，0.6分；

地面沉降、地面沉降治理工程、高填方路基沉降、岩溶塌陷、护沟挡墙基部下沉悬空，0.4分；

崩塌、崩塌（危岩）、危岩，0.3分；

水毁（包括河道水毁、坡面水毁、河沟道水毁），0.1分；

无，0.01分。

3.连接头类型（B.3）

单选指标，根据连接头的具体情况进行评分：

金口，0.3分；

连头口，0.25分；

普通口，0分。

4.应力集中（B.4）

复选指标，根据焊缝应力集中情况进行评分，总分为下述评分项的和：

斜接，0.25分；

3 m以下（含黑口）的短节，0.25分；

3 m以下（不含黑口）的短节，0.25分；

变壁厚连接，0.25分；

弯头连接，0.25分；

几何变形缺陷，0.3分；

第三方损坏（包括堆载、重车碾压），0.45分。

关于短节的评分说明，短节上下游的环焊缝都要作为应力集中环焊缝，采用方式是焊缝编号+10，短节分为两个类型：① 焊口类型为割口按照短节评分，② 长度小于3 m，且不是弯管的按照短节评分。

关于几何变形缺陷的评分说明，包括凹陷、椭圆变形等类型，影响范围为距离环焊缝上下游一根管节内的几何变形。

关于第三方损坏的评分说明,是指管道周边附近 50 m 内存在堆土、堆渣、边坡开挖等工程活动或重车碾压,可能对管道产生外载力的区域。

5. 返修口(B.5)

单选指标,按照是否为返修口评分:

是,0.35 分;

否,0 分。

(三) 材料性能

材料性能指标为参建单位焊接机组能力评估水平(C.1)。

焊接机组总体水平或阀室间距总体水平以每条管道为评价单元,针对每个机组或阀室间距分别计算其水平:

$$P=1-(1-底片存疑焊口比例)\times(1-疑似黑口比例)\times$$
$$(1-内检测严重异常焊口比例)\times(1-开挖复检不合格口比例)$$

计算全线所有机组或阀室间距能力水平的均值 V 和标准差 Q,采用如下原则确定机组能力:

低——P 大于 $V+Q$,0.6 分;

中——P 位于 $V-Q$ 和 $V+Q$ 之间,0.8 分;

高——P 小于 $V-Q$,0.9 分。

材料性能评分影响因素包括焊材质量、焊接工艺合理性、焊接工艺执行情况、焊口与母材强度比值、热影响区软化等参数,由于中缅管道项目中无法获取上述数据,采用焊接机组能力评估水平进行评分。

(四) 施工质量管理

1. 疑似黑口(D.1)

单选指标,根据是否有底片进行评分:

是,0.9 分;

否,0.01 分。

2. 设计符合性(D.2)

单选指标,根据设计符合性排查结果进行评分,主要考虑竣工图中管道壁厚与施工图不符合的区域:

是,0.01 分;

否,0.35 分。

3. 施工和检测时间不符合逻辑(D.3)

单选指标,根据是否符合逻辑进行评分:

是,0.01 分;

否,0.35 分。

施工和检测时间不符合逻辑指标评分说明,施工时间减去检测时间,计算结果大于 0 时为是,小于 0 时为否。

(五) 失效后果

高后果区(E.1)为单选指标,根据高后果区排查结果进行评分:

非高后果区,1分;

Ⅰ级高后果区,1.1分;

Ⅱ级高后果区,1.2分;

Ⅲ级高后果区,1.39分。

油气管道一旦泄漏会产生火灾、爆炸等次生灾害,危害管道周边人员的生命安全,因此本评价方法中,对于失效后果的评价主要采用高后果区数据。当一个区域为高后果区时评分为1.1~1.39分,非高后果区时评分为1分。确定输气管道高后果区的准则依据是GB 32167—2015。

在评价模型中,不同指标的分值设置不影响其他指标的分值分配,各个指标相互之间采用布尔代数(逻辑"或")计算方法分别计算不同焊口特征组合状态下的分值,特征条件越多,分值越高,表示焊缝的失效可能性越大。

环焊缝失效风险:

$$R = P \times C$$

式中　R——风险;

　　　P——环焊缝失效概率;

　　　C——高后果区取值1~1.39。

其中,环焊缝失效概率:

$$P = 1 - \prod_{1}^{17}(1 - P_i) \times P_{C.1}$$

式中,i取值为1~17,分别为内检测识别缺陷,射线底片复核结果,运行压力、设计压力比值,地质灾害,金口,连头口,普通口,斜接,短节,变壁厚连接,弯头连接,第三方损坏,几何变形缺陷,返修口,疑似黑口,设计符合性,施工和检测时间不符逻辑。

三、开挖评估结果分级

根据评估模型的计算结果,可按照失效概率和风险大小的顺序确定环焊缝开挖顺序。由于每条管道的施工质量存在差异,开挖比例可根据具体情况确定。一般来讲遵循如下原则:依据相关工作经验和海因里希法则(1:29:300:1 000),推荐以每条管道的环焊缝总数为基础,将前1%、前1%~4%、前4%~74%及其余焊口划分为4个等级,见表6-1-3。各管道企业分级过程中可结合每条管道实际情况,调整不同风险级别焊口的比例。

表 6-1-3　开挖等级划分准则

开挖评估结果	划分准则与结果
(Ⅳ级)	该等级的开挖优先级为最高,一般选取评估结果前1%的焊缝。该区域的抽检比例不宜低于50%,并根据抽检结果进一步确定开挖数量
(Ⅲ级)	该等级的开挖优先级较高,一般选取评估结果前1%~4%的焊缝。该区域的抽检比例不宜低于30%,并根据抽检结果进一步确定开挖数量
(Ⅱ级)	该等级的开挖优先级中等,一般选取评估结果前4%~74%的焊缝。该区域的抽检比例不宜低于5%,并根据抽检结果进一步确定开挖数量
(Ⅰ级)	该等级的开挖优先级为一般,一般选取评估结果后26%的焊缝。该区域的抽检比例不宜低于1%,并根据抽检结果进一步确定开挖数量

开挖中除依据风险排序外,另外考虑如下原则:

(1) 疑似黑口建议按照 100% 比例开挖验证,同时开挖上下游相邻的各一道焊口。

(2) 射线底片复核发现错评、漏评、超标缺陷的不合格焊口,疑似缺陷建议复核的焊口,按照 100% 比例开挖验证。

(3) 高后果区、高风险管段、地质灾害管段的内检测严重异常焊口按不低于 20% 比例开挖验证,较严重异常焊口按不低于 10% 比例开挖验证;一般管段的内检测严重异常焊口按不低于 5% 比例开挖验证,较严重异常焊口按不低于 2.5% 比例开挖验证。

(4) 高后果区、地质灾害管段、高风险管段中,射线底片复核为Ⅱ级的变壁厚连接、弯头连接按照不低于 10% 的比例开挖验证。

(5) 缺少底片、底片不完整(缺少部分底片)、底片黑度不满足评定标准、底片漏光、底片发黄的焊口按照不低于 1% 的比例进行抽检,发现不合格焊口后加倍抽检,再次发现不合格焊口后全部开挖验证。

(6) 有施工记录、无检测报告和底片的焊口,按照 100% 比例开挖验证。

(7) 有检测报告、无施工记录和底片的焊口,按照 100% 比例开挖验证。

(8) 返修口仅有原底片未见返修后底片、同一焊口有两套底片、相邻底片无法搭接、底片交角信息与内检测交角信息不对应的焊口,按照 100% 比例开挖验证。

四、案例应用

对某天然气管道 A 站—B 站共计 4.7 万道焊缝。采用上述方法进行了数据采集与风险评估,通过数据整合将管道属性数据、建设数据、内检测数据、管道运行维护数据、周边环境数据及相关专项报告数据对齐到具体焊缝上,为后续评价提供数据基础。

按照环焊缝风险评估模型以及评分细则,完成了环焊缝风险排序工作。各环焊缝风险得分值如图 6-1-9 所示。环焊缝风险分级见表 6-1-4。

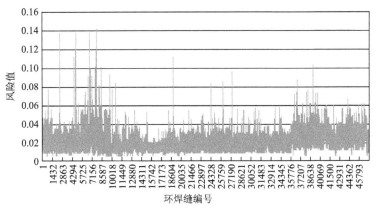

图 6-1-9　环焊缝风险值

综合考虑环焊缝失效风险因素,确定了该天然气管道环焊缝风险等级划分准则,风险分值大于 0.05 的共计 322 道环焊缝,为高风险;风险分值为 0.04~0.05 的共计 1 558 道环焊缝,为较高风险;风险分值为 0.02~0.04 的共计 21 078 道环焊缝,为中风险;风险分值小于 0.02 的共计 24 813 道环焊缝,为低风险。建议首先对风险等级为较高及以上的环焊缝开展精细化评价,共计 1 880 道环焊缝,并确定环焊缝优先开挖顺序。

表 6-1-4 环焊缝风险分级

序　号	风险分值	风险等级	环焊缝数量
1	＞0.5	高	322
2	0.04～0.05	较　高	1 558
3	0.02～0.04	中	21 078
4	＜0.02	低	24 813

第二节　管道地质灾害风险评价

管道地质灾害风险是指地质灾害易发性及其影响下的管道易损性和管道失效后果的综合度量。地质灾害易发性是指在某一给定的时间内,某一特定的地质灾害发生的概率;管道易损性是指在地质灾害影响下,管道发生强度破坏或失稳的难易程度。

管道地质灾害风险评价是指对一定时间周期内地质灾害发生概率及地质灾害对管道系统产生危害的性质和程度进行定性或定量描述的系统过程。风险评价可以量化风险并对风险进行排序,从而为降低风险提供一套科学和系统的方法,涉及的标准有:GB 50253—2014《输油管道工程设计规范》、GB 50251—2015《输气管道工程设计规范》、SY/T 0053—2004《油气田及管道岩土工程勘察规范》、SY/T 0015.1—1998《原油和天然气输送管道穿跨越工程设计规范:穿越工程》、SY/T 0015.2—1998《原油和天然气输送管道穿跨越工程设计规范:跨越工程》、GB 50330—2002《建筑边坡工程技术规范》、国土资源部《县(市)地质灾害调查与区划基本要求》实施细则、澳大利亚地质力学协会《滑坡风险管理概念和指南》、美国生命线协会《自然灾害和人类威胁下的油气管道性能评价指南》、CAN/CSA-Q850-1997(R2007)《风险管理:针对决策者的指南》。

在地质灾害识别和调查的基础上,给风险评价指标体系评分,根据评分结果对地质灾害的风险值进行计算。依据地质灾害风险值对地质灾害进行分级,依据风险分级结果对地质灾害的风险是否可接受做出判断。

采用下列公式评价管道地质灾害的风险:

$$R = P(H)P(S)VE \tag{6-2-1}$$

式中　R——管道地质灾害风险;

　　　$P(H)$——地质灾害发生概率,即地质灾害易发性;

　　　$P(S)$——地质灾害发生后影响到管道的概率;

　　　V——地质灾害影响到管道后对管道造成的损伤程度;

　　　E——管道失效的后果。

令管道的易损性 $P(V)=P(S)V$,则式(6-2-1)变为:

$$R = P(H)P(V)E \tag{6-2-2}$$

因此,管道地质灾害风险评价模型包括三部分:管道地质灾害易发性 $P(H)$、地质灾害作用下管道易损性 $P(V)$ 和管道失效后果 E。

令管道地质灾害的风险概率 $P=P(H)P(V)$，则式(6-2-2)变为：

$$R=PE \tag{6-2-3}$$

一、地质灾害风险概率

管道地质灾害种类包括滑坡、崩塌、泥石流、地面塌陷、坡面水毁、河沟道水毁、台田地水毁、黄土湿陷等八类灾害，这八类灾害涵盖了管道目前所面临的绝大部分灾害。

根据评价对象列出地质灾害易发性 $P(H)$ 和管道易损性 $P(V)$ 的评价指标，现场调查评价指标所处状态，查表读取该状态的取值，考虑不同指标的权重，进行风险评价计算。每个指标满分为 10 分，同一指标体系中各指标权重之和为 1，风险值为不大于 1 的数。

地质灾害易发性 $P(H)$ 包括灾害体易发性评价和易发性减缓措施评价两部分：

$$P(H) = \frac{\sum_{i=1}^{n_1} u_{1i} w_{1i}}{10} \cdot \frac{\sum_{i=1}^{n_2} u_{2i} w_{2i}}{10} \tag{6-2-4}$$

式中　n_1——灾害体易发性评价指标的个数；

u_{1i}——第 i 个灾害体易发性评价指标所处状态的分值；

w_{1i}——第 i 个灾害体易发性评价指标的权重；

n_2——灾害易发性减缓措施评价的指标个数；

u_{2i}——第 i 个灾害易发性减缓措施指标所处状态的分值；

w_{2i}——第 i 个灾害易发性减缓措施指标的权重。

灾害发生后影响到管道的概率 $P(S)$ 以灾害点与管道的空间关系为评价指标，计算公式见式(6-2-5)：

$$P(S) = \frac{\sum_{i=1}^{n_3} u_{3i} w_{3i}}{10} \tag{6-2-5}$$

式中　n_3——$P(S)$ 评价指标的个数；

u_{3i}——第 i 个 $P(S)$ 评价指标所处状态的分值；

w_{3i}——第 i 个 $P(S)$ 指标的权重。

灾害影响到管道后对管道造成的损伤程度 V 由灾害规模评价和管道防护措施评价两部分组成，评价公式如下：

$$V = \frac{\sum_{i=1}^{n_4} u_{4i} w_{4i}}{10} \cdot \frac{\sum_{i=1}^{n_5} u_{5i} w_{5i}}{10} \tag{6-2-6}$$

式中　n_4——灾害规模评价指标的个数；

u_{4i}——第 i 个灾害规模评价指标所处状态的分值；

w_{4i}——第 i 个灾害规模评价指标的权重；

n_5——管道防护措施评价的指标个数；

u_{5i}——第 i 个管道防护措施评价指标所处状态的分值；

w_{5i}——第 i 个管道防护措施评价指标的权重。

管道地质灾害风险评价公式可表示为：

$$R = \frac{\sum_{i=1}^{n_1} u_{1i}w_{1i}}{10} \cdot \frac{\sum_{i=1}^{n_2} u_{2i}w_{2i}}{10} \cdot \frac{\sum_{i=1}^{n_3} u_{3i}w_{3i}}{10} \cdot \frac{\sum_{i=1}^{n_4} u_{4i}a_{4i}}{10} \cdot \frac{\sum_{i=1}^{n_5} u_{5i}w_{5i}}{10} \tag{6-2-7}$$

式(6-2-7)中各参数意义同式(6-2-4)～(6-2-6)。

在大量实例研究的基础上，将风险概率评价的结果分为 5 级，见表 6-2-1。

表 6-2-1　管道地质灾害风险概率推荐分级

风险概率值	风险概率等级	风险概率值	风险概率等级
$R \geqslant 0.4$	高	$0.1 > R \geqslant 0.05$	较　低
$0.4 > R \geqslant 0.2$	较　高	$R < 0.05$	低
$0.2 > R \geqslant 0.1$	中		

风险概率分级时，因为前四类灾害(滑坡、崩塌、泥石流、地面塌陷)在危害管道的程度方面与后四类灾害(坡面水毁、河沟道水毁、台田地水毁、黄土湿陷)有明显差异，因此将前四类灾害和后四类灾害划成两个不同的灾害区，前四类灾害的灾害区称为岩土类灾害区，后四类灾害的灾害区称为水力类灾害区。

二、地质灾害失效后果

管道泄漏(失效)后，主要过程可分为三个阶段，首先是输送介质从管道中泄漏，然后是泄漏介质在管道周围扩散，最后扩散介质对周围人口、环境等产生影响(破坏)。根据此过程，可将管道泄漏后果采用以下公式来计算：

$$\text{后果 } E = \text{介质危害系数}(P_H) \times \text{泄漏系数}(S_P) \times$$
$$\text{扩散系数}(D_1) \times \text{受体}(R_C) \tag{6-2-8}$$

本后果模型的分值范围为 1.25～1 000。分值越大，表示后果越严重。推荐分级标准见表 6-2-2。

表 6-2-2　管道地质灾害失效后果推荐分级

失效后果值	风险概率等级	失效后果值	风险概率等级
$E \geqslant 864$	高	$86.4 > E \geqslant 12$	较　低
$864 > E \geqslant 302.4$	较　高	$12 > E \geqslant 1.25$	低
$302.4 > E \geqslant 86.4$	中		

三、地质灾害风险分级

按照公式(6-2-3)的定义，管道地质灾害风险值 R 的范围为 0～1 000。按照风险矩阵的方法对风险值进行分级。

采用二维矩阵的方法对地质灾害风险进行分级，共分为 5 级：高、较高、中、较低、低。分级结果如图 6-2-1 中不同颜色所示。

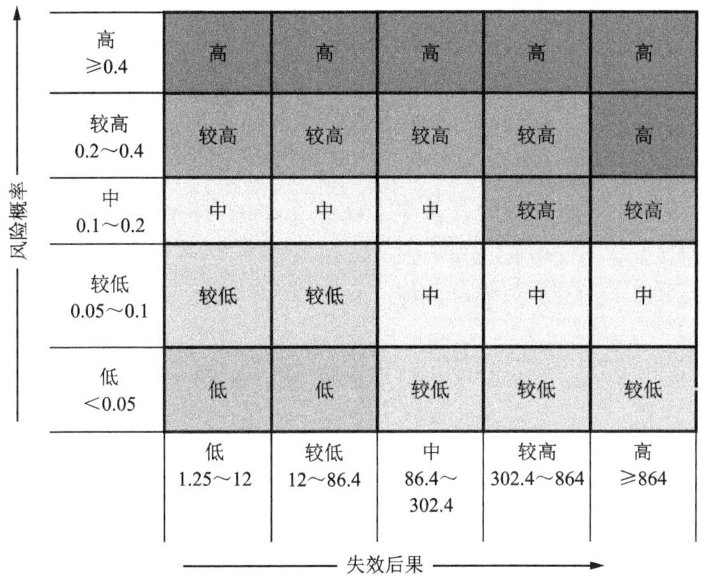

图 6-2-1　地质灾害风险推荐分级

根据风险等级的不同,提出风险防治建议,见表 6-2-3。

表 6-2-3　管道地质灾害风险防治建议

风险等级	风险控制建议	风险等级	风险控制建议
高	短期内实施防治工程	较　低	巡　检
较　高	采取专业监测或风险减缓措施	低	不采取措施
中	重点巡检或简易监测		

表 6-2-3 中,风险等级高为不可接受风险,需要采取风险减缓措施;其余的风险为可接受风险,需要采取监测、巡视等风险控制措施。

第三节　管道第三方损坏风险评价

第三方随机事件造成的损坏是影响油气管道可靠性的主要因素之一,一般包括施工挖掘、碾压、占压、打孔盗油、恐怖袭击等。根据美国 DOT、加拿大 ERCB 及欧洲 EGIG 的统计数据表明,第三方损坏造成的事故已分别占到各类管道事故的 39.82%、47.2% 和 52.17%。随着我国经济快速发展,基础设施建设、城镇化进程不断加快,管道运行与人为活动、地方规划建设的矛盾日益突出。第三方施工挖掘对管道造成的损伤成为影响管道安全的重要因素。本节重点研究第三方损坏对管道可靠性的影响规律。

一、第三方损坏失效机理

第三方损坏活动具有类型多、数量多、随机性强、破坏性大等特点,据不完全统计,仅 2013 年西气东输管道沿线第三方交叉施工达 4 000 余项,大部分交叉施工活动因为有效的管理和管道抗力,不会对管道可靠运行造成影响。第三方损坏导致管道失效的特点如图 6-3-1 所示,管道是否失效主要取决于冲击力和管道抗力的大小对比。管道抗力的大小与管道材料性能、壁厚、管径等因素相关;冲击力的大小与施工类型相关,不同类型的施工活动,其冲击力的强度差异较大。第三方损坏活动的冲击力大于管道的抗力时,可能穿刺管道,导致失效影响管道安全可靠运行,或者

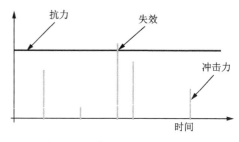

图 6-3-1 第三方损坏失效特点

形成凹陷-划伤,使得管道承压能力受到影响,在压力升高或者压力波动时造成失效事件,影响管道的可靠运行。第三方损坏对于管道可靠性的影响采用管道失效概率来表示。

二、第三方损坏故障树

管道遭受第三方损坏的概率主要与三个方面内容相关:管道上方活动水平、防护措施、保护措施。管道上方活动水平是影响管道上方发生第三方损坏的根本因素,是指管道上方建设活动的频繁程度,主要与人口密度、土地类型等相关。防护措施通过地面标识、警示标识告知第三方施工单位注意管道,通过巡线及时发现第三方施工行为,发现第三方施工后通过管道定位、现场看护等规范交叉施工,避免第三方施工对管道产生损害。保护措施包括埋深和机械防护,当防护措施失效,管道上方发生不可控挖掘活动时,通过埋深和机械防护保护管道安全。防护措施和保护措施都失效的情况下,管道会遭受第三方施工挖掘的冲击。

管道遭受第三方损坏故障树如图 6-3-2 所示。事件代码及事件名称见表 6-3-1。

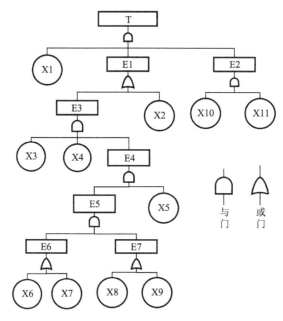

图 6-3-2 管道遭受第三方损坏故障树

表 6-3-1　事件代码及事件名称

事件代码	事件名称	事件代码	事件名称
T	管道遭受挖掘冲击	X3	管道地面标识防护失效
E1	防护措施失效	X4	警示带防护失效
E2	保护措施失效	X5	管道企业未准确定位管道位置
E3	未准确提供管道位置信息	X6	挖掘期间无巡线
E4	管理措施防护失效	X7	巡线未发现挖掘活动
E5	管道管理企业未发现挖掘活动	X8	挖掘单位未发现警示牌
E6	巡线未发现挖掘活动	X9	挖掘施工单位忽略警示牌
E7	未接到挖掘通知单	X10	挖掘深度超过管道埋深
X1	管道上方活动水平	X11	机械保护失效
X2	意外挖掘到管道		

　　管道遭受挖掘冲击概率通过故障树中各个基本事件概率值进行计算,基本事件概率取值影响因素不同。

　　(1)管道上方活动水平。

　　管道上方挖掘施工活动的概率依赖于土地使用类型和区域内生活或工作人口的密度。为了将相应活动水平转化为定量的挖掘活动概率,根据统计的管道沿线第三方施工活动数据,结合人口密度因素分为开发区或城乡接合部、城市区域、乡村区域、农业耕地、山区、荒漠戈壁等类型,分别确定活动水平的基本概率值。

　　(2)意外挖掘到管道。

　　意外挖掘到管道事件是指管道运行企业发现了管道上方第三方施工活动,且管道运行企业与第三方施工企业签订了管道保护协议,由于管道位置信息不准确、管道施工过程监护不力等原因,发生意外损伤管道事件。意外挖掘到管道的概率取决于管道企业是否对管道位置进行了准确定位,并对施工过程有严格的监管。

　　(3)管道地面标识防护失效。

　　管道上方第三方施工单位可通过管道标识发现管道的路由,地面标识包括里程桩、转角桩、穿越桩和加密桩等。管道地面标识防护失效事件发生概率的相关因素包括地面标识的密度、可视性,标识信息的准确性、清晰度。

　　(4)警示带防护失效。

　　警示带埋设于管道上方 30 cm 左右,用于警示第三方施工人员,研究表明,警示带不能正确表示管道位置的可能性为 50%。

　　(5)管道企业未准确定位管道位置。

　　当发现管道上方有施工活动时,管道企业需要在施工区域进行管道定位,并连续开挖探坑确定管道具体走向,将管道定位结果提交给第三方施工单位,以避免意外挖掘到管道。若定位不准确,未能提供准确位置信息,施工过程中损伤管道的概率会增大。

　　(6)挖掘期间无巡线。

　　第三方挖掘施工期间无巡线则不能及时地发现施工活动,巡线活动能否发现第三方施工行为的概率与巡线的频次有关,管道巡线频次是固定的,第三方施工活动是随机出现的。巡线发现第三方施工的概率与施工期限、巡线频次相关,发现施工活动的概率计算如下:

$$P_{\mathrm{r}} = \begin{cases} \dfrac{t_{\mathrm{s}}^3 - (t_{\mathrm{s}} - t_{\mathrm{x}})^3}{3 t_{\mathrm{x}} t_{\mathrm{s}}^2}, & t_{\mathrm{s}} \geqslant t_{\mathrm{x}} \\ \dfrac{t_{\mathrm{s}}}{3 t_{\mathrm{x}}}, & t_{\mathrm{s}} < t_{\mathrm{x}} \end{cases} \tag{6-3-1}$$

式中　t_{s}——施工活动持续的时间,d;

$\quad\quad t_{\mathrm{x}}$——巡线时间间隔,d。

(7)巡线未发现挖掘活动。

巡线发现挖掘施工活动的概率与巡线的方式有关,根据无人机巡线、车辆巡线、徒步巡线等不同巡线方式特点确定发现施工活动的概率。

(8)挖掘单位未发现警示牌。

管道运行企业在容易发生第三方施工区域设置警示牌,提醒附近挖掘施工单位遵守管道保护法,管道两侧 5 m 范围内禁止挖掘施工,确实需要施工的按照警示牌联系方式与管道企业取得联系。施工单位发现警示牌的概率主要取决于是否设置了警示牌,若未设置警示牌则概率为零,若设置了明显警示信息则发现警示牌概率为 1。

(9)挖掘施工单位忽略警示牌。

管道上方第三方施工单位发现警示牌后,可能忽略警示信息,在未与管道运行企业取得联系、未确定管道位置的情况下施工,导致损伤管道。该基本事件概率取值与政府管理地表挖掘活动严格程度相关,若政府强制要求,在管道附近挖掘施工活动必须与管道企业共同制定管道保护方案,施工单位忽略警示牌概率较小,若政府没有明确要求,施工单位忽略警示牌概率较大。

(10)挖掘深度超过管道埋深。

挖掘深度超过管道埋深的概率与管道埋深和可能的挖掘深度有关,不同挖掘施工活动开挖深度差异较大,施工开挖深度越大,损伤管道的概率越大,其概率计算的基本模型如下:

$$P_{\mathrm{D}} = \left(\frac{d_{\mathrm{ref}}}{d} \right)^2 \tag{6-3-2}$$

式中　d——管道埋深,m;

$\quad\quad d_{\mathrm{ref}}$——挖掘深度参考值,m。

(11)机械保护失效。

机械保护是指管道的混凝土盖板或者钢质套管,机械保护失效的概率依赖于保护措施是否存在及其类型。英国天然气管道试验研究表明,一个没有标记的混凝土盖板减少管道受到的损坏达到 80%,而有明确标记信息的混凝土或钢质套管则能减少管道受到的损坏达到 95%。

三、第三方损坏管道失效模型

钢质管道材料具有承压强度,能够抵御第三方损坏冲击力,当冲击力作用于管道上,且强度大于管道抗力时,管道被穿刺,引起泄漏或者破裂。当冲击力的强度小于管道抗力时,管道产生凹陷或者划伤,承压能力下降,运行压力上升或压力波动时,凹陷或者划伤失效,引起管体泄漏或者破裂。上述两种管道失效方式分别为管道穿刺失效模型和凹陷-划伤失效模型,建立两种模型的极限态方程,计算失效概率。

管道穿刺失效模型的极限态方程 g_1 为:

$$g_1(r,q) = r - q \tag{6-3-3}$$

式中　r——管道抗力,N;

　　　q——第三方损坏冲击力,N。

管道遭受挖掘冲击时,管道本身强度会对挖掘产生抗力,抗力 r 的相关因素包括管道直径、管道壁厚、管材屈服强度、冲击设备斗齿长度和宽度尺寸,斗齿的尺寸决定了挖掘设备与管道之间接触面积的大小。抗力 r 的计算采用一个半经验模型:

$$r = C_1 R_p + C_2 \tag{6-3-4}$$

式中　C_1——模型误差的乘法系数,$C_1 \approx 1$;

　　　C_2——模型误差的加法系数,服从平均值为 883 N、标准差为 26 700 N 的正态分布。

$$R_p = \left(1.17 - 0.002\,9\,\frac{D}{t}\right)(L + \omega)(0.643\,2\sigma_y + 296.83)t \tag{6-3-5}$$

式中　D——管道直径,mm;

　　　t——管道壁厚,mm;

　　　L——斗齿长度,mm,服从平均值为 90 mm、标准差为 28.9 mm 的均匀分布;

　　　ω——斗齿宽度,$\omega \approx 3.5$ mm;

　　　σ_y——管材屈服强度,MPa。

第三方损坏冲击力 q 的强度主要与挖掘机械的重量相关,计算公式如下:

$$q = R_D R_N Q_M \tag{6-3-6}$$

式中　R_D——动态影响载荷因子,取值为 2/3;

　　　R_N——标准载荷因子,服从平均值为 0.5、标准差为 0.083 3 的均匀分布;

　　　Q_M——挖掘机械最大静态冲击力,N。

挖掘机最大静态冲击力 Q_M 通过以下公式计算获得:

$$Q_M = 16.5M^{0.691\,9} + N \tag{6-3-7}$$

式中　M——挖掘机的重量,N;

　　　N——模型误差的随机变量。

管道因第三方损坏产生凹陷-划伤会因施加在管道上的环向应力大于临界环向应力而导致泄漏。管道凹陷-划伤失效模型的极限态方程 g_2 为:

$$g_2(\sigma_c, \sigma_p) = \sigma_c - \sigma_p \tag{6-3-8}$$

式中　σ_c——临界环向应力,MPa;

　　　σ_p——施加的环向应力,MPa。

其中,σ_c 的计算公式如下:

$$\sigma_c = \frac{2}{\pi b^2}\arccos\left\{\exp\left[-\frac{\pi^2}{8}\left(\frac{b_2}{b_1}\right)^2\right]\frac{K_{IC}^2}{\pi a}\right\} \tag{6-3-9}$$

其中,K_{IC} 指临界应力密度,计算方法如下:

$$K_{IC} = \left(\frac{EC_{v0}}{A_c}\right)^{0.5}\left(\frac{C_v}{C_{v0}}\right)^{0.5} \tag{6-3-10}$$

其中,b_1 和 b_2 计算公式如下:

$$b_1 = \left(S_m Y_m + 5.1 \frac{Y_b d_0}{t} \right) \tag{6-3-11}$$

$$b_2 = \frac{S_m \left(1 - \dfrac{a}{M_a t} \right)}{1.15 \sigma_y \left(1 - \dfrac{a}{t} \right)} \tag{6-3-12}$$

M_a 指 Folias 鼓胀系数，计算公式如下：

$$M_a = \left(1 + \frac{0.52 l^2}{Dt} \right)^{0.5} \tag{6-3-13}$$

d_0 为零内部压力时的凹陷深度（单位为 mm）：

$$d_0 = 1.43 \left[\frac{q}{0.49 l \sigma_y t \sqrt{t + \dfrac{0.7 pD}{\sigma_u}}} \right]^{2.381} \tag{6-3-14}$$

S_m，Y_m，Y_b 计算公式分别如下：

$$S_m = \left(1 - 1.8 \frac{d_0}{D} \right) \tag{6-3-15}$$

$$Y_m = 1.12 - 0.23 \left(\frac{a}{t} \right) + 10.6 \left(\frac{a}{t} \right)^2 - 21.7 \left(\frac{a}{t} \right)^3 + 30.4 \left(\frac{a}{t} \right)^4 \tag{6-3-16}$$

$$Y_b = 1.12 - 1.39 \left(\frac{a}{t} \right) + 7.32 \left(\frac{a}{t} \right)^2 - 13.1 \left(\frac{a}{t} \right)^3 + 14.0 \left(\frac{a}{t} \right)^4 \tag{6-3-17}$$

式中　E——杨氏模量；

　　　C_v——2/3 尺寸试样的夏比能量（即全尺寸试样能量），J；

　　　C_{v0}——经验系数，取值 110.3 J；

　　　A_c——2/3 夏比试验 V 形缺口试样横截面面积，$A_c = 53.55$ mm²；

　　　p——内部压力，MPa；

　　　σ_u——极限抗拉强度，MPa，$\sigma_u = 0.643\,2\sigma_y + 296.83$；

　　　l——凹陷-划伤长度，mm，服从平均值为 201 mm、标准差为 372 mm 的对数正态分布；

　　　a——凹陷-划伤深度，mm，服从平均值为 1.2 mm、标准差为 1.1 mm 的韦伯分布。

σ_p 的计算公式如下：

$$\sigma_P = \sigma_h (\cos^2 \theta + 0.3 \sin^2 \theta) \tag{6-4-18}$$

$$\sigma_h = \frac{pD}{2t} \tag{6-4-19}$$

式中　θ——凹陷与管道轴线之间的角度，如图 6-3-3 所示。

极限态方程中参数是概率分布的形式，采用蒙特卡罗方法（也称统计模拟方法）计算获得管道因第三方损坏的失效概率。蒙特卡罗方法指的是通过构造符合一定规则的随机数来解决数学上的各种问题。对于那些由于计算过于复杂而难以得到解析解或者根本没有解析解的问题，蒙特卡罗方法是一种有效的求出数值解的方法。其计算过程分为三个步骤：① 构造或描述

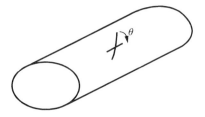

图 6-3-3　凹陷-划伤与管道轴线交角

随机变量的概率分布;② 从已知概率分布抽样;③ 建立各种估计量。

四、第三方损坏计算算例

以我国某管道 K181—K182 之间区段为示例,计算管道因第三方损坏导致的失效概率,采集了管道属性数据、管理状况、周边环境数据等资料,确定参数取值。

管道遭受挖掘冲击发生概率相关因素取值见表 6-3-2,冲击力作用下管道失效概率计算的参数取值见表 6-3-3,采用蒙特卡罗方法进行抽样计算,模拟次数为 100 万次,经计算该天然气管道 K181—K182 管段内因第三方施工挖掘发生失效的概率为 3.56×10^{-5} 次/(km·a),计算结果反映了第三方损坏因素对管道可靠度的影响。

表 6-3-2　管道遭受挖掘冲击故障树基本事件概率值

基本事件	X1	X2	X3	X4	X5	X6	X7	X8	X9	X10	X11
概率值	0.2	0.35	0.2	0.5	0.2	0.3	0.02	0	0.17	0.35	1.0

表 6-3-3　计算参数概率分布取值

参数名称	管道壁厚/mm	管材屈服强度/MPa	斗齿长度/mm	斗齿宽度/mm	标准载荷因子	凹陷-划伤长度/mm	凹陷-划伤深度/mm
分布类型	正态分布(7,0.25)	正态分布(358,30)	均匀分布(90,28.9)	均匀分布(3.5,0.89)	均匀分布(0.5,0.083)	对数分布(201,372)	韦伯分布(1.2,1.1)

第七章 管道风险评价技术发展展望

第一节 发展趋势

近年来,国家对管道安全监管日益严格,政府行业监管力度加大,合规性要求日益提高。国家监管部门要求加强高后果区风险评估与应急处置,依法从重处罚未按照要求开展风险评估和风险管控的单位,风险评估工作重要性日益加强。随着应用的深入,以半定量风险评价为代表的传统管道风险评价方法录入数据准确性不足,评价结果过于主观等缺点不断暴露,现有的风险评价方法并不能满足管道风险管控精细化的需求。伴随管道建设步入智能管道建设阶段,物联网、智能移动终端、云计算、大数据等技术改变着管道各业务领域,管道风险评价也朝着实时、动态评价、结果可视化、风险预测预警等方向发展。

一、智能时代的动态风险评价

智能管道风险评价技术以地理信息系统(GIS)为基础,融合智能移动终端、电子标签(RFID)、云计算、物联网等技术,通过采集获取油气管道各类数据,实时计算管道风险,为风险管控提供支持。动态风险评估的主要特征是在风险评估的基础上增加一个时间维度,在指标和时间的多维空间中进行风险评估。在掌握油气管道多源数据的基础上,从动态的角度出发建立了管道风险评估指标体系,采用合适的数学方法构建风险评估模型。结合管道运行中的动态风险源识别、周期检测、实时监测构建实时风险综合评价技术以及风险动态预警技术,能够有效提高管理者对管道风险的管理水平和对风险防控的认识水平。管道动态风险评价技术实时流程如图 7-1-1 所示。

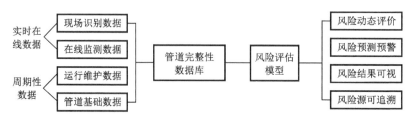

图 7-1-1 管道动态风险评价技术实时流程

（一）动态数据

管道数据存储于不同的信息系统，动态风险评估基于多源的数据开展，评估的全面性和准确性依赖于信息系统之间的互联互通，让各阶段产生的数据能够最终汇集到生产运行单位的手中，对特定风险点能从不同数据库获取全生命周期的数据。

管道投产运行后，管道初始基准风险根据动态数据的变化而变化，这些产生变化的数据包含多个方面、多个类型，变化的趋势和周期也不同，同时企业管理行为的产生又会对这些数据变化趋势产生干预。根据数据更新的周期性和规律性可以将这些数据分为实时数据、周期性数据、随机性数据。

实时数据主要是指监测产生的数据，包括生产运行过程中的监测数据、典型风险点状态监测数据、视频监控数据等。实时数据量较大，需要经过分析判断，当系统初步分析判断会对管道产生影响，足以导致管道风险产生变化时，将数据纳入风险计算模型进行评估。周期性数据是指数据更新不是实时且具有一定周期性，这类数据主要包括管道内检测数据、外检测数据、汛期数据等。随机数据是指管道运行管理中随机产生的数据，包括巡护数据、隐患排查数据、第三方施工数据等。

（二）风险模型

油气管道动态风险评估技术中包括初始基准风险和动态风险两个方面。管道初始基准风险是在管道建设过程中确定的，例如管道设计与施工中路由经过的人口密集区、地质灾害点、穿跨越等信息决定了主要风险位置的分布，管材、焊接工艺等决定了本体风险基本状况。一般来讲动态风险是在初始基准风险的基础上发展的，包括增大、减小、消除、新增等。初始基准风险和动态风险是管道风险的两个不同状态，其风险模型总体是相通的，是符合风险管理基本理论的。

通过分析影响管道安全的各因素之间的逻辑关系，建立计算模型，根据管道历史失效库设置管道主要风险场景，采用总体评估和典型场景评估相结合的方法，确保评价的准确性与精细度。采用先进的分类线性数据管理技术和动态分段技术，基于评价指标和基础数据，根据位置和时间的变化情况，对管道进行动态分段，每个段位划分一个风险单元，全面细致地反映管道沿线的风险。评价结果直观，表现形式多种多样，多种工具分析引起风险的根本原因，便于提出可操作性强的管理建议。

（三）风险预警

油气管道动态风险评估能够根据数据变化周期动态反映管道风险变化，在管道特定位置风险超过预警线时，能够通过风险曲线和GIS图等多个途径对管理人员提出预警，以达到及时关注风险变化、控制风险的目的。动态风险评估在提高风险预警及时性的同时，也增加了预警的频次，因此需要建立不同管理层级的分级预警方法，保证预警信息正确地传递到合适的管理层级。

在管道企业安全生产工作中，采用风险控制指标对安全生产情况进行实行定量控制和考核。企业总部一般结合历年安全生产事故发生规律，统计分析后制定企业年总风险控制指标。在企业的年总风险控制指标的基础上，不同层级管理单元对风险控制指标进行分解，同时根据管理权限的不同对于风险控制工作的权限和内容进行分解。

不同管理层级的特点，导致不同管理层级对于风险的容许程度不同，因此要建立风险分级预警,在统一的风险动态评估系统下,不同管理单元根据管理权限和风险控制指标制定自己的风险预警线,实现风险分级预警,使最后建立的分级风险动态评估模型具有实际的指导意义。动态风险评估与分级预警如图 7-1-2 所示。

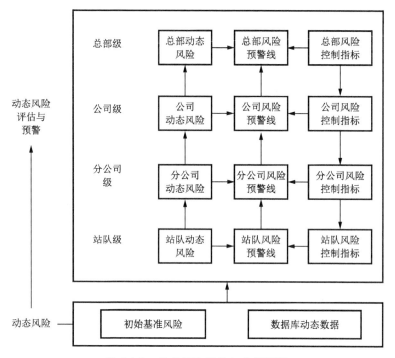

图 7-1-2　动态风险评估与分级预警

(四)风险可视

管道动态风险评估结果除了采用风险曲线与风险矩阵展示外,还可以结合 GIS 技术实现风险评估结果的可视化,将风险管段在地图中以直观的形式展示。在风险计算结果中每一个风险管段和风险点能够赋予编码,编码对应数据库中具体的管道位置,管道位置包括桩号、里程两种存储结构,这样特定风险评估单元的风险等级就可以通过 GIS 展示不同位置管段的风险结果,且能够根据风险动态变化,将风险曲线图与 GIS 结果图同图展示,将多种管道信息放到一张条带图中,分析管道风险及其产生风险的原因。条带图具有 GIS 结果与条带结果位置对应的关系,通过拉动进度条,可以将地图中 GIS 结果与条带中的曲线进行对应,从多维度条带曲线和 GIS 图分析风险情况,这使得风险分析结果更加直观,也更具有针对性和直观性。

二、基于深度学习的管道风险评价模型

随着大数据时代的到来,管道大数据化的概念应运而生,大数据意味着管道从生产开始到服役的最后一刻所有的数据都将被保留下来。管道大数据的定义为:以管道内检测数据为基线,实现将内检测信息、外检测数据、设计施工资料数据、历史运维数据、管道环境数据和日常管理数据等的校准、对齐整合,使各类数据均可对应各环焊缝信息,形成统一的数据库或数据表。

在大数据条件下,风险分析的方向由因果关系的分析变为关联性分析。只要数据满足空间及时间上的一致性要求,将采集到的设计、建设、运行、检测监测及失效等数据进行梳理,作为潜在风险影响因素,利用机器学习的方法,以模拟人脑思维和学习的方式,对管道风险和管道安全状态进行学习,给出潜在影响因素的重要度排序,就可以对风险进行预测预警。基于深度学习的管道风险评价模型如图 7-1-3 所示。

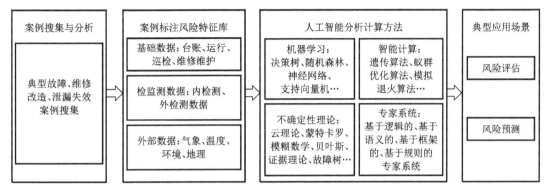

图 7-1-3 基于深度学习的管道风险评价模型

如 Castellanos 等通过人工神经网络(ANN)建立了管道服役状态智能预测方法,考虑的主要因素为服役年限、管径、金属损失、涂层状态、阴极保护等 11 个参数,归一处理并训练了各参数权重。Ahmed Senouci 等在案例库失效原因统计分析的基础上,通过线性回归和人工神经网络分别建立了管道失效原因预测方法并进行对比,主要考虑制造缺陷、误操作、腐蚀、自然灾害和第三方损坏。徐鲁帅等为提升含腐蚀缺陷管道失效压力预测精度,准确把控管道状态,建立基于 DE-BPNN 的含腐蚀缺陷管道失效压力预测模型。

第二节　发展建议

根据国内外管道风险评价技术现状,结合风险评价最新技术进展和管理需求,管道风险评价技术发展建议主要有以下几个方面。

一、管道半定量风险评价技术

(1)多渠道完善数据采集。进一步完善风险评价数据来源,充分利用企业积累的数据资源,统一评价系统与数据库系统的数据格式,实现不同类型评价指标数据采集的自动获取,数据采集向自动化方面发展。

一是利用物联网技术收集管道相关数据,实现管道的全面感知,将一些数据由原来的人工采集升级为设备自动采集和传输,保证数据及时、准确地获取;二是利用智能移动终端＋云计算,使管道巡线人员可以方便地把日常巡检中发现的异常事件及时进行汇报,风险评价将由传统的集中式向网络协作式发展;三是风险评价所需数据很大一部分来自不同管道业务系统,随着数据标准的统一、管道数据中心的建设,完成系统融合互联可以实现建设期数据、管道日常管理数据、社会环境数据等风险评价所需数据的集成,改变了传统风险评价过程中不同业务数据需要从不同系统提取的局面。

（2）评价指标判断逐步定量化。各评价指标数据录入源逐步量化，降低主观评价判断的影响，以实现基于数据的自动、快速的初步评价。例如继续细分和优化巡线质量指标，可根据 GPS 巡线轨迹，通过巡线路由匹配率、每日巡线总时间、巡线平均速度、巡线时间偏差率、重点部位巡检率、盲区巡检率、人工抽检报告率等指标方面进行评价。

（3）指标体系考虑新措施、新手段。充分评估新的感知手段或防护措施，如视频监控、无人机巡线、人员位置大数据等对评价的影响，优化现有评价指标体系。

（4）针对不同的风险因素采用差异化评价模型。不同类型的风险因素采取不同的方法进行评价，继续深化第三方损坏评价模型，引进与吸收内腐蚀、外腐蚀、制造与施工缺陷、地质灾害等各专业领域的评价方法。

（5）目前的评价方法主要针对的是在役期管道，对于建设期、封存管道，还没有合适的风险评价方法，需要进一步研究，以便在建设期、封存期间识别和控制风险，推进管道全生命周期的风险管控。

（6）研究基于深度学习的管道风险评价方法。建立管道风险库、运行管理数据、检测数据、监测数据等多源数据，采用大数据分析技术、贝叶斯网络等深度学习的算法，建立风险评价模型，并基于每年度风险评价结果，实现管道风险评价技术模型的深度学习与不断完善，使得风险评价结果更加科学合理。

二、管道定量风险评价技术

（1）建立统一的失效数据库。管道失效数据的收集与分析是管道风险管理中的一项基础性工作，目前得到各大管道公司的重视。国外主要是政府管理部门或协会团体组织收集，而国内多为单一公司的收集与整理。

建议对标国外相关失效事件管理组织，建立全国范围内的失效数据收集与分析组织。尽快完成国内油气管道失效数据的整合与分析，为管道定量风险评价失效概率的确定与提升奠定数据基础。建立标准化的失效概率修正方法，逐步确定失效概率的应用。

（2）失效后果的分析。充分考虑实际地形、建（构）筑物等对管道泄漏扩散的影响，复杂场景与工程适用性场景同步开展，逐步完善多场景、多维度的失效模型的构建，由二维场景向三维场景转变，统一确定事故伤害阈值，考虑火灾与爆炸共同作用时的耦合效应。

类比输气管道潜在影响半径的分析，建立针对输油管道的潜在影响分析半径的快速计算公式，为油品管道影响范围的快速分析提供技术依据。

（3）风险可接受标准的确定。国内目前尚未出台针对管道行业的风险可接受标准，已有的风险可接受准则基本是在安全生产监督管理总局发布的《危险化学品重大危险源监督管理暂行规定》（2011 年 40 号令）的准则上演变而来，主要适用场景是危化品领域。建议根据行业发展实际情况，建立具有广泛共识的油气管道行业风险可接受准则。

（4）量化减缓措施。管道定量风险评价中制定的风险削减措施，从失效可能性、失效后果两方面进行分类，新采取的风险减缓措施如何影响现有的风险评价结果，需要有针对性的量化，解决如巡线概率提高多少、失效概率降低多少的问题。

附　录

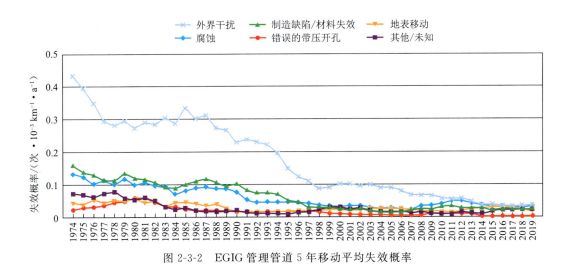

图 2-3-2　EGIG 管理管道 5 年移动平均失效概率

图 3-2-8　基于地图识别范例

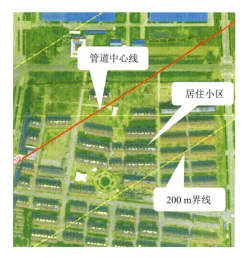

图 3-3-1　管道穿越小区影像图

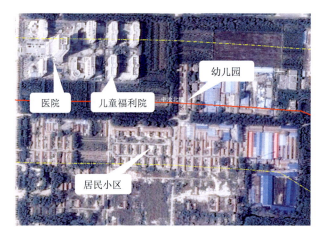

图 3-3-3　特定场所高后果区

图 3-3-4　管道穿越村庄

图 3-3-9　高后果区地图展示

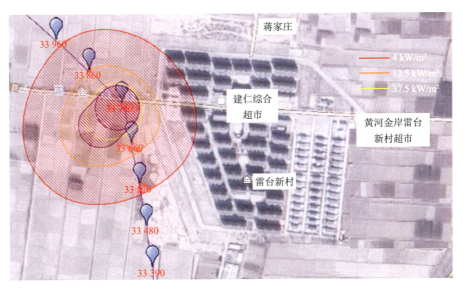

图 3-3-10　热辐射影响半径

图 3-3-11　个人风险等值线

图 3-3-14　在役管道个人风险曲线

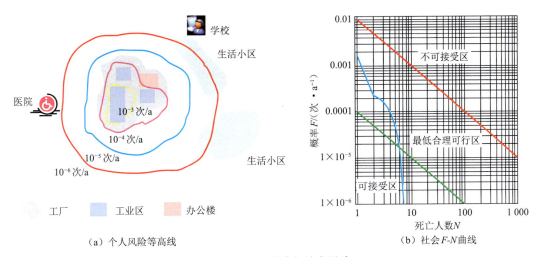

（a）个人风险等高线　　　　　　　　　　（b）社会F-N曲线

图 5-1-2　个人风险与社会风险

图 5-6-1　评价管段路径

图 5-6-4　个人风险等值线

图 5-6-7　评价管段路由走向

图 5-6-11　个人风险等值线分布图

参 考 文 献

[1] 罗云. 现代安全管理(第三版)[M]. 北京,化学工业出版社,2016.

[2] 罗云. 安全经济学(第三版)[M]. 北京,化学工业出版社,2017.

[3] 潘家华. 油气管道的风险分析[J]. 油气储运,1995,14(4):1-7.

[4] 张华兵,程五一,周利剑,等. 管道公司管道风险评价实践[J]. 油气储运,2012,31(2):96-98+168.

[5] 张锦伟,姚安林,范小霞,等. 肯特管道风险评价改进算法研究[J]. 石油工业技术监督,2013,29(6):1-4.

[6] 许谨,邵必林,吴琼. 肯特法在长输管道安全评价中的改进研究[J]. 中国安全科学学报,2014,24(1):109-112.

[7] 周剑峰,陈国华. 基于灰色关联度改进的管道相对风险分析方法[J]. 石油化工设备,2006(4):48-51.

[8] 邵必林,马维平,张志霞. 基于模糊指数法的油气管道风险评价研究[J]. 西安建筑科技大学学报(自然科学版),2006(6):804-808.

[9] Ye C,Zhi Y,Fang X,et al. Application of Improved Kent's Pipeline Risk Scoring Method Based on Fuzzy Mathematics in the Risk Assessment of Embedded Petroleum Pipeline[C]. Proceedings of the ASME 2013 Pressure Vessels and Piping Conference. Volume 1A:Codes and Standards. Paris,France. July 14-18,2013.

[10] 俞树荣,李淑欣,刘展. 基于解析分层过程(AHP)的油气长输管道系统风险分析[J]. 甘肃工业大学学报,2003(4):67-69.

[11] 陈利琼. 在役油气长输管线定量风险技术研究[D]. 西南石油学院,2004.

[12] 全恺,梁伟,张来斌,等. 基于故障树与贝叶斯网络的川气东送管道风险分析[J]. 油气储运,2017,36(9):1001-1006.

[13] W Kent Muhlbauer. Pipeline risk management manual ideas,techniques and resourses[M]. 200 Wheeler Road,Burlington,MA01803 USA:Gulf Professional Publishing,2006.

[14] LU Hong,A Denby. A Decision Making Method of Pipeline Risk Assessment[C]. Proceedings of the 2010 8th International Pipeline Conference. IPC2010-31193,2010.

[15] 张锦伟,姚安林,范小霞,等. 肯特管道风险评价改进算法研究[J]. 石油工业技术监

督,2013(6):1-4.

[16] D Mangol,W Kent Muhlbauer,J Ponder,et al. Implementation of Quantitative Risk Assessment:Case Study[C]. Proceedings of the 2014 10th International Pipeline Conference. IPC2014-33641,2014.

[17] 王婷,王新,李在蓉,等.国内外长输油气管道失效对比[J].油气储运,2017,36(11):1258-1264.

[18] 张华兵.基于失效库的在役天然气长输管道定量风险评价技术研究[D].北京:中国地质大学(北京),2006.

[19] 靳书斌,郑洪龙,侯磊,等.高压燃气管道第三方破坏失效概率计算[J].油气储运.2014,33(5):510-514.

[20] 王迎刚.吴起—延炼输油管道安全风险评价[D].西安:西安石油大学,2015.

[21] PD 8010-3:2009,Code of Practice for Pipelines Part 3:Steel Pipelines on Land Guide to the Application of Pipeline Risk Assessment to Proposed Developments in the Vicinity of Major Accident Hazard Pipelines Containing Flammables-Supplement to PD 8010-1:2004[S].

[22] 王海清,曹斌,丁楠.浙江省天然气管道第三方破坏失效概率计算方法探讨[J].内蒙古石油化工.2014(14):36-38.

[23] 董保胜,赵新伟,陈宏达,等.西气东输管线第三方损伤预测[J].管道技术与设备.2004(2):15-16.

[24] 胡生宝,高旭,蒋宏业,等.基于 PIE 模型的管道机械挖掘失效概率预测[J].成都大学学报(自然科学版).2018,37(10):109-112.

[25] 孙传青,姚安林.基于信息扩散理论的管道第三方破坏概率模型研究及应用[J].石油工业技术监督.2011(4):10-11.

[26] ISO 16708-2006,Petroleum and Natural Gas Industries Pipeline Transportation Systems-Reliability Based Limit State Methods[S].

[27] CSA Z662-2007,Oil and Gas Pipeline Systems[S].

[28] Maher A Nessim,Riski H Adianto. Limit States Design for Onshore Pipelines-Design Rules for Operating Pressure and Equipment Impact Loads[C]. Proceedings of the 2014 10th International Pipeline Conference,IPC 2014-33436.

[29] LU Jiang,WU Wen,ZHANG Zhenyong,et al. Probability Calculation of Equipment Impact Based on Reliablity Method[C]. The 10th International Pipeline Conference,IPC 2014-33147.

[30] G Wolvert,M ZAREA,D Rousseau,et al. Probabilistic Assessment of Pipeline Resistance to Third Party Damage:Use of Surveys to Generate Necessary Input Data[C]. The 5th International Pipeline Conference,IPC 04-0656.

[31] 张振永,张文伟,张金源,等.基于可靠性设计方法的长输管道选材方案[J].油气储运.2014,33(11):1202-1207.

[32] 杨玉锋,葛新东,郑洪龙,等.第三方损坏对管道可靠性的影响规律[J].油气储运.

2017,36(8):903-909.

[33] 张强,杨玉锋,郑洪龙,等.第三方挖掘作用下管道可靠性评估研究[J].中国安全生产科学技术.2017,13(2):143-147.

[34] CHEN Qishi,K Davis,C Parker. Modeling Damage Prevention Effectiveness Based on Industry Practices and Regulatory Framework[C]. Proceedings of the 2006 6th International Pipeline Confer-ence,IPC2006-10433.

[35] 曹斌,廖柯熹,罗敏,等.川渝地区管道高后果区第三方破坏因素分析[J].天然气与石油.2011,29(2):12-14.

[36] 杨印臣.城市燃气管道第三方损坏的评价方法[J].管道技术与设备.2007(4):12-14.

[37] Smitha D Koduru,LU Dongliang. Equipment Impact Rate Assessment Using Bayesian Networks[C]. Proceedings of the 2016 11th International Pipeline Conference,IPC2016-64381.

[38] 严亮,孙首群.基于贝叶斯网络的陆上油气管道失效风险研究[J].石油化工自动化.2017,53(5):5-7.

[39] 李军,张宏,梁海滨,等.基于模糊综合评价的燃气管道第三方破坏失效研究[J].中国安全生产科学技术.2016,12(8):140-145.

[40] 陈杨,王为民,陈伟聪,等.模糊评判法在埋地管道第三方破坏评价中的应用[J].北京石油化工学院学报,2011,19(1):38-41.

[41] 宋元峰,万凌云,刘涌,等.基于核密度估计的概率分布函数拟合方法[J].电网与清洁能源,2016,32(6):85-88.

[42] 燕冰川.高强钢管道环焊缝风险排查技术浅析[J].石油管材与仪器,2020,6(2):46-48+52.

[43] 冼国栋,吕游.油气管道环焊缝缺陷排查及处置措施研究[J].石油管材与仪器,2020,6(2):42-45.

[44] 关丰旭,徐晴晴,杨大慎,等.基于物元多级可拓模型的环焊缝风险评价方法研究[J].油气田地面工程,2020,39(8):74-79+86.

[45] 张振永.高钢级大口径天然气管道环焊缝安全提升设计关键[J].油气储运,2020,39(7):740-748.

[46] 陈安琦.高钢级管道环焊缝失效机理及修复技术研究[D].西安石油大学,2018.

[47] 欧新伟,冯文兴,刘洋,等.环焊缝排查中疑似黑口的识别及开挖验证[J].天然气与石油,2021,39(1):7-12.

[48] 冯庆善.基于大数据条件下的管道风险评估方法思考[J].油气储运,2014,33(5):457-461.

[49] 王新,刘建平,王巨洪.智能管道时代的管道风险评价技术展望[J].工业安全与环保,2020,46(2):67-70.

[50] Castellanos,V,Albiter,A,Hernández,P,& Barrera,G(2011a). Failure analysis expert system for onshore pipelines. Part-I:structured database and knowledge acquisition[J]. Expert Systems with Applications,38(9),11085-11090.

［51］　A Senouci，M S El-Abbasy，T Zayed. Fuzzy based model for predicting failure of oil pipelines［J］. Journal of Infrastructure Systems，2014.

［52］　徐鲁帅，凌晓，马娟娟，等. 基于 DE-BPNN 模型的含腐蚀缺陷管道失效压力预测［J］. 中国安全生产科学技术，2021，17（3）：91-96.

［53］　张强，杨玉锋，贾韶辉，等. 油气管道失效数据库对比分析与研究［J］. 石油工业技术监督，2021，37（3）：30-33.